"十二五"职业教育国家规划教材
经全国职业教育教材审定委员会审定

U0668023

高职高专计算机任务驱动模式教材

ASP. NET程序设计与软件项目实训（第2版）

郑 伟 杨 云 王晓雨 主 编

赵白露 高述涛 郭 茜 刘 炜 副主编

清华大学出版社
北 京

内 容 简 介

近年来,..NET 越来越受编程人员的欢迎。ASP. NET 作为微软公司.NET 战略中重要的组成部分,在开发 Web 应用程序方面具有开发速度快、界面友好等特点,ASP. NET 同时还具备了迅速开发数据库应用程序的优势。

本书严格采用任务驱动、项目教学的方式进行编写。本书分为两部分,第一部分为项目 1~项目 6,通过 6 个项目介绍了最新的. NET 编程环境 Visual Studio 2012 下开发 ASP. NET Web 应用程序的基础知识,采用 6 个实用的项目,通过简单项目的制作引出 ASP. NET 开发应用程序需要的基本语句以及使用的 Web 服务器,进一步通过学习系统化的项目巩固常见基础知识在真实编程环境中的应用。第二部分为项目 7 和项目 8,该部分采用 2 个完整的项目,按照软件工程的设计思想,从项目的需求分析、系统功能设计到数据库设计、各种功能的详细设计与代码编写,系统地介绍了完整项目的开发流程,同时,也通过设计制作项目,强化了第一部分基础知识的学习。

本书适合作为高职高专院校计算机相关专业的教材,也可以作为编程爱好者的自学教材,以及成人教育和在职人员培训的教材。

图书在版编目(CIP)数据

ASP. NET 程序设计与软件项目实训/郑伟,杨云,王晓雨主编.--2 版.--北京:清华大学出版社,2014
(2016.3 重印)
高职高专计算机任务驱动模式教材
ISBN 978-7-302-37334-6

Ⅰ.①A… Ⅱ.①郑…②杨…③王… Ⅲ.①网页制作工具-程序设计-高等职业教育-教材
Ⅳ.①TP393.092

中国版本图书馆 CIP 数据核字(2014)第 159505 号

责任编辑:张龙卿
封面设计:徐日强
责任校对:刘　静
责任印制:何　芊

出版发行:清华大学出版社
网　　　址:http://www.tup.com.cn,http://www.wqbook.com
地　　　址:北京清华大学学研大厦 A 座　　　邮　　编:100084
社 总 机:010-62770175　　　邮　　购:010-62786544
投稿与读者服务:010-62776969,c-service@tup.tsinghua.edu.cn
质 量 反 馈:010-62772015,zhiliang@tup.tsinghua.edu.cn
课 件 下 载:http://www.tup.com.cn,010-62795764
印 装 者:北京国马印刷厂
经　　　销:全国新华书店
开　　　本:185mm×260mm　　　印　　张:20.25　　　字　　数:465 千字
版　　　次:2009 年 3 月第 1 版　2015 年 1 月第 2 版　　　印　　次:2016 年 3 月第 3 次印刷
印　　　数:3501~5500
定　　　价:39.00 元

产品编号:060199-01

编审委员会

主　　任：杨　云

主任委员：（排名不分先后）

张亦辉　高爱国　徐洪祥　许文宪　薛振清　刘　学　刘文娟
窦家勇　刘德强　崔玉礼　满昌勇　李跃田　刘晓飞　李　满
徐晓雁　张金帮　赵月坤　国　锋　杨文虎　张玉芳　师以贺
张守忠　孙秀红　徐　健　盖晓燕　孟宪宁　张　晖　李芳玲
曲万里　郭嘉喜　杨　忠　徐希炜　齐现伟　彭丽英　赵　玲

委　　员：（排名不分先后）

张　磊　陈　双　朱丽兰　郭　娟　丁喜纲　朱宪花　魏俊博
孟春艳　于翠媛　邱春民　李兴福　刘振华　朱玉业　王艳娟
郭　龙　殷广丽　姜晓刚　单　杰　郑　伟　姚丽娟　郭纪良
赵爱美　赵国玲　赵华丽　刘　文　尹秀兰　李春辉　刘　静
周晓宏　刘敬贤　崔学鹏　刘洪海　徐　莉　高　静　孙丽娜

秘书长：陈守森　平　寒　张龙卿

出版说明

我国高职高专教育经过十几年的发展,已经转向深度教学改革阶段。教育部于 2006 年 12 月发布了教高[2006]第 16 号文件《关于全面提高高等职业教育教学质量的若干意见》,大力推行工学结合,突出实践能力培养,全面提高高职高专教学质量。

清华大学出版社作为国内大学出版社的领跑者,为了进一步推动高职高专计算机专业教材的建设工作,适应高职高专院校计算机类人才培养的发展趋势,根据教高[2006]第 16 号文件的精神,2007 年秋季开始了切合新一轮教学改革的教材建设工作。该系列教材一经推出,就得到了很多高职院校的认可和选用,其中部分书籍的销售量都超过了 3 万册。现重新组织优秀作者对部分图书进行改版,并增加了一些新的图书品种。

目前国内高职高专院校计算机网络与软件专业的教材品种繁多,但符合国家计算机网络与软件技术专业领域技能型紧缺人才培养培训方案,并符合企业的实际需要,能够自成体系的教材还不多。

我们组织国内对计算机网络和软件人才培养模式有研究并且有过一段实践经验的高职高专院校,进行了较长时间的研讨和调研,遴选出一批富有工程实践经验和教学经验的双师型教师,合力编写了这套适用于高职高专计算机网络、软件专业的教材。

本套教材的编写方法是以任务驱动、案例教学为核心,以项目开发为主线。我们研究分析了国内外先进职业教育的培训模式、教学方法和教材特色,消化吸收优秀的经验和成果。以培养技术应用型人才为目标,以企业对人才的需要为依据,把软件工程和项目管理的思想完全融入教材体系,将基本技能培养和主流技术相结合,课程设置中重点突出、主辅分明、结构合理、衔接紧凑。教材侧重培养学生的实战操作能力,学、思、练相结合,旨在通过项目实践,增强学生的职业能力,使知识从书本中释放并转化为专业技能。

一、教材编写思想

本套教材以案例为中心,以技能培养为目标,围绕开发项目所用到的知识点进行讲解,对某些知识点附上相关的例题,以帮助读者理解,进而将知识转变为技能。

考虑到是以"项目设计"为核心组织教学,所以在每一学期配有相应的实训课程及项目开发手册,要求学生在教师的指导下,能整合本学期所学的知识内容,相互协作,综合应用该学期的知识进行项目开发。同时,在教材中采用了大量的案例,这些案例紧密地结合教材中的各个知识点,循序渐进,由浅入深,在整体上体现了内容主导、实例解析、以点带面的模式,配合课程后期以项目设计贯穿教学内容的教学模式。

软件开发技术具有种类繁多、更新速度快的特点。本套教材在介绍软件开发主流技术的同时,帮助学生建立软件相关技术的横向及纵向的关系,培养学生综合应用所学知识的能力。

二、丛书特色

本系列教材体现目前工学结合的教改思想,充分结合教改现状,突出项目面向教学和任务驱动模式教学改革成果,打造立体化精品教材。

(1) 参照和吸纳国内外优秀计算机网络、软件专业教材的编写思想,采用本土化的实际项目或者任务,以保证其有更强的实用性,并与理论内容有很强的关联性。

(2) 准确把握高职高专软件专业人才的培养目标和特点。

(3) 充分调查研究国内软件企业,确定了基于 Java 和.NET 的两个主流技术路线,再将其组合成相应的课程链。

(4) 教材通过一个个的教学任务或者教学项目,在做中学,在学中做,以及边学边做,重点突出技能培养。在突出技能培养的同时,还介绍解决思路和方法,培养学生未来在就业岗位上的终身学习能力。

(5) 借鉴或采用项目驱动的教学方法和考核制度,突出计算机网络、软件人才培训的先进性、工具性、实践性和应用性。

(6) 以案例为中心,以能力培养为目标,并以实际工作的例子引入概念,符合学生的认知规律。语言简洁明了、清晰易懂,更具人性化。

(7) 符合国家计算机网络、软件人才的培养目标;采用引入知识点、讲述知识点、强化知识点、应用知识点、综合知识点的模式,由浅入深地展开对技术内容的讲述。

(8) 为了便于教师授课和学生学习,清华大学出版社正在建设本套教材的教学服务资源。在清华大学出版社网站(www.tup.com.cn)免费提供教材的电子课件、案例库等资源。

高职高专教育正处于新一轮教学深度改革时期,从专业设置、课程体系建设到教材建设,依然是新课题。希望各高职高专院校在教学实践中积极提出意见和建议,并及时反馈给我们。清华大学出版社将对已出版的教材不断地修订、完善,提高教材质量,完善教材服务体系,为我国的高职高专教育继续出版优秀的高质量的教材。

清华大学出版社

高职高专计算机任务驱动模式教材编审委员会

2014 年 3 月

第 2 版前言

进入 21 世纪以来,基于互联网的信息系统开发的重要性日益凸显,逐渐变成了软件开发的主战场。基于这个时代的大背景,Web 程序设计成为每一个计算机技术及相关专业毕业生必须掌握的基本技能之一。本书以微软平台的 Web 开发技术——ASP. NET 为例,介绍 Web 开发所涉及的各个技术领域,重点放在讲清楚 Web 站点设计与开发的基本原理和主要方法上。

Web 开发涉及的知识与技术既深又广,并且有着鲜明的实践色彩。本书作为一本主要用于高职高专教学的计算机专业教材,篇幅受到较大限制,不可能事无巨细地对所有技术细节都深挖细掘,为此,对这些知识与技术采取了"去粗取精"、"删繁就简"的基本原则,重点是以尽可能直观的方式展现出整个 Web 开发的技术体系,帮助学生建立起一个相关知识的框架。这个框架也许仅是骨架性的知识,缺少一些技术的细节,但却能对下一步的深入学习提供一个"向导"的作用,避免学生在技术的海洋里迷失方向。

本书在第 1 版的基础上,对内容进行了优化,软件开发版本由原来的 Visual Studio 2008 升级为 Visual Studio 2012,数据库版本由原来的 SQL Server 2000 升级为 SQL Server 2008。

本书每个案例的开发步骤都以通俗易懂的语言进行描述,从最基础的控件和语句进行讲解,详细介绍了每一个开发步骤,每一个项目都有完整的开发流程。

本书适合作为高职高专院校计算机相关专业的教材,也可以作为编程爱好者的自学教材,以及成人教育和在职人员培训的教材。本书适用于希望在. NET 框架下开发 Web 程序的设计人员,对于希望从基本概念开始学习的 Web 程序爱好者来说也有详细的例子可以边学习边实践。

本书由潍坊职业学院郑伟、山东职业学院杨云、荆楚理工学院王晓雨担任主编,滨州职业学院赵白露、湖南外贸职业学院高述涛、青岛滨海学院郭茜、陕西学前师范学院刘炜担任副主编。其中项目 3、5、6、7、8 中部分内容由郑伟编写,项目 4、6、7 中部分内容由杨云编写,项目 2、3 中部分内容由王晓雨编写,项目 4、8 中部分内容由赵白露编写,项目 3、5 中部分内容由高述涛编写,项目 1、4、5 中部分内容由郭茜编写,项目 1、7、8 中部分内容由刘炜编写。来自企业的工程师曹晶、蔡世颖、曲树波、魏罗燕也参与了本书部分章节的编写。

　　由于编者水平有限,疏漏出错之处在所难免,敬请读者批评指正。

编　者

2014 年 5 月

目　录

项目 1 创建 ASP.NET 应用程序的开发环境及了解简单程序的设计流程

本项目学习目标

- 了解.NET 平台。
- 掌握安装 Visual Studio 2012 的步骤。
- 掌握创建 ASP.NET 应用程序的步骤。
- 掌握简单 ASP.NET 应用程序的设计流程。

任务 1.1 .NET 概述

ASP.NET 是微软公司于 2001 年推出的 Web 应用程序开发的全新框架,是.NET 框架(.NET Framework)的重要组成部分。与 ASP(Active Server Pages)相比,ASP.NET 在结构体系上以及整体架构上有了很大的跨越。ASP.NET 是建立在.NET 框架的公共语言运行时(Common Language Runtime,CLR)上的编程框架,可用于构建各种功能的 Web 应用程序。

.NET 就是微软用来实现 XML、Web Services、SOA(面向服务的体系结构,Service-Oriented Architecture)和敏捷性的技术。对于技术人员,要想真正了解什么是.NET,必须先了解.NET 技术出现的原因和它想解决的问题,必须先了解为什么需要 XML、Web Services 和 SOA。微软搭建技术平台,技术人员在这个技术平台之上创建应用系统,从这个角度看,.NET 也可以进行如下定义:.NET 是微软的新一代技术平台,为敏捷商务构建互联互通的应用系统,这些系统是基于标准的、可连通的、适应变化的、稳定的和高性能的。微软.NET 标志如图 1-1 所示。

从技术的角度,一个.NET 应用是一个运行于.NET Framework 之上的应用程序。更精确地说,一个.NET 应用是一个使用.NET Framework 类

图 1-1 微软.NET 标志

库来编写,并运行于公共语言运行时 CLR 之上的应用程序。如果一个应用程序与.NET Framework 无关,它就不能叫作.NET 程序。比如,仅仅使用了 XML 并不是.NET 应用,仅仅使用 SOAP SDK 调用一个 Web Service 也不是.NET 应用。.NET 是基于 Windows 操作系统运行的操作平台,应用于互联网的分布式结构。

每个新版本的.NET Framework 都会保留早期版本中的功能并会添加新功能。CLR 是由其版本号确定的。某些版本的.NET Framework 包含新版本的 CLR,而其他版本的.NET Framework 使用早期版本的 CLR。例如,.NET Framework 4 包含 CLR 4,而.NET Framework 3.5 包含 CLR 2.0。没有版本 3 的 CLR。虽然.NET Framework 4.5 是.NET Framework 4 的简单更新,基础 CLR 版本号成为 CLR 4.5。.NET框架版本历史及 Windows 所安装的版本如图 1-2 所示。

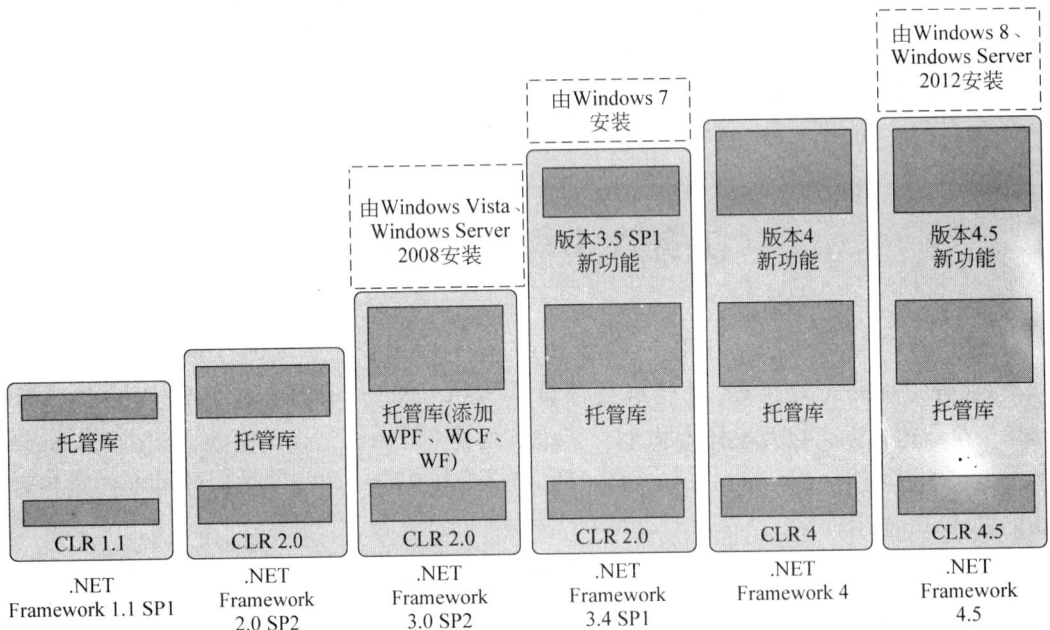

图 1-2   .NET 版本历史及 Windows 所安装的版本

.NET 框架设计为一个集成环境,可以在 Internet、桌面(如 Windows 窗体),甚至移动设备(使用精简框架 Compact Framework)上无缝地开发和运行应用。其主要目标是提供一个覆盖整个应用范围的、一致的面向对象环境。.NET 框架设计者们确定了以下体系结构,将框架分解为两部分:通用语言运行时 CLR 和框架类库 FCL,其结构如图 1-3 所示。

CLR 是 Microsoft 对 CLI 标准的具体实现,它可以执行代码及处理所有相关任务:编译、内存管理、安全、线程管理、强制类型安全等。在 CLR 中运行的代码称为托管代码(Managed Code),以区别于不在 CLR 中运行的非托管代码(Unmanaged Code),如基于 COM 或 Windows API 的组件。

.NET 的另一个主要部分是框架类库 FCL,对于在.NET 中运行的应用来说,它是一个可重用的类型(类、结构等)代码库。正如图 1-3 中所示,它包含了涉及数据库访问、图

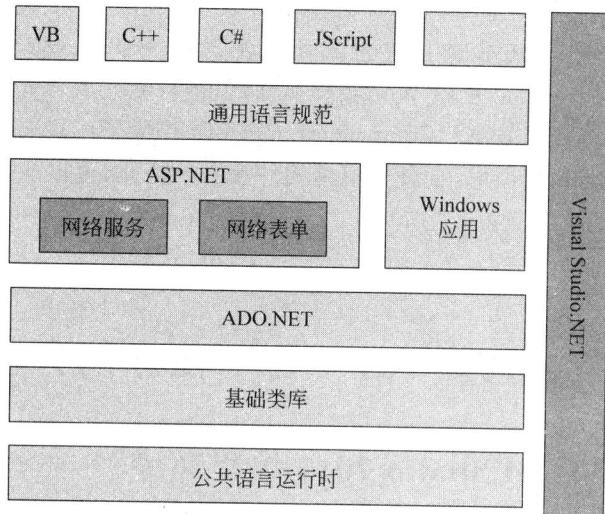

图 1-3 .NET 框架体系结构

形、与非托管代码互操作、安全、Web 和 Windows 窗体等类。只要是遵循.NET 框架的语言,都会使用这个公共类库。因此,只要知道了如何使用这些类型,不论选择用哪一种.NET 语言编写程序,这些知识都可以用上。

如果开发人员下决心花时间来学习 C# 和.NET,很自然地会想到,能否将获得的知识应用于其他平台上。更明确地说,Microsoft 的.NET 产品是否仅限于 Windows 操作系统? 或者它是不是一个可移植的运行时和开发平台,可以在多个操作系统上实现? 要回答这个问题,有必要先了解 Microsoft.NET、C# 和 CLI 标准之间的关系。

CLI 定义了一个与平台无关的虚拟代码执行环境。由于未指定任何操作系统,所以操作系统可以是 Windows,更可以是 Linux。该标准的核心是定义了一个通用中间语言(Common Intermediate Language,CIL)和一个类型系统,遵循 CLI 的编译器必须生成 CIL,而类型系统则定义了遵循 CLI 的所有语言都支持的数据类型。

CLI 还包含了由 Microsoft 开发并大力推行的 C# 语言的标准,因此,C# 是.NET 事实上的标准语言。概括起来,CLI 定义了两个实现:一个是最小实现,称为内核概要(Kernel Profile);另一个提供了更多特性,称为精简概要(Compact Profile)。内核概要包含遵循 CLI 的编译器所需要的类型和类,其中基类库包括基本的数据类型类,还包括提供简单文件访问、定义安全属性以及实现一维数组的其他类。精简概要添加了 3 个类库:定义简单 XML 解析的 XML 库、提供 HTTP 支持和端口访问的网络库,以及支持反射(程序通过元代码实现自检的一种方法)的反射库。

.NET 标准控件根据其应用环境可分为两类。

Windows Form 控件:主要用于 Windows 应用程序的开发。所有的 Windows 控件都是从 Control 类中派生来的,该类包含了所有用户界面的 Windows Form 组件,其中也包括 Form 类。Control 类中包括了很多位所有控件所共享的属性、时间和方法。它包含复选框、文本框、按钮、标签、图像列表等。

3

Web 窗体控件：主要用于 Web 应用程序的开发。它是专门针对 Asp. NET Web 窗体设计的服务器控件。Web 窗体控件包含在命名空间 System. Web. UI. WebControls 中，当用户使用 Visual Studio 创建 Web 窗体页面时，会自动在后台代码文件中添加引用该命名空间的 Using 语句。. NET Compact Framework 提供了可以满足大多数设备项目需要的 Windows Form 控件。若要使用这些控件没有的功能，可以从公共控件派生用户的自定义控件。可以通过定义从 Control 类或从程序集中现有的 UserControl 继承的公共类型创建自定义控件。

任务 1.2　创建 ASP.NET 程序的开发环境

1.2.1　安装 Visual Studio 2012 编程环境

Visual Studio 2012 能够开发的程序包括项目和网站两种，其中项目 Visual C♯、Visual Basic、Visual C++ 和 Visual J♯ 等。ASP. NET Web 应用程序是 Visual Studio 2012 的重要组成部分。

Visual Studio 2012 提供了新的应用程序开发环境。利用联网设备和基于云的服务，用户可以获得比以往任何时候都更多更精彩的机会。独立的开发人员随时随地都可以进行连接，向网络上的用户提供所编写的优秀应用程序。通过 Visual Studio 2012，大型的开发团队则可以获得明显的业务优势——执行效率很快，优势也很明显。Visual Studio 2012 是到目前为止最卓越的版本。它的目的就是帮助用户在重视创意、重视速度的市场中发展壮大。

Visual Studio 2012 提供了为 Windows 8 开发的新模板、设计工具以及测试和调试工具，以便在尽可能短的时间内构建具有强大吸引力的应用程序。同时，Blend for Visual Studio 还为用户提供了一款可视化工具集，让用户可以充分利用 Windows 8 全新而美观的界面。

对于 Web 开发，Visual Studio 2012 为用户提供了新的模板、更优秀的发布工具和对新标准(如 HTML 5 和 CSS 3)的全面支持，以及 ASP. NET 中的最新优势。此外，用户还可以利用 Page Inspector 在 IDE 中与正在编码的页面进行交互，从而更轻松地进行调试。对于移动设备，ASP. NET 可以使用优化的控件针对手机、平板电脑以及其他小屏幕来创建应用程序。

1. Visual Studio 2012 新特性

- Visual Studio Express 2012 的高效性：Visual Studio Express 2012 为桌面应用的开发扩充了更多 Visual Studio 工具，为开发者提供 Express 工具，为他们在使用 C♯、VB. NET 以及 C++ 开发 Windows 桌面应用时提供帮助，使开发者上手更快。
- 全新的 F♯ 工具助力 Web 开发：Visual Studio Express 2012 的 F♯ 工具为 Web

开发者提供了免费扩展,可在 ASP.NET、Azure 以及 Cloud 平台上使用 F♯ 进行开发。

- Visual Studio 2012 的 TFS Power Tools:TFS Power Tools 为开发团队提供了一切所需服务,如 Team Foundation Server 2012 的安装、高级备份工具、Windows Explorer 扩展,以及模板编辑器。
- Visual Studio 2012 的 Productivity Power Tools:Productivity Power Tools 是一种增强工具,提供了命令行形式的操作,可以帮助开发者更高效地完成任务。
- 对 Windows Embedded 的支持:Windows Embedded Compact 的开发现在得到了 Visual Studio 2012 的全面支持,包括访问 ALM。
- 提供更强大的 VSIP 支持:Visual Studio 2012 在发布之时就给出了超过 100 款新产品,证明其强大的 Visual Studio 生态系统支持,受到开发者的热烈欢迎。
- 全新的语言包支持:Visual Studio 2012 令开发者可使用本地语言进行 UI 开发。

2. Visual Studio 2012 的 6 大技术特点

- Visual Studio 2012 与 Visual Studio 2010 相比,最大的新特性莫过于对 Windows 8 Metro 开发的支持。Metro 是为"云端"而产生的,简洁、数字化、内容优于形式、强调交互的设计已经成为未来的趋势。不过对于开发者而言,要想使用这项新功能,必须安装 Windows 8 RP 版。该版本中包含了新的 Metro 应用程序模板,增加了 JavaScript 功能、添加了一个新的动画库,并提升了使用 XAML 的 Metro 应用程序的性能。
- Visual Studio 2012 RC 在界面上比 Beta 版更容易使用,彩色的图标和按照开发、运行、调试等环境区分的颜色方案让人爱不释手。
- Visual Studio 2012 集成了 ASP.NET MVC 4,全面支持移动和 HTML5,WF 4.5 与 WF 4 相比,显得更加成熟,人们期待已久的状态极工作流也开发出来了,更理想的是,现在它的设计器已经支持 C♯ 表达式(之前只能用 VB.NET)。
- Visual Studio 2012 支持.NET 4.5。与.NET 4.0 相比,.NET 4.5 更多的是功能的完善和改进,.NET 4.5 也是 Windows RT 被提出来的首个框架库,.NET 获得了和 Windows API 同等的待遇。
- Visual Studio 2012+TFS 2012 实现了更好的生命周期管理,可以这么说,Visual Studio 2012 不仅是开发工具,也是团队的管理信息系统。
- Visual Studio 2012 对系统资源的消耗并不大,不过需要 Windows 7/8 的支持。

3. 安装 Visual Studio 2012 编程环境

安装 Visual Studio 2012 编程环境之前,首先应检查计算机硬件、软件系统是否符合要求,完全安装 Visual Studio 2012 编程环境后占用的空间大约在 10GB,所以在安装前,应确保有足够的硬盘空间。

将 Microsoft Visual Studio 2012 安装程序光盘放入光驱,启动安装文件的 vs_ultimate.exe 文件,将出现安装程序的主界面,如图 1-4 所示。

图 1-4   Visual Studio 2012 安装提示界面

在如图 1-4 所示的界面中,选中"我同意许可条款和条件"复选框,会出现如图 1-5 所示的界面。

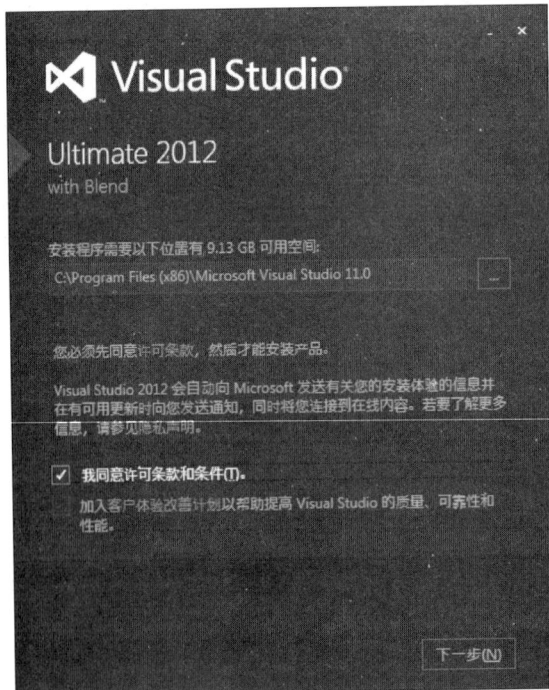

图 1-5   安装界面

单击"下一步"按钮,进入如图 1-6 所示的安装界面。

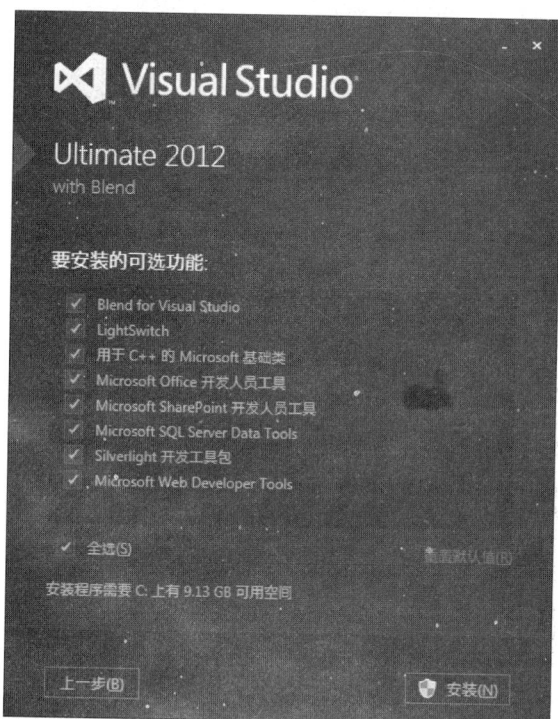

图 1-6　安装功能选择界面

选择安装的程序开发功能,然后单击"确定"按钮,进入如图 1-7 所示的界面。

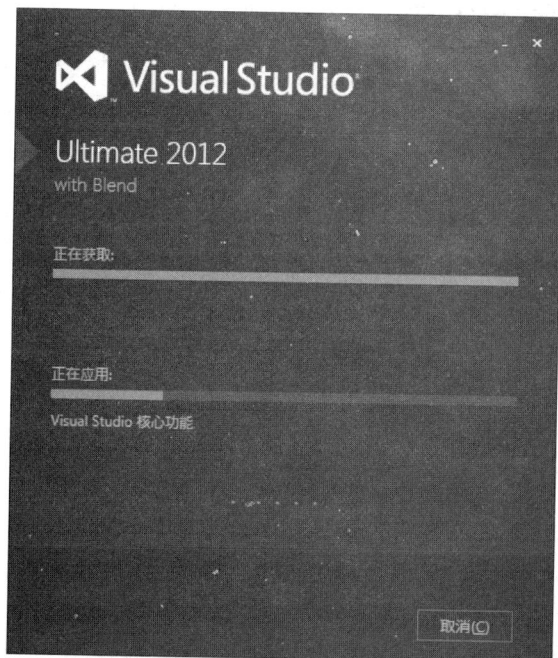

图 1-7　"安装进度"界面

安装进度完成后,会出现如图 1-8 所示的安装成功的提示界面。

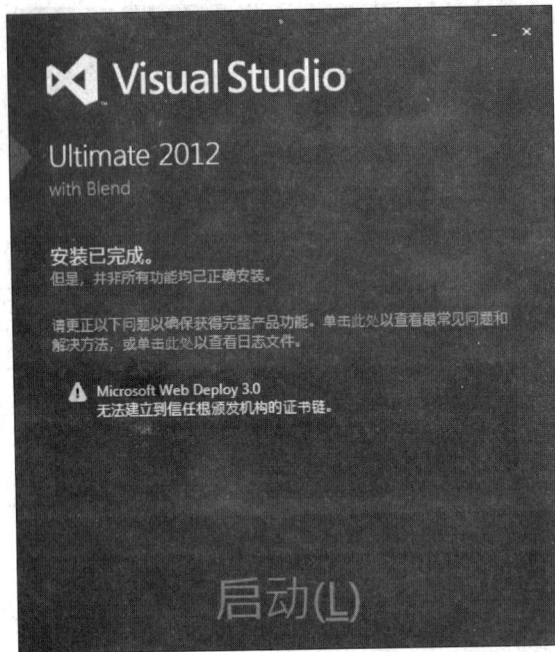

图 1-8　安装成功的提示界面

安装成功后,单击"启动"按钮,会出现如图 1-9 所示的"选择默认环境设置"界面。

图 1-9　"选择默认环境设置"界面

选择"Visual C♯ 开发设置"选项,然后单击"启动 Visual Studio"按钮,会出现如图 1-10 所示的 Visual Studio 2012 的启动界面。

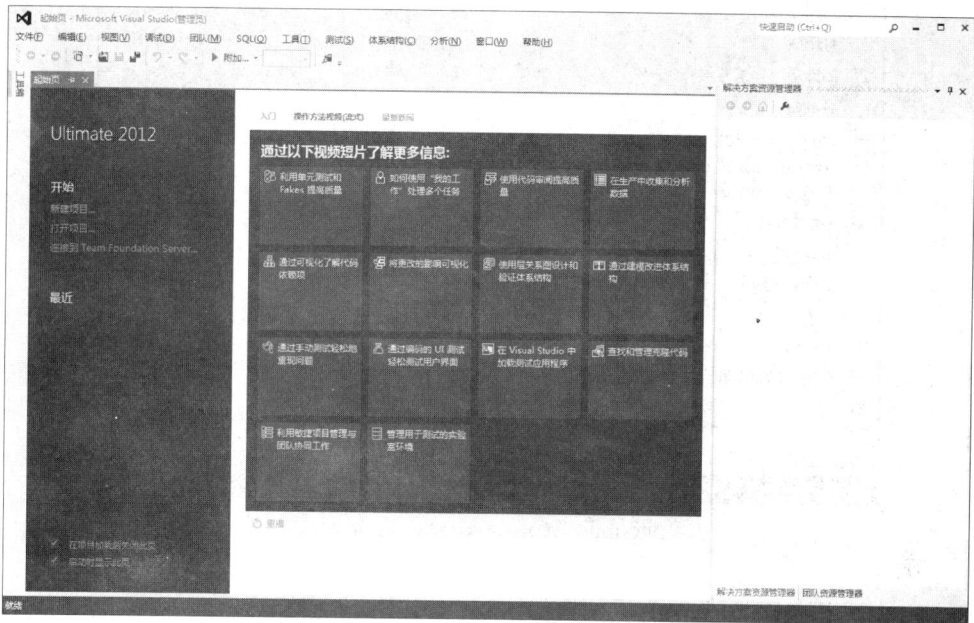

图 1-10　Visual Studio 2012 起始页

1.2.2　了解 Visual Studio 2012 的菜单项和工具栏

Visual Studio 是一套完整的开发工具集,用于生成 ASP.NET Web 应用程序、XML Web Services、桌面应用程序和移动应用程序。Visual Basic、Visual C++ 、Visual C♯ 和 Visual J♯ 全都使用相同的集成开发环境(IDE),利用此集成开发环境可以共享工具且有助于创建混合语言解决方案。

Visual Studio 2012 的开发环境主要由以下几部分组成:菜单栏、工具栏、窗体、工具箱、属性窗口、解决方案资源管理器、服务器资源管理器等。

在创建一个 ASP.NET 网站后,Visual Studio 2012 的菜单栏包括"文件"、"编辑"、"视图"、"网站"、"生成"、"调试"、"团队"、"SQL"、"格式"、"表"、"工具"、"测试"、"体系结构"、"分析"、"窗口"和"帮助"等菜单项。

(1)"文件"菜单中常用的功能如下。

- "新建":支持新建项目、网站、团队项目、文件等。"新建"菜单项如图 1-11 所示。
- "打开":支持打开已有的项目/解决方案、网站、团队项目和文件等。"文件"→"打开"菜单项如图 1-12 所示。
- "关闭"菜单项:关闭正在编写的项目。
- "关闭解决方案"菜单项:关闭正在编写的解决方案。
- "保存"菜单项:保存当前正在编写的解决方案。

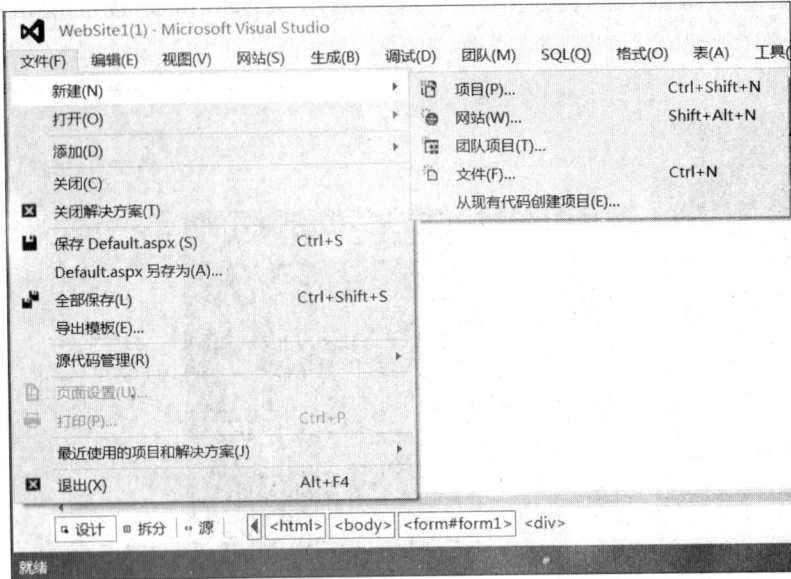

图 1-11 "文件"→"新建"菜单项

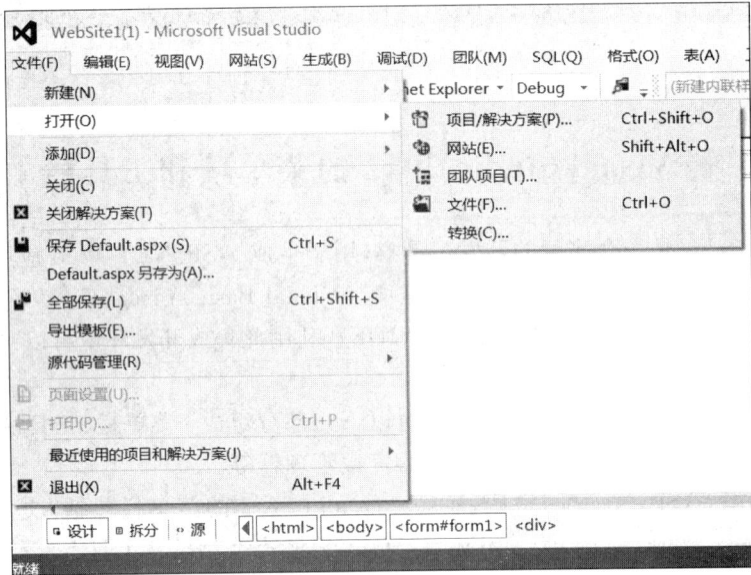

图 1-12 "文件"→"打开"菜单项

- "最近的文件"菜单项：打开最近的文件。
- "最近使用的项目和解决方案"菜单项：打开最近编写的项目和解决方案。
- "退出"菜单项：退出 Visual Studio 2012 编程环境。

"文件"菜单如图 1-13 所示。

（2）"编辑"菜单常用的功能有：撤销、重做、剪切、复制、粘贴、查找和替换等。"编辑"菜单如图 1-14 所示。

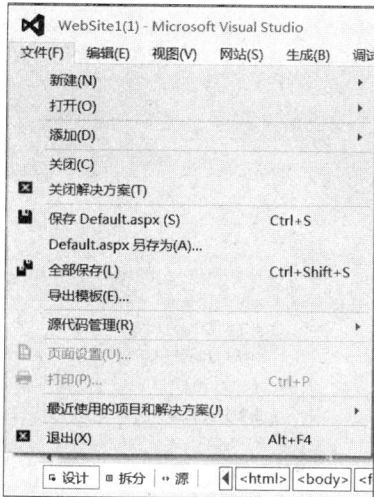

图 1-13 "文件"菜单的功能

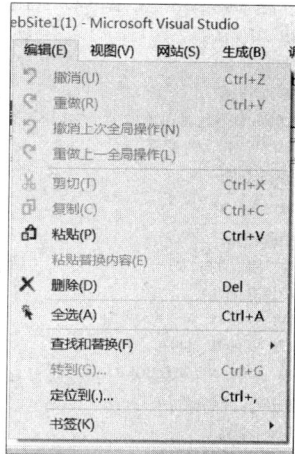

图 1-14 "编辑"菜单

（3）"视图"菜单常用的功能有：标尺和网格、可视辅助、格式标记、代码、同步视图、解决方案资源管理器、团队资源管理器、服务器资源管理器、体系结构资源管理器、SQL Server 对象资源管理器、CSS 属性、类视图、代码定义窗口、对象浏览器、错误列表、输出、任务列表、工具箱、查找结果、工具栏、全屏显示等。部分菜单命令功能如下。

- "代码"：打开代码编辑界面。
- "解决方案资源管理器"：打开解决方案资源管理器窗口。
- "服务器资源管理器"：打开与服务器以及数据库相关内容的操作界面。
- "类视图"：打开类视图窗口。
- "工具箱"：打开工具箱窗口。
- "属性窗口"：打开控件的属性窗口。

"视图"菜单的界面如图 1-15 所示。

（4）"网站"菜单常用的功能有：添加新项、添加现有项、新建文件夹、新建虚拟目录、添加 ASP.NET 文件夹、复制网站、嵌套相关文件、添加引用、添加服务引用、设为启动项目、启动选项、ASP.NET 配置等。"网站"菜单如图 1-16 所示。

（5）"生成"菜单常用的功能有：生成解决方案、重新生成解决方案、对解决方案运行代码分析、生成网站、重新生成网站、发布网站、批生成、配置管理器、对网站代码进行分析等。"生成"菜单如图 1-17 所示。

图 1-15 "视图"菜单

11

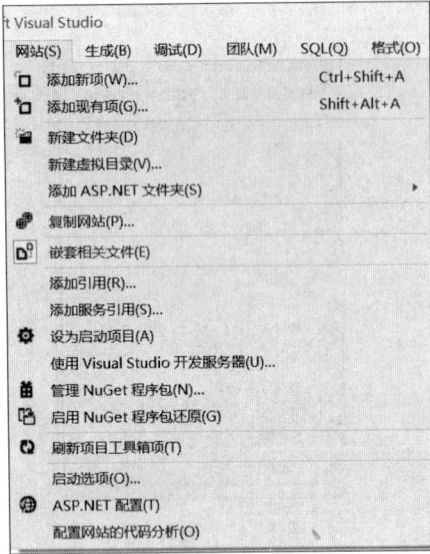

图 1-16　"网站"菜单

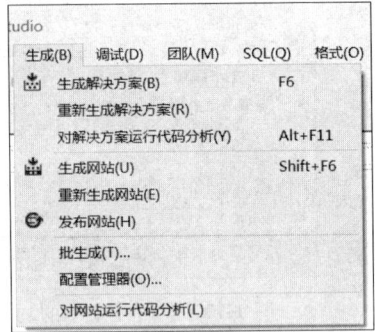

图 1-17　"生成"菜单

（6）"调试"菜单常用的功能有：窗口、图形、启动调试、开始执行（不调试）、启动性能分析、启动已暂停的性能分析、附加到进程、异常、选项和设置等。"调试"菜单如图 1-18 所示。

（7）"团队"菜单主要是用于连接到团队服务器。"团队"菜单如图 1-19 所示。

（8）SQL 菜单常用的功能有：架构比较和 Transact-SQL 编辑器，SQL 菜单如图 1-20 所示。

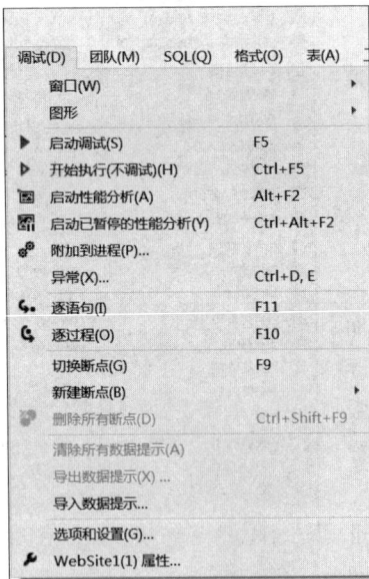

图 1-18　"调试"菜单

图 1-19　"团队"菜单

图 1-20　SQL 菜单项

（9）"格式"菜单常用的功能有：新建样式、附加样式表、前景色、背景色、设置位置、字体、两端对齐、字体、段落等，"格式"菜单如图 1-21 所示。

（10）"表"菜单常用的功能有：插入表、插入、删除、选择、修改。"表"菜单如图 1-22 所示。

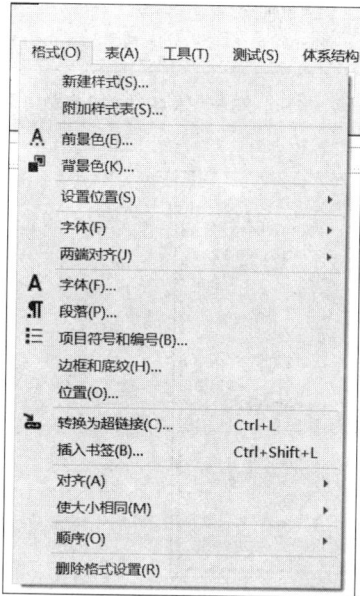

图 1-21　"格式"菜单

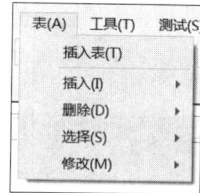

图 1-22　"表"菜单

（11）"工具"菜单常用的功能有：检查辅助功能、生成本地资源、附加到进程、链接到数据库、连接到服务器、代码段管理器、选择工具箱项、安装 Web 组件、外部工具、导入和导出设置、自定义、选项。"工具"菜单的界面如图 1-23 所示。

（12）"测试"菜单的常用功能如下：运行、调试、测试设置、分析代码覆盖率、窗口。"测试"菜单的界面如图 1-24 所示。

（13）"体系结构"菜单的常用功能如下：新建关系图、生成依赖项关系图、配置默认代码生成设置、导入 XMI、窗口。"体系结构"菜单的界面如图 1-25 所示。

（14）"分析"菜单的常用功能有：启动性能分析、启动已暂停的性能分析、启动性能向导、比较性能报告、探查器、并发可视化工具、对解决方案运行代码分析、对网站运行代码分析、配置网站的代码分析、为所选项目计算代码度量值、为解决方案计算代码度量值、窗口。"分析"菜单的界面如图 1-26 所示。

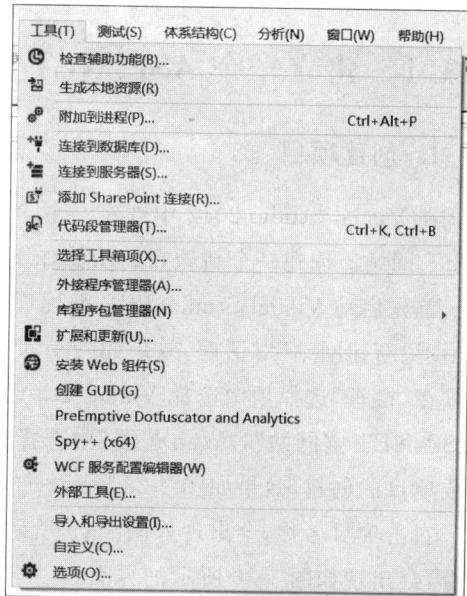

图 1-23　"工具"菜单

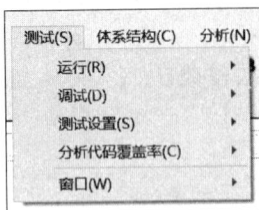

图 1-24 "测试"菜单

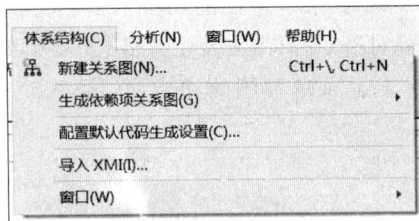

图 1-25 "体系结构"菜单

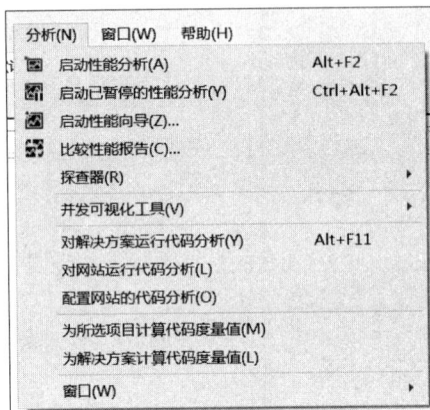

图 1-26 "分析"菜单

任务 1.3 了解 ASP.NET Web 应用程序的设计流程

1.3.1 建立一个 ASP.NET Web 应用程序

1. 创建项目

在 Visual Studio 2012 中创建一个 ASP.NET Web 应用程序,意味着创建一个 ASP.NET 网站。创建一个新项目的步骤如下。

首先启动 Visual Studio 2012 编程环境,在"文件"菜单中选择"新建网站"命令,系统会出现"新建网站"对话框,效果如图 1-27 所示。

在"模板"选择项中选择 Visual C# 语言,在右侧的 Visual C# 已安装的模板中选择 "ASP.NET 空网站","Web 位置"中选择解决方案所保存的位置,然后单击"确定"按钮,完成项目的创建,效果如图 1-28 所示。

右击项目名称,会出现如图 1-29 所示的菜单,在该菜单中选择"添加"→"添加新项" 命令,会出现如图 1-30 所示的界面。

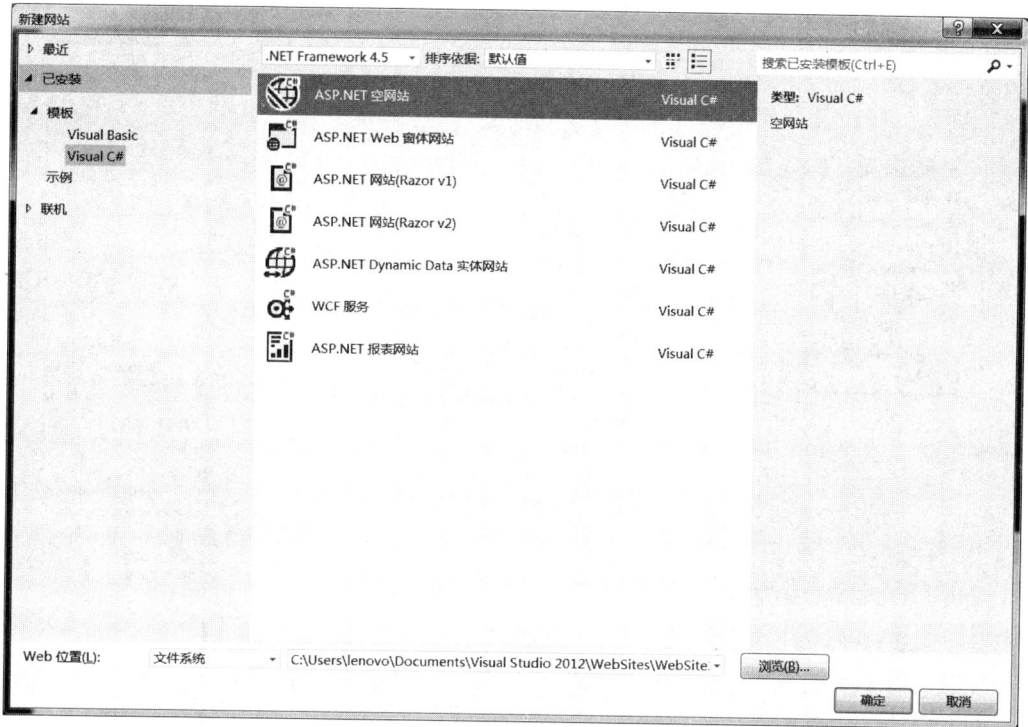

图 1-27　"新建网站"对话框

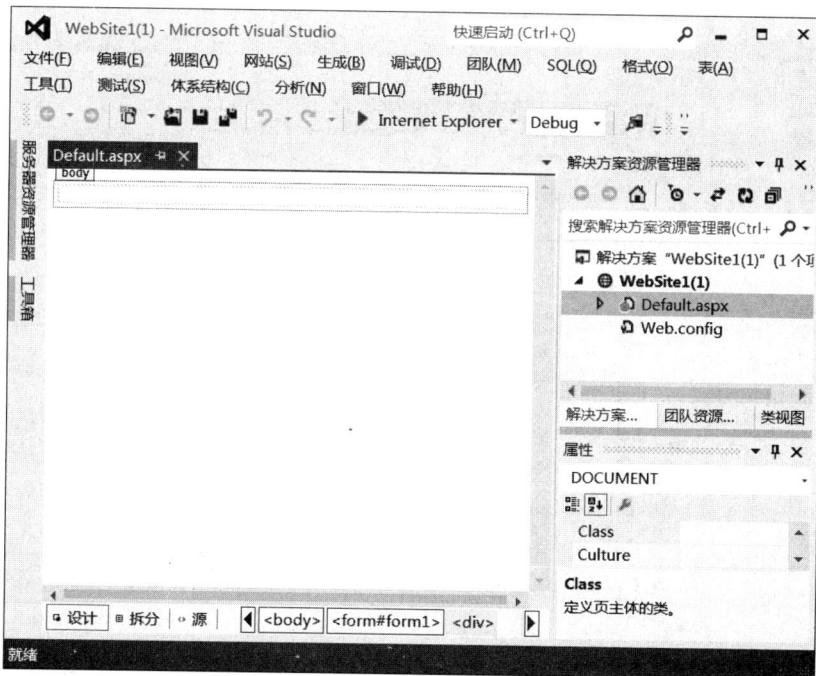

图 1-28　"新建网站"后的界面

		解决方案 "WebSite1(1)" (1 个
		WebSite1(1)
生成网站(U)	Shift+F6	Default.aspx
发布网站(H)		Web.config
限定为此范围(S)		
新建 解决方案资源管理器 视图(N)		
添加(D)	▶	
添加新项(W)... Ctrl+Shift+A	添加引用(R)...	
现有项(G)... Shift+Alt+A	添加服务引用(S)...	
新建文件夹(D)	查看类图(V)	
添加 ASP.NET 文件夹(S) ▶	管理 NuGet 程序包(N)...	
新建虚拟目录(V)...	复制网站(P)...	
Web 窗体	启动选项(O)...	
Web 用户控件	设为启动项目(A)	
JavaScript 文件	使用 Visual Studio 开发服务器(U)...	团队资源... 类视图
样式表	在浏览器中查看(Internet Explorer)(B)	▼ 무 ×
	在 Page Inspector 中查看 Ctrl+K, Ctrl+G	1(1) 网站属性
	浏览方式(H)...	RL
	刷新文件夹(F)	http://localhost:
	将解决方案添加到源码管理(A)...	ws 身份 已禁用
	剪切(T) Ctrl+X	的 URL http://localhost:
	复制(Y) Ctrl+C	份验证 已启用
	粘贴(P) Ctrl+V	道模式 集成
	移除(V) Del	径 C:\Users\lenovo\
	在文件资源管理器中打开文件夹(X)	SSL False
	属性窗口(W) Ctrl+W, P	
	属性页(Y) Shift+F4	地磁盘位置。
	对网站运行代码分析(L)	

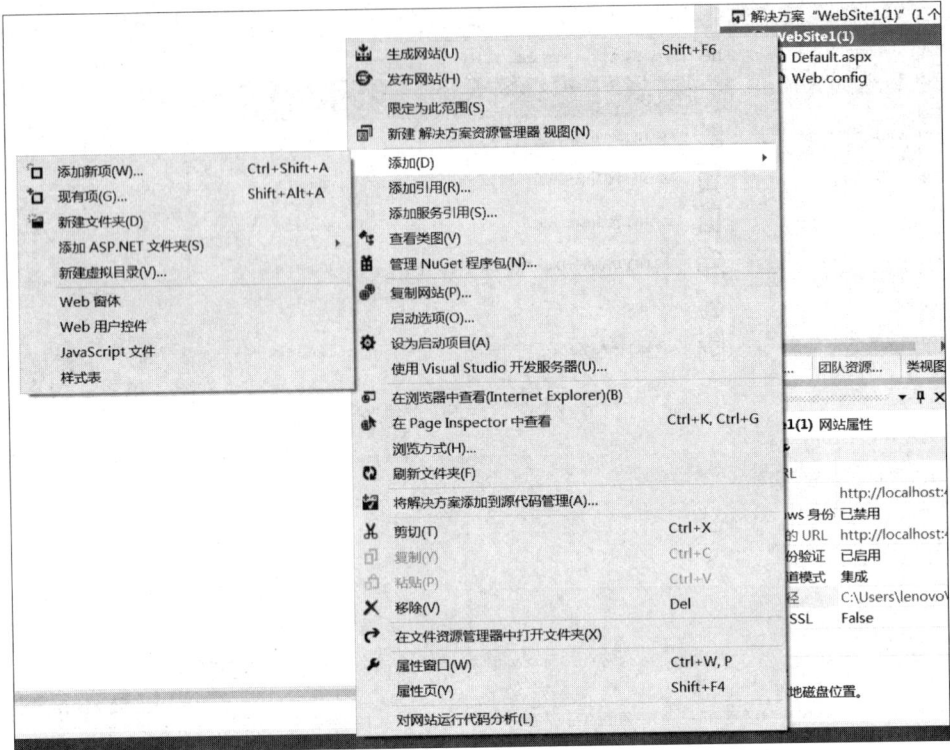

图 1-29 网站的"添加新项"菜单

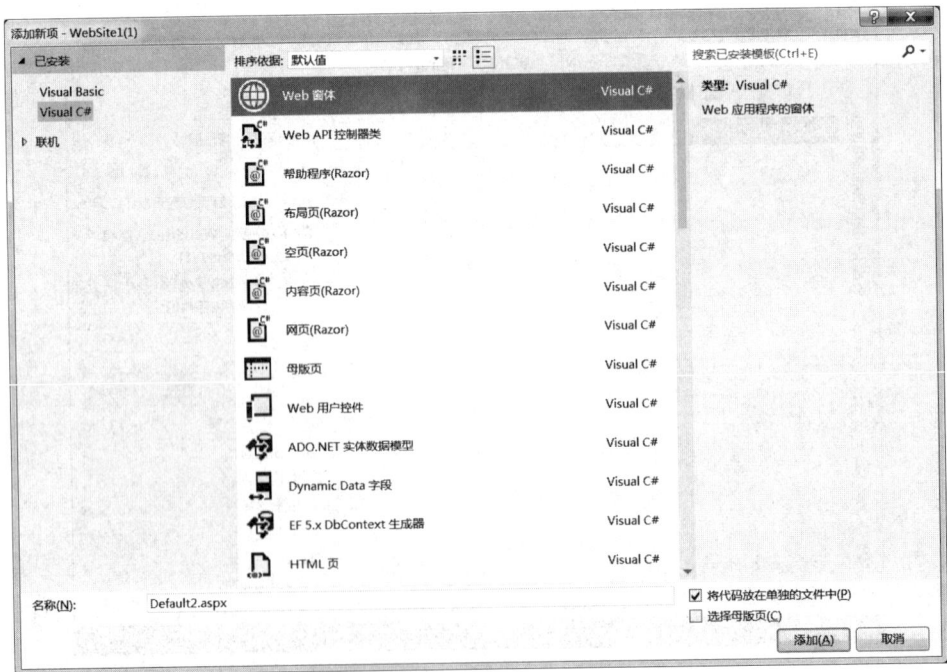

添加新项 - WebSite1(1)

已安装

Visual Basic
Visual C#
▶ 联机

排序依据: 默认值   搜索已安装模板(Ctrl+E)

Web 窗体	Visual C#	类型: Visual C#
Web API 控制器类	Visual C#	Web 应用程序的窗体
帮助程序(Razor)	Visual C#	
布局页(Razor)	Visual C#	
空页(Razor)	Visual C#	
内容页(Razor)	Visual C#	
网页(Razor)	Visual C#	
母版页	Visual C#	
Web 用户控件	Visual C#	
ADO.NET 实体数据模型	Visual C#	
Dynamic Data 字段	Visual C#	
EF 5.x DbContext 生成器	Visual C#	
HTML 页	Visual C#	

名称(N): Default2.aspx

☑ 将代码放在单独的文件中(P)
☐ 选择母版页(C)

添加(A)   取消

图 1-30 "添加新项"界面

2. 打开一个项目

如果一个 ASP.NET Web 应用程序已经创建好，需要继续编写，这时可以选择打开项目。

其步骤是：选择"文件"→"打开"→"网站"命令，在弹出的"打开网站"对话框中选择要打开的网站，效果如图 1-31 所示。

图 1-31 "打开网站"对话框

单击"打开"按钮，可以打开该网站。

3. 保存项目

当编辑完网站后，需要保存网站，步骤为：单击工具栏中的"全部保存"按钮，或者单击"文件"→"全部保存"命令。

4. 编译运行网站

设计一个网站时，该 ASP.NET 应用程序处于编辑状态。如果需要测试已编辑的内容，需要编译和运行网站，可以有以下几种方式对网站进行测试。

单击工具栏中的"启动调试"按钮。

单击"调试"菜单中的"启动调试"命令或"开始执行（不调试）"命令。

按快捷键 F5 或 Ctrl+F5。

例如,在网站中添加一个按钮控件,并双击该按钮,编写一个简单的事件,即给按钮的单击事件添加一个提示语句:

```
Response.Write("<script>alert('Hello,欢迎来到 ASP.NET 编程环境')</script>")
```

然后启动调试,运行之后效果如图 1-32 和图 1-33 所示。

图 1-32　网站运行效果

图 1-33　单击按钮后效果

1.3.2　ASP.NET Web 应用程序的设计流程

在 Visual Studio 2012 编程环境下开发 ASP.NET Web 应用程序一般具有以下几个步骤。

1. 需求分析

根据实际应用需要进行需求分析,需要设计程序具有什么样的功能,对应的功能需要什么样的控件来实现,以及需要编写什么样的代码等。

2. 新建 ASP.NET Web 应用程序

打开 Visual Studio 2012,新建一个 ASP.NET 空网站。一个 Web 应用程序就是一个网站。然后添加新项,添加对应的 Web 页面,用户根据所要创建的程序要求,选择合适的应用程序类型。

3. 新建用户界面

建立网站之后,根据程序的功能要求,在 Web 页面上合理的布置控件,并调整合适的大小和位置。

4. 设置对象的属性

布局好控件之后,需要对控件的外观以及初始状态进行设置,以满足程序的需要,设置属性可以打开"属性"窗口进行设置。

5. 编写代码

布局好控件并设置好控件的初始属性之后,就可以编写代码了。可以单击控件或右击 Web 页面,通过"属性"窗口中的事件选择需要编写的事件,也可以直接进入代码界面编写代码。代码的编写将根据程序的需要进行选择。

6. 运行并调试程序

完成上述步骤后,就可以运行程序并做测试,以发现问题并及时修改。调试和改错是程序开发过程中非常重要的步骤,需要反复使用,以尽可能地优化程序。

7. 编译网站代码

ASP.NET 网站应用程序开发完成并正确运行后,需要将网站代码编译生成.dll 文件并发布出去。

8. 部署应用程序

编写好的应用程序可以在 Visual Studio 2012 中进行部署,即将网站部署在服务器上并运行。

1.3.3 创建一个简单的用户注册程序

本操作中建立一个简单的用户注册程序,以熟悉 Web 应用程序的开发步骤。该程序的开发严格按照上述的 8 个步骤进行。

要求:设计制作一个简单的 ASP.NET Web 应用程序,要求用户将姓名、性别、出生年月、住址、联系电话、个人简介等信息提交,并显示在页面中,如图 1-34 所示。

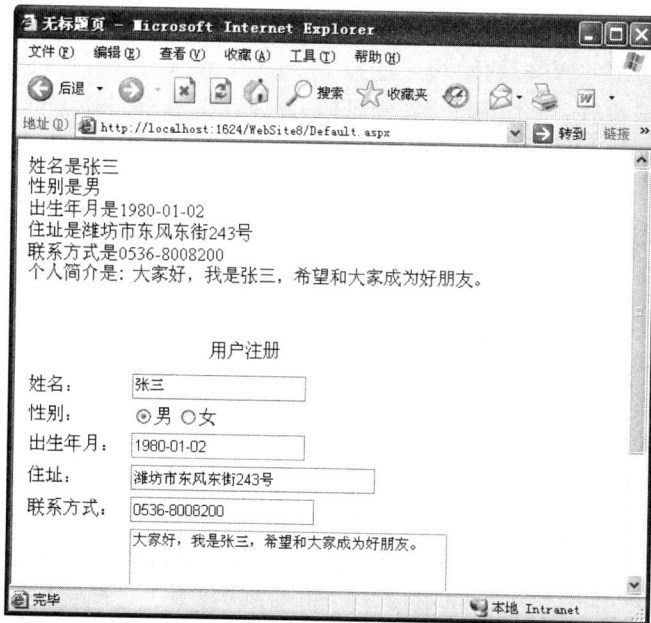

图 1-34 网站运行效果

1. 需求分析

该应用程序的功能是：要求用户将姓名、性别、出生年月、住址、联系电话、个人简介等信息提交,并显示在页面中。

2. 新建项目

(1) 选择菜单"文件"→"新建网站",打开"新建网站"对话框,如图 1-35 所示。

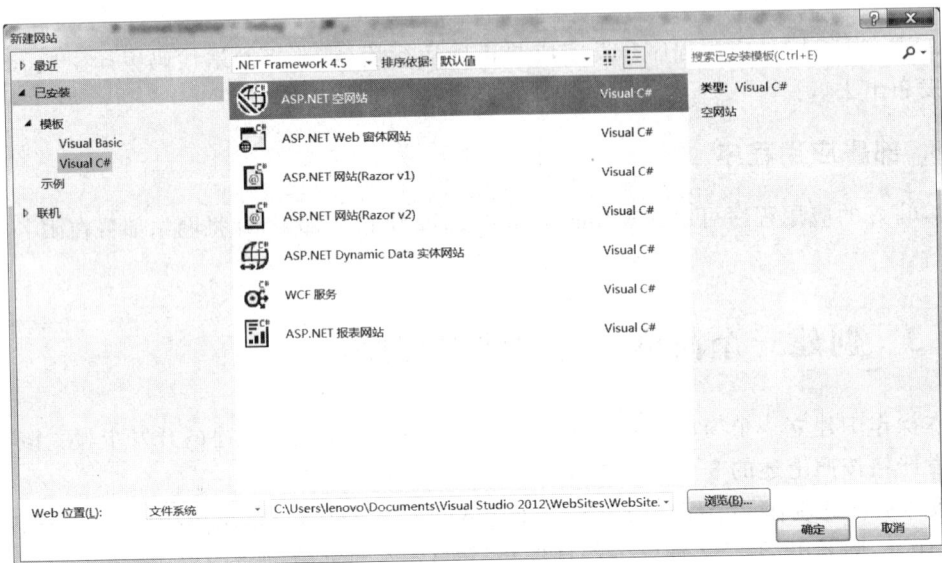

图 1-35 "新建网站"对话框

(2) 在"新建网站"对话框的模板中选择"Visual C♯",再选择"ASP.NET 空网站",并选择相应的 Web 位置,单击"确定"按钮,即可新建一个 ASP.NET 网站。

3. 创建用户界面

新建的项目如图 1-36 所示。

右击项目名称,会出现如图 1-37 所示的菜单,从中选择"添加"→"添加新项"命令,会出现如图 1-38 所示的界面。

从列表中选择"Web 窗体",并设置好名称,就可以添加一个 ASP.NET 页面,添加的页面如图 1-39 所示。

创建好一个 ASP.NET 页面后,接下来添加控件,具体如下。

首先插入一个"布局表格",用于整个页面的布局。在对应的地方输入文本:"用户注册"、"姓名"、"性别"等信息。然后添加一个 TextBox 文本框控件,用于接受用户输入的姓名;添加两个 RadioButton 控件,用于接受用户选择的性别;接下来添加三个 TextBox 控件,分别用于接受用户输入的"出生年月"、"住址"、"联系方式";最后添加一个文本框控件,并设置成多行,用于接受用户输入的"个人简介"信息。控件添加完之后,应适当地调整布局,效果如图 1-40 所示。

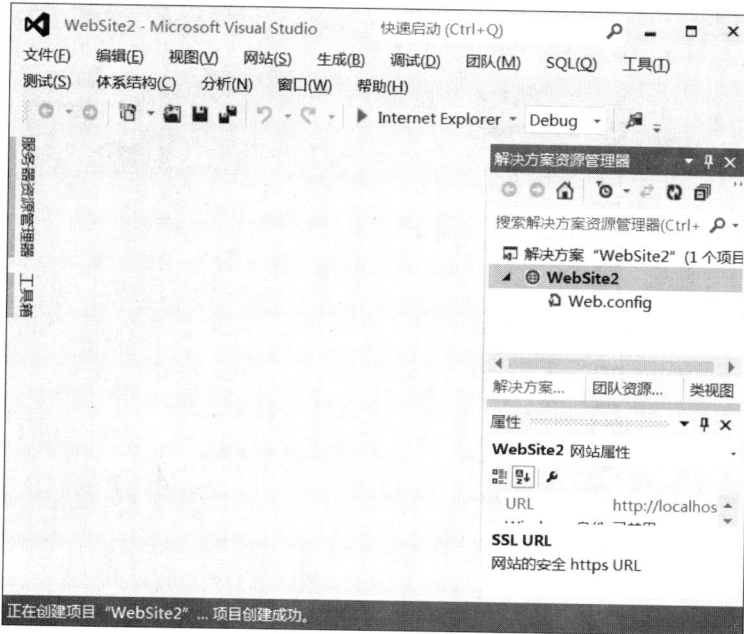

图 1-36 新建的 ASP.NET 空网站项目

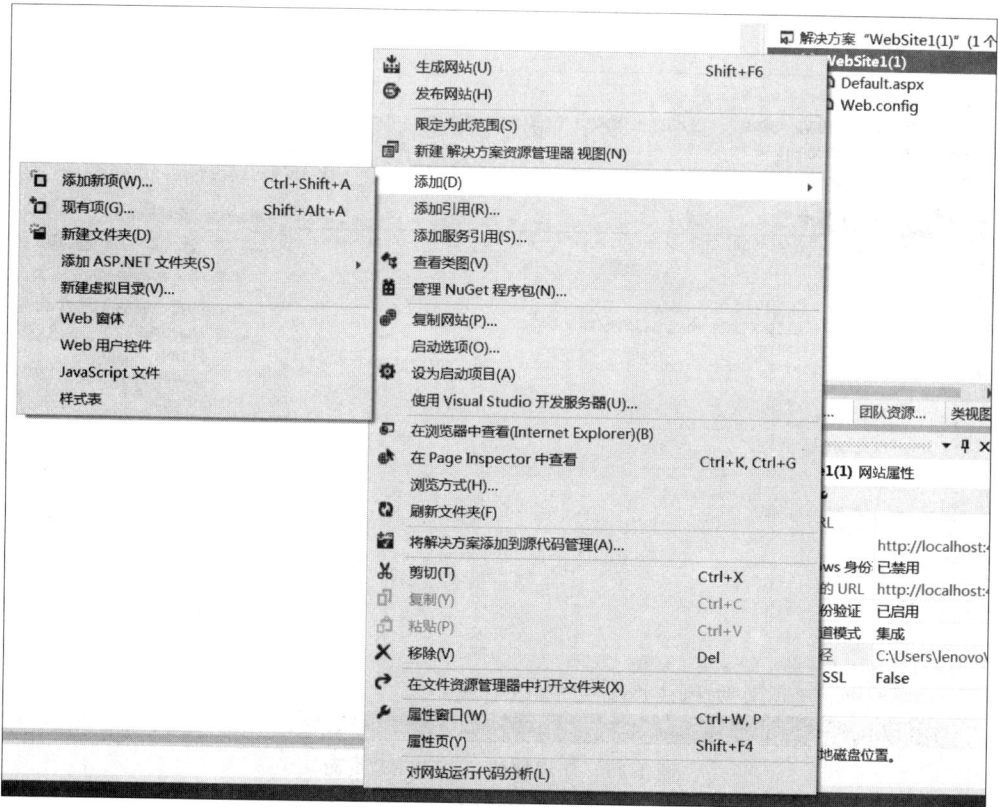

图 1-37 网站的快捷菜单

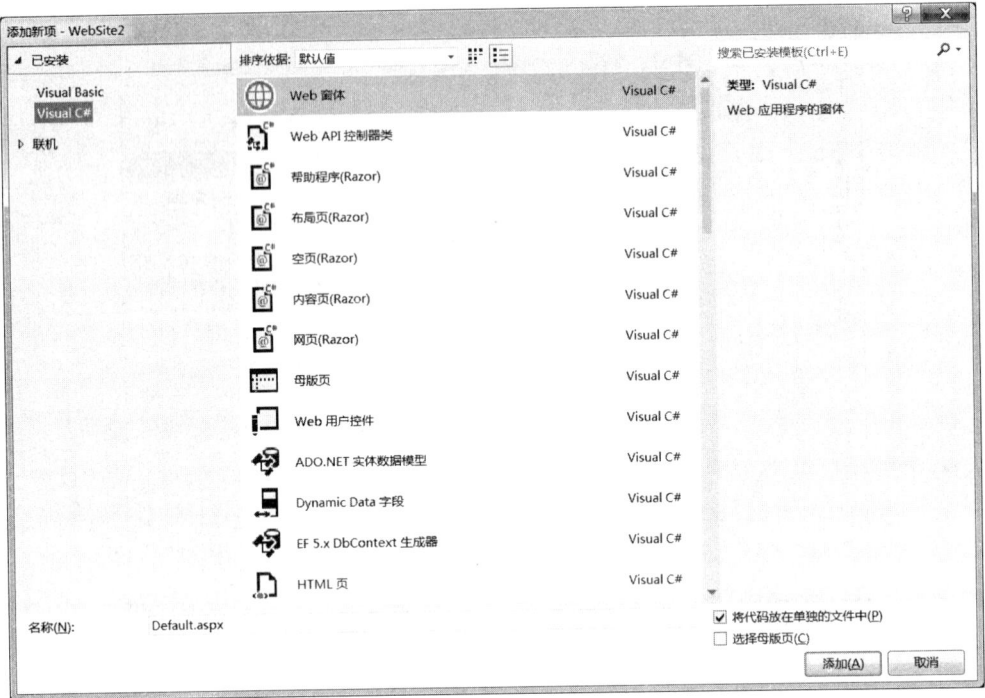

图 1-38 "添加新项"对话框

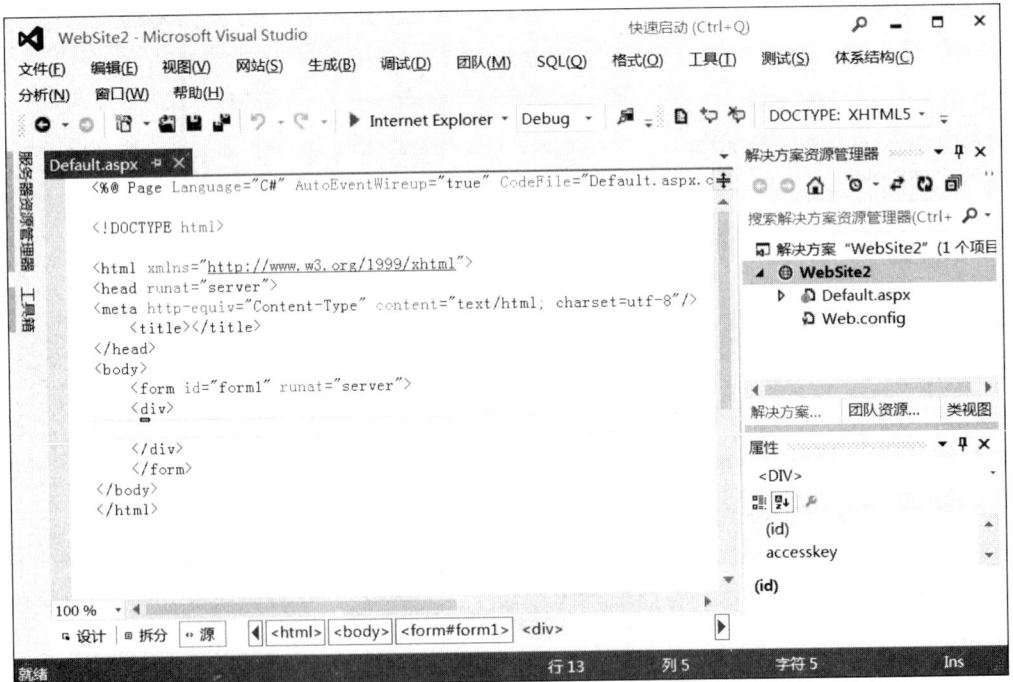

图 1-39 新添加的 ASP.NET 页面

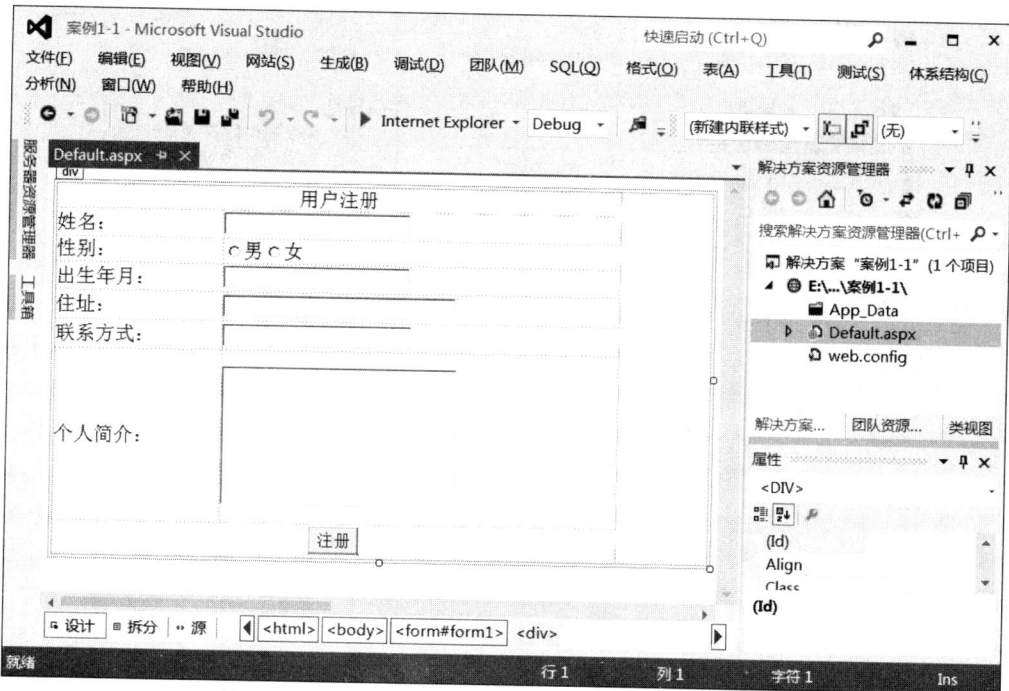

图 1-40   设计界面

4. 设置控件的属性

控件布局好之后,接下来设置控件的属性。右击 RadioButton1 控件,修改其 Text 属性为"男",修改其 GroupName 属性为 xb,右击 RadioButton2 控件,修改其 Text 属性为"女",修改其 GroupName 属性为 xb。修改 Button 按钮控件的 Text 属性为"注册"。

5. 编写事件代码

编写事件代码是在代码编辑界面中进行的。在 Web 页面的空白处右击,并选择"查看代码"命令,将进入代码编辑界面,如图 1-41 所示。

本 Web 应用程序中需要编写的代码在 Button 按钮的单击事件中。在设计界面中双击 Button 按钮,进入该按钮的单击事件,编写代码 1-1。

代码 1-1   Button 按钮的单击事件

```
protected void Button1_Click(object sender, EventArgs e)
{
    string a1=TextBox1.Text;
    string a2=TextBox2.Text;
    string a3=TextBox3.Text;
    string a4=TextBox4.Text;
    string a5=TextBox5.Text;
    string xb="";
    if (RadioButton1.Checked)
```

23

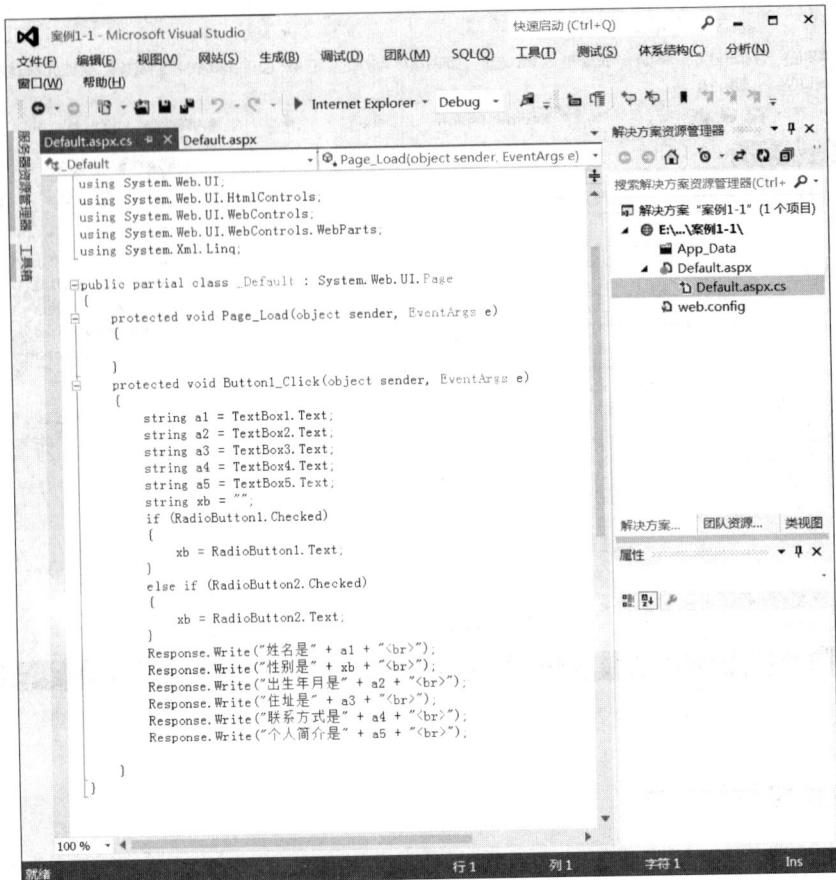

图 1-41　代码界面

```
{
    xb=RadioButton1.Text;
}
else if (RadioButton2.Checked)
{
    xb=RadioButton2.Text;
}
Response.Write("姓名是"+a1+"<br>");
Response.Write("性别是"+xb+"<br>");
Response.Write("出生年月是"+a2+"<br>");
Response.Write("住址是"+a3+"<br>");
Response.Write("联系方式是"+a4+"<br>");
Response.Write("个人简介是"+a5+"<br>");
}
```

6. 运行、调试并测试程序

程序编写完成后,按 F5 键,或者单击"启动调试"按钮,即可启动调试应用程序功能。

程序运行结果如图 1-42 所示。

输入相应的内容,效果如图 1-43 所示。

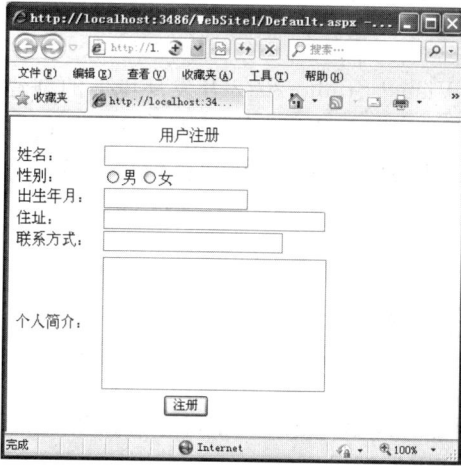

图 1-42　网站运行效果

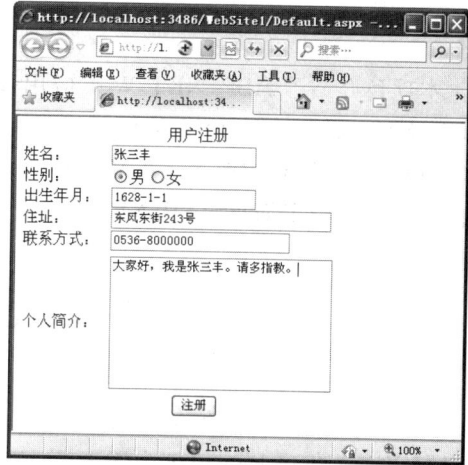

图 1-43　测试网站效果

输入内容之后,单击"注册"按钮,效果如图 1-44 所示。

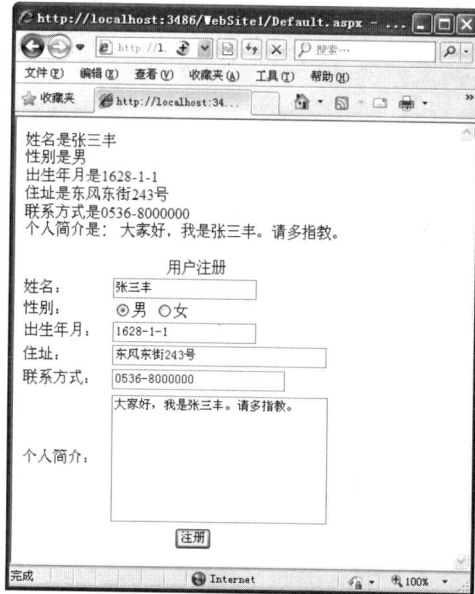

图 1-44　网站测试效果

7. 编译网站代码

ASP.NET 网站应用程序开发完成并正确运行后,需要将网站代码编译生成.dll 文件并发布出去。

项 目 小 结

本项目介绍了 ASP.NET Web 应用程序在 Visual Studio 2012 开发环境下的创建方法,以及 Visual Studio 2012 编程环境常用菜单的功能。介绍了编程界面中常用的窗口的功能,包括"工具箱"、"解决方案资源管理器"、"属性/事件"以及编程界面窗口。另外通过实例的方式介绍了简单 ASP.NET Web 应用程序的编写流程。

项 目 拓 展

(1) 建立一个简单的 ASP.NET Web 应用程序,要求:在用户单击"提交"按钮之后,能根据用户在 TextBox 控件中输入的内容给出相应的问候。

(2) 建立一个简单的 ASP.NET Web 应用程序,要求:用户输入用户名和密码并单击"提交"按钮后,根据已经设置好的用户名和密码进行匹配,如果和已经设置好的用户名和密码相同,则给出登录成功的提示;如果和已经设置好的用户名或者密码不相同,则给出登录失败的提示。

项目 2　设计制作网络计算器

本项目学习目标

- 掌握 ASP. NET 基本控件的使用方法。
- 掌握 C♯ 基本语句的编写方法。
- 掌握验证控件的使用方法。

　　计算器是我们日常生活中常用的工具之一，Windows 系列操作系统本身也拥有计算器功能。网络计算器是通过 Web 页面在网站上提供的计算服务，常见的形式有：住房公积金贷款利率计算器、商品价格折扣计算器等，因其方便、实用，被广泛运用到许多专业网站提供的服务中。

　　本项目将设计制作一个住房公积金贷款利率计算器。该网络计算器以实用的功能，友好易操作的界面为用户提供良好的计算服务。该计算器常用于许多房产中介的网站上。计算器界面如图 2-1 所示。

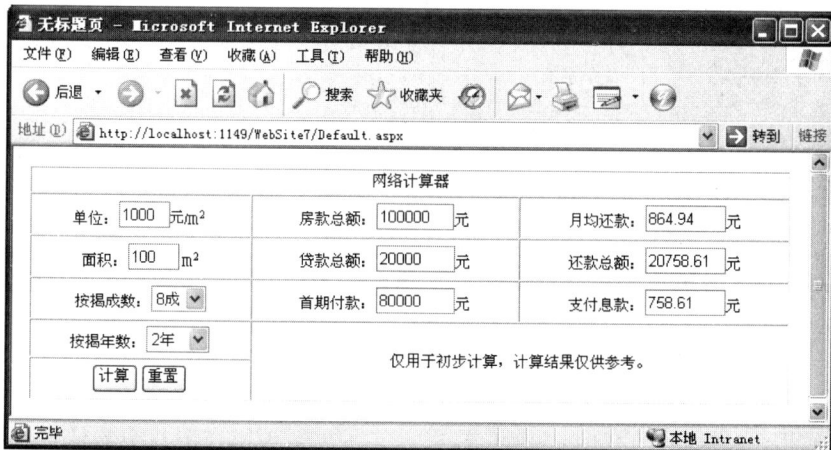

图 2-1　计算器设计界面

　　本计算器的功能和使用流程是：根据用户输入的购房单价（元/m²）和购房面积（m²），以及选择的按揭成数和按揭年数，在单击"计算"之后，计算器会将计算出的结果"房款总额"、"月均还款"、"贷款总额"、"还款总额"、"首期付款"和"支付系款"，显示在对应的位置上。

任务 2.1　掌握 ASP.NET 基本输入/输出控件

输入、输出控件是程序设计界面中最常用的控件。本任务将制作住房公积金贷款利率计算器的界面部分。具体包括,输入控件"TextBox 控件"、输出控件"Label 控件"以及"Button 控件"。

2.1.1　Label 文本显示控件的应用

1. 要求和目的

要求:建立一个 ASP.NET Web 应用程序,在该程序中使用 Label 控件显示鼠标指针的坐标,效果如图 2-2 所示。

图 2-2　界面效果预览

在界面上有一张图片,在图片中单击,可以显示出鼠标所在图片中的像素点的坐标。目的:

- 了解 Label 控件常用的属性;
- 了解 Label 控件常用的编程方法;
- 了解事件代码的运行原理;
- 了解 ImageButton 按钮控件的事件。

2. 操作步骤

（1）界面设计

Label 控件常用于在页面中显示文本，可以显示静态文本，也可以显示动态文本。

建立一个 ASP.NET Web 应用程序，在该程序中使用 Label 控件显示鼠标指针的坐标；再在页面中分别添加一个 ImageButton 控件和 Label 控件，如图 2-3 所示。

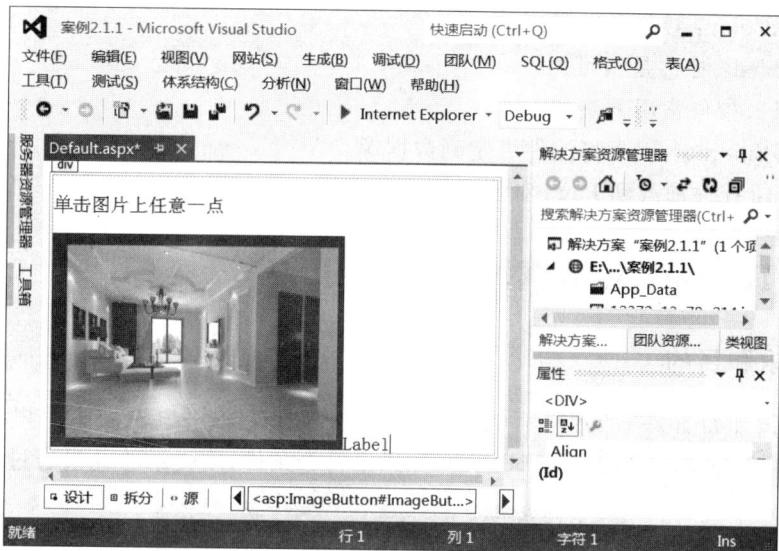

图 2-3　设计界面

（2）编写事件代码

双击 ImageButton 控件，在该控件的单击事件中添加代码 2-1。

代码 2-1　ImageButton 控件的单击事件

```
protected void ImageButton1_Click(object sender, ImageClickEventArgs e)
{
    Label1.Text="您单击的图片像素点是:("+e.X.ToString()+","+e.Y.ToString()+")";
}
```

3. 相关知识点

（1）Label 控件又称为标签控件，该控件的功能是显示文本。使用该控件时，可以通过控件的 Text 属性设置标签需要显示的文本。标签控件对应的源文件有如下两种：

```
<asp:Label id="Label" runat="server">需要显示的文本</asp:Label>
```

或者

```
<asp:Label id="Label"
    Text="需要显示的文本"
```

```
runat="server"/>
```

（2）Label 控件作为服务器控件，在使用时必须添加控件的"runat＝server"属性。Label 控件的常用的属性如下。

- Text：控件显示的文本。
- Width：控件的宽度。
- Visible：控件是否可见。
- BackColor：控件的背景颜色。
- Enabled：控件是否可用。

（3）Label 控件常用方法如下。

- DataBinding：用于将控件绑定到数据源。
- Load：控件加载到 Page 对象时触发该事件。

2.1.2 TextBox 文本框控件的应用

1. 要求和目的

要求：设计如图 2-4 所示界面的用户验证程序，要求对用户输入的用户名和密码进行验证，如果符合条件，则提示验证成功；如果不符合条件，则提示验证没通过。

图 2-4 界面效果预览

目的：
- 了解 TextBox 控件常用的属性。
- 了解 TextBox 控件常用的编程方法。
- 掌握按钮控件的编程方法。
- 掌握"重置"按钮的使用方法。

2. 操作步骤

（1）界面设计

接下来建立一个 ASP.NET Web 应用程序，该例子通过文本输入框取得用户的身份验证信息,用户可以单击"测试"或者"确定"按钮来确定资料的输入,"重置"按钮则可以让用户重新输入文字内容。界面设计完成后,主要控件的 HTML 源文件如代码 2-2 所示。

代码 2-2   主要控件的 HTML 源文件

```
<form id="form1" runat="server">
<div>
    账号：<asp:TextBox ID="TextBox1" runat="server"
Width="137px"></asp:TextBox>
    <br />
    密码：<asp:TextBox ID="TextBox2" runat="server" TextMode="Password"
Width="137px"></asp:TextBox><br />
 
    <input id="Button1" runat="server" type="button" value="测试"
onserverclick="Button1_ServerClick" />
    <input id="Submit1" runat="server" type="submit" value="确定"
onserverclick="Submit1_ServerClick" />
    <input id="Reset1" runat="server" type="reset" value="重置" /></div>
</form>
```

界面如图 2-5 所示。

图 2-5   设计界面

(2) 编写事件代码

双击"测试"按钮,进入后台代码编辑页面,添加程序如代码 2-3 所示。

代码 2-3   "测试"按钮的单击事件

```
protected void Button1_ServerClick(object sender, EventArgs e)
{
    passcheck();
}
```

双击"确定"按钮,添加代码 2-4。

代码 2-4　"确定"按钮的单击事件

```
protected void Submit1_ServerClick(object sender, EventArgs e)
{
    passcheck();
}
```

然后再添加一个方法,如代码 2-5 所示。

代码 2-5　passcheck 方法

```
protected void passcheck()
{
    if ((TextBox1.Text=="asp.net") && (TextBox2.Text=="1234"))
    {
        Response.Write("通过验证,您好!");
    }
    else
    {
        Response.Write("账号或者密码错误,请重新输入!");
        TextBox1.Text="";
        TextBox2.Text="";
    }

}
```

以上代码的含义是:用户在输入框中输入数据并单击"测试"或"确定"按钮后,都会触发 ServerClick 事件。在事件程序中都会调用 passcheck()方法,这个方法验证了用户的输入。如果用户输入的账号是"asp. net",密码是"1234",则会出现通过验证的信息。如果用户输入了错误的账号或者密码,则会显示错误信息,并把用户所输入的用户名和密码清除。

3. 相关知识点

(1) TextBox 控件概述。

TextBox 控件显示一个文本框,供用户输入文本。该控件有单行文本输入、多行文本输入和密码输入三种显示方式。TextBox 控件对应的源文件如下:

```
<asp:TextBox id="TextBox1" AutoPostBack="True|False" Columns="文本输入框的显
示的宽度" MaxLength="可以输入的最大字符数" Rows="显示的行数" Text="输入框默认显
示的文本" TextMode="SingleLine|MultiLine|PassWord" Wrap="True|False"
OnTextChanged="OnTextChangedMethod" runat="server"/>
```

(2) TextBox 控件的常用属性如下。

- Text:显示的文本。
- Width:控件的宽度。
- Columns:获取或设置文本框中显示的宽度。

- Rows：获取或设置文本框中显示的行数。
- Visible：确定控件是否可见。
- BackColor：控件的背景颜色。
- Enabled：控件是否可用。
- TextModeL：该属性可以为 SingleLine、MultiLine 和 Password，意味着该输入框分别表示"单行文本"、"多行文本"和"密码框"。

（3）TextBox 控件常用的方法如下。

- DataBinding：用于控件绑定到数据源。
- Load：控件加载到 Page 对象时触发该事件。
- TextChanged：输入框中文本内容更改时触发该事件。

2.1.3　Button 按钮控件的应用

1. 要求和目的

要求：制作如图 2-6 所示的程序，要求单击不同的按钮时有相应的反应。

目的：

- 了解按钮控件常用的属性。
- 了解按钮控件常用的编程方法。
- 了解按钮控件常用的事件。

2. 操作步骤

（1）界面设计

建立一个 ASP. NET Web 应用程序，使用 3 个 Button 按钮控件，分别演示 3 种事件的处理方法：当单击第一个按钮时，根据下面的定义将调用 Btton1_Click 事件。当光标进入第二个按钮时，该按钮的背景颜色将改变；光标脱离该按钮时，该按钮的背景颜色再一次改变。当光标进入第三个按钮时，该按钮的字体将改变；光标脱离该按钮时，该按钮的字体再一次改变，如图 2-7 所示。

图 2-6　按钮的设计界面

图 2-7　界面效果预览

该程序的 HTML 源文件如代码 2-6 所示。

代码 2-6　主要控件的 HTML 源文件

```
<form id="form1" runat="server">
    <div>
        Button 控件的事件及响应<br />
        <br />
        <asp:Button ID="Button1" runat="server" Text="OnClick 事件"
        Width="134px" OnClick="Button1_Click" />
        <asp:Label ID="Label1" runat="server" Width="139px"></asp:Label><br />
        <asp:Button ID="Button2" OnMouseOver="this.style.backgroundColor=
        'green'" OnMouseOut="this.style.backgroundColor='buttonface'"
          runat="server" Text="OnMouseOver 事件" Width="135px" /><br />
        <asp:Button ID="Button3" OnmouseOver="this.style.fontWeight='bold'"
        OnMouseOut="this.style.fontWeight='normal'" runat="server"
        Text="OnMouseOut 事件" Width="134px" />
    </div>
</form>
```

（2）编写事件代码

双击第一个按钮,进入代码编辑页面,添加程序如代码 2-7 所示。

代码 2-7　第一个按钮的单击事件

```
protected void Button1_Click(object sender, EventArgs e)
{
    Label1.Text="OnClick 事件触发";
}
```

3. 相关知识点

（1）按钮控件概述

按钮控件是常用的基本控件之一,主要包括"Button 控件"、"LinkButton 控件"、"ImageButton 控件"和"HyperLink 控件"等,单击这些控件都可以触发 Click 事件。按钮控件的作用是使用户对页面的内容做出判断,当单击按钮后,页面会对用户的选择做出一定的反应,达到与用户交互的目的。下面主要介绍 Button 控件。

"Button 控件"可以分为"提交"按钮控件和"命令"按钮控件。"提交"按钮控件不具有与按钮关联的命令,它只是将 Web 页面回送到服务器。默认情况下,Button 按钮是"提交"按钮。"命令"按钮控件一般包含与控件相关联的命令,同时还具有一个处理控件命令的事件。Button 控件的源代码如下:

```
<asp:Button id="Button1" Text="按钮文本(如确定、取消等)" CommandName="命令名"
CommandArgument ="命令参数" CausesValidation =" true | false" OnClick ="
OnClickMethod" runat="server"/>
```

（2）"Button 控件"常用的属性

- Text：获取或设置在 Button 控件中显示的文本标题。
- Width：按钮控件的宽度。

- CommandName：获取或设置命令名，该命令名与传递给 Command 事件的 Button 控件相关联。
- CommandArgument：获取或设置可选参数，该参数与关联的 CommandName 一起被传递到 Command 事件中。
- CauseValidation：获取或设置一个值，该值指示在单击"Button"控件时是否执行了验证。

（3）Button 控件常用的事件

- Load：控件加载到 Page 对象时触发该事件。
- Command：单击 Button 控件时发生的事件。
- OnClick：单击 Button 控件时发生的事件。
- OnMouseOver：当用户的光标进入 Button 按钮范围触发的事件。
- OnMouseOut：当用户的光标脱离 Button 按钮范围时触发的事件。

2.1.4　设计计算器界面

通过以上的介绍，我们学习了基本输入/输出控件，接下来创建住房公积金贷款利率计算器的界面。

设计步骤如下。

（1）设计网络计算器的布局。从网络计算器的外观可以看出，计算器的各功能控件的布局基本按照行列来进行。首先建立一个 ASP. NET Web 应用程序，在新建的页面中插入 6 行 3 列的布局表格。对新建的表格进行单元格的合并以及行宽、列宽的调整，以适应网络计算器的布局。调整后的布局如图 2-8 所示。

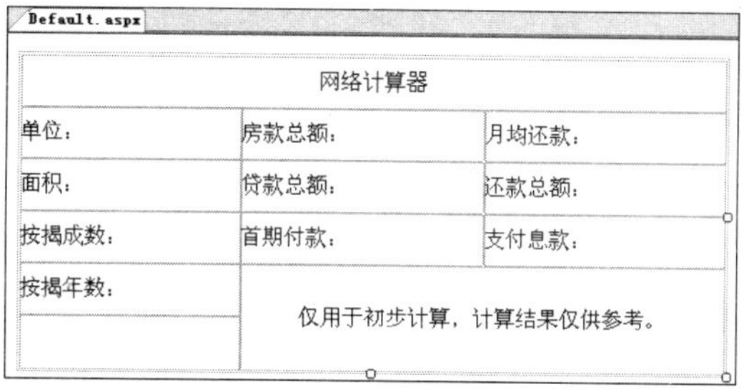

图 2-8　界面的布局

（2）插入网络计算器的各个控件。网络计算器的布局完成后，就在设计好的位置上插入对应的控件。在计算器中分别插入如下控件："单位"、"面积"用 TextBox 文本框控件，"按揭成数"、"按揭年数"用 DropDownList 下拉菜单控件，"房款总额"、"首期付款"、"月均还款"、"还款总额"、"支付息款"用 TextBox 文本框控件。插入控件后的效果如图 2-9 所示。

其中"按揭成数"和"按揭年数"对应控件的添加方法如下：首先添加一个 DropDownList 控件到对应的位置。选择 DropDownList 控件的 Items 属性，单击 Items

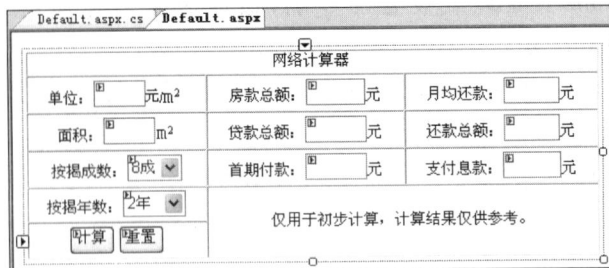

图 2-9　插入控件后的布局

属性后边的省略号按钮,添加下拉列表项。设计好之后,编译并运行程序,预览效果如图 2-10 所示。

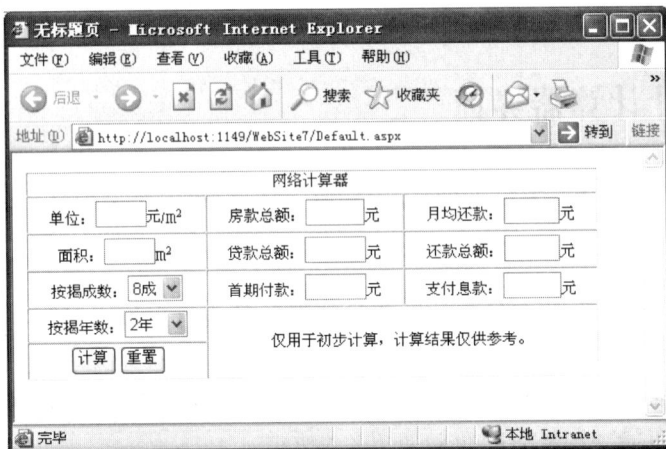

图 2-10　界面运行效果预览

任务 2.2　掌握数据类型及其运算方法

计算器的核心功能是对数据进行计算。本任务中学习 C♯ 语言的基本数据类型,以及使用 C♯ 语言的运算符与表达式,并学习 C♯ 的基本运算语句。再通过 C♯ 语言来编写实现计算功能的语句。

2.2.1　C♯ 的基本数据类型

计算器的运算数涉及的数据类型为:整形、浮点型。C♯ 中数据类型可以分为两类:值类型(Value Type)与引用类型(Reference Type),值类型变量是直接存放此类型的数据,引用类型则存放指向实际对象的引用指针。

所谓值类型,就是一个包含实际数据的量。即当定义一个值类型的变量时,C♯ 会根据它所声明的类型分配对应的存储空间。C#的值类型包括：简单类型、枚举类型和结构类型。简单类型包括整数类型、浮点类型、小数类型、字符类型和布尔类型等。

1. 整数类型

C#的整数类型有 8 种，它们的取值范围如表 2-1 所示。

表 2-1　C#整数类型的取值范围

类型标识符	描　　述	可表示的数值范围
sbyte	8 位有符号整数	$-128 \sim +127$
byte	8 位无符号整数	$0 \sim 255$
short	16 位有符号整数	$-32\,768 \sim +32\,767$
ushort	16 位无符号整数	$0 \sim 65\,535$
int	32 位有符号整数	$-2\,147\,483\,648 \sim +2\,147\,483\,647$
uint	32 位无符号整数	$0 \sim 4\,294\,967\,295$
long	64 位有符号整数	$-9\,223\,372\,036\,854\,775\,805 \sim 9\,223\,372\,036\,854\,775\,807$
ulong	64 位无符号整数	$0 \sim 18\,446\,744\,073\,709\,551\,615$

2. 浮点类型

小数在 C#中采用浮点类型的数据来表示，浮点类型的数据包含两种：单精度浮点型（float）和双精度浮点型（double），其区别在于取值范围和精度的不同。float 类型是 32 位宽，double 类型是 64 位宽。浮点类型数据的精度和可接受的值范围如下。

单精度：取值范围在 $\pm 1.5 \times 10^{-45} \sim 3.4 \times 10^{38}$ 之间，精度为 7 位数。

双精度：取值范围在 $\pm 5.0 \times 10^{-324} \sim 1.7 \times 10^{308}$ 之间，精度为 $15 \sim 16$ 位数。

3. 小数类型

小数类型数据是高精度的类型数据，占用 16 个字节（128 位），主要用于满足需要高精度数据的财务和金融计算领域。小数类型数据的取值范围和精度如下。

小数类型：取值范围在 $\pm 1.0 \times 10^{-28} \sim 7.9 \times 10^{28}$ 之间，精度为 29 位数。

小数类型的范围远远小于浮点型，不过它的精确度要比浮点型高得多。所以相同的数字对于两种数据类型来说可能表达的内容并不相同。

4. 字符类型

C#提供的字符类型数据按照国际标准，采用 Unicode 字符集。一个 Unicode 字符的长度为 16 位（bit）。所有 Unicode 字符的集合构成字符类型。

在计算器的设计中，根据计算精度的不同，可以选择不同的数据类型。

引用类型是 C#中和值类型并列的数据类型，它的引入主要是因为值类型比较简单，不能描述结构复杂、抽象能力比较强的数据。引用类型所存储的实际数据类型是当前引用值的地址,因此引用类型的值会随指向的不同而变化,同一数据也可以有多个引用。这与简单数据类型是不同的,简单类型数据存储的是自身的值,而引用数据类型存储的是将自身的值指向某个对象的值。

　　C#的引用数据类型有 4 种:类类型、数组类型、接口类型和委托类型。

2.2.2　使用C#的运算符与表达式

　　公积金贷款计算器的计算功能涉及对房款总额、贷款总额、月还款数等内容的计算。在这里,我们使用 C#的运算符与表达式编写语句来实现。运算符指示对操作数进行什么样的运算。表达式是由操作数和运算符构成的,操作数可以是常量、变量和属性等。表达式就是利用运算符来执行某些计算并产生计算结果的语句。

　　C#提供了大量的运算符,按需要操作数的数目来分,可以分为一元运算符(如＋＋、－－),两元运算符(如＋、＊),三元运算符(如?:)。按照功能来分,基本的运算符可以分为:算术运算符、关系运算符、逻辑运算符、位运算符、赋值运算符和条件运算符等。

　　这里详细介绍常见的算术运算符。算术运算符的作用是操作数可以是整型的也可以是浮点型的。在编写计算器计算功能语句时,我们使用的数据类型是双精度型(double 类型)。

　　在使用算术运算符编写计算语句之前,首先对运算数进行处理。本项目制作的网络计算器是对用户输入的"单位房价"和"购房面积"进行计算,所以,在运算之前,需要取得用户通过控件输入的数据,并且需要定义中间变量来存储控件的值。

　　下面是计算房款总额的语句,如代码 2-8 所示。

代码 2-8　计算房款总额

```
double mianji1, danwei1, chengshu1, nianshu1, fangkuan1, shoufu1, daikuan1,
nianrate,temp1,temp2,temp3,temp4,temp5;
                          //该条语句的功能是定义变量,为下一步存储控件的值做准备
mianji1=double.Parse(mianji.Text);    //取得"购房面积"的值,并将该值转换为双精度型
danwei1=double.Parse(danwei.Text);  //取得"单位房价"的值,并将该值转换为双精度型
chengshu1=double.Parse(chengshu.SelectedItem.Value);
                          //取得"按揭成数"的值,并将该值转换为双精度型
nianshu1=double.Parse(nianshu.SelectedItem.Value);
                          //取得"按揭年数"的值,并将该值转换为双精度型
fangkuan1=mianji1 * danwei1;           //计算房款总额
```

任务 2.3　熟悉验证控件

　　程序运行过程时,对输入的数据进行验证是很有必要的,因为不正确的输入会给后续的应用带来麻烦。例如本项目的"网络计算器"中,如果缺少了运算数或者运算符的输入,

运算将无法进行;如果输入的不是数据类型的变量,也会给系统的运行带来影响,甚至会破坏系统的稳定性。

可以编写代码来实现数据验证,但是相对麻烦,使用 ASP.NET 提供的验证控件,就可以简单方便地实现数据验证。下面介绍常见的几个验证控件的使用方法。

ASP.NET 提供了五种验证控件和一个验证结果信息汇总控件,各种验证控件的名称和功能如表 2-2 所示。

表 2-2　验证控件的名称和功能

验证控件名称	验证类型	功　　能
RequierFieldValidator	必须项验证	确保用户必须填写该项
CompareValidator	比较验证	使用大于、等于、小于等比较运算符,将用户的输入与另一常量值或者另一控件的某个属性值进行比较
RangeValidator	范围验证	验证用户的输入是否在指定的范围内。可以验证数字、字母、字符和日期的范围
RegularExpressionValidator	表达式验证	验证用户的输入是否与给定的正则表达式相匹配。该验证控件用于检查可预知的字符序列。比如可验证身份证号、电子邮件地址、邮政编码、电话号码等
CustomValidator	用户自定义验证控件	使用自己编写的验证逻辑验证用户输入

另外,验证控件中还包含一个用于验证结果信息汇总的 ValidationSummary 控件,它只能与以上控件一起使用,不能单独执行验证。它的功能是:将来自页面上的所有验证控件的错误信息集中在一起显示。在验证控件使用中,允许将多个验证控件对一个输入控件进行多方面的验证。例如,可对某个输入控件要求用户必须输入数据,同时要使输入的数据必须在指定范围内,此时就可以同时使用 RequiredValidator 和 RangeValidator 这两个验证控件指向该控件。

2.3.1　使用 RequierFieldValidator 验证控件

RequiredFieldValidator 验证控件用于对一些必须输入的信息进行验证,如果对应的输入控件没有输入信息,则提示错误。

例如,我们在网络计算器中,需要对运算数的输入进行该项验证,即要求必须输入运算数。

2.3.2　使用 CompareValidator 验证控件

CompareValidator 验证控件用于将输入控件的值与常量值或者其他控件的值进行比较。如果不符合比较的规则,则提示错误。几个常用的属性功能如下。

(1) ControlToValidator:指定被验证的输入控件。

（2）ControlToCompare：指定与之相比较的控件。如果要将输入控件的值与某个常数值进行比较时，应将 ValueToCompare 属性值设置为与之比较的常数。

（3）Type：设置比较数据的类型。只有在同一数据类型的数据之间才能进行比较。

（4）Operator：指定用来比较的方法，如大于、等于、小于等。

（5）ErrorMessage：用于显示错误信息。

CompareValidator 验证控件常用于用户注册的两次输入密码的验证中，如图 2-11 所示，可以要求用户两次输入的密码都相同，以防止用户记不住自己设置的密码。

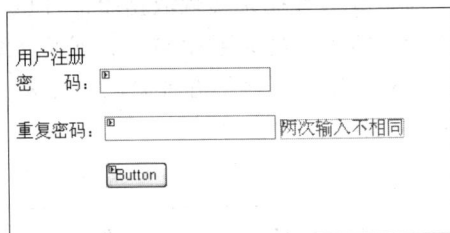

图 2-11　比较验证控件

在页面中添加两个输入框，一个 Button 按钮；一个 CompareValidator 验证控件，设置属性如表 2-3 所示。

表 2-3　控件的属性设置

控　　件	属　　性
密码输入框（TextBox1）	（ID）＝T1
重复密码输入框（TextBox2）	（ID）＝T2
比较验证控件（CompareValidator）	ControlToValidator＝T2 ControlToCompare＝T1 ErrorMessage＝两次输入不相同 Operator＝Equal

编写完程序之后，按 F5 键运行程序，分别在两个输入框中输入相同或不同值进行测试。输入相同值时可直接提交，效果如图 2-12 所示。

输入不同值时，会显示错误信息，不能提交数据，如图 2-13 所示。

图 2-12　验证控件运行效果

图 2-13　验证控件出错提示

2.3.3　使用 RangeValidator 验证控件

RangeValidator 验证控件用于检查输入控件的值是否在指定的范围内。

几个常用的属性功能如下。

（1）ControlToValidate：指向被验证的输入控件。

（2）MinimumValue：用来确定有效值范围的最小值。

（3）MaximunValue：用来确定有效值范围的最大值。

（4）Type：用于设置要比较的值的数据类型。

下面是一个 RangeValidator 验证控件的例子，在用户注册页面中用于验证用户输入的年龄，年龄为 0～200 的整型数据，如图 2-14 所示。

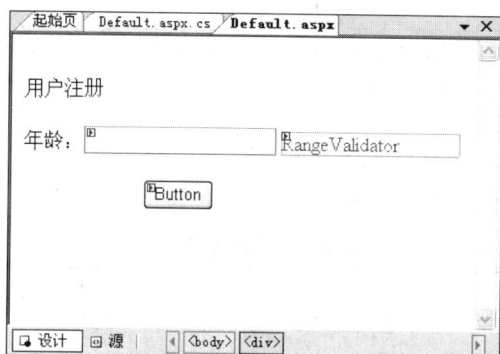

图 2-14　范围验证控件

在界面上添加一个 TextBox 控件、一个 RangeValidator 控件、一个 Button 控件，属性设置如表 2-4 所示。

表 2-4　属性设置（1）

控　　件	属　　性
年龄输入框（TextBox1）	（ID）＝T1
范围验证控件（RangeValidator）	ControlToValidator＝T1 ErrorMessage＝年龄输入错误 Type＝Integer Maximum＝200 Minimum＝0

编写完程序之后，按 F5 键运行程序，输入数据测试，结果如图 2-15 所示。

2.3.4　使用 RegularExpressionValidator 验证控件

RegularExpressionValidator 验证控件用于验证输入的格式是否匹配某种特定的规则（正则表达式）。该验证控件验证一些可以预知的字符序列，比如可验证身份证号、电子邮件地址、邮政编码、电话号码等。

在用户注册页面中,对于用户输入的电子邮件等信息,可以使用 RegularExpression-Validator 验证控件来实现格式的验证,如图 2-16 所示。

图 2-15　运行效果

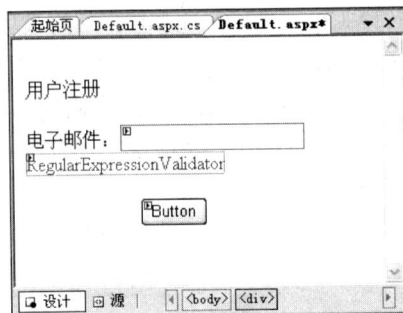

图 2-16　进行格式验证

在界面上添加一个 TextBox 输入框控件、一个 RegularExpressionValidator 控件、一个 Button 控件,属性设置如表 2-5 所示。

表 2-5　属性设置(2)

控　件	属　　性
电子邮件输入框(TextBox1)	(ID)＝T1
格式验证控件(RegularExpression-Validator1)	ControlToValidator＝T1 ErrorMessage＝邮件格式错误 ValidationExpress＝\w+([－+.']\w+)＊@\w+([－.]\w+)＊\.\w+([－.]\w+)＊

编写完程序之后,按 F5 键运行程序,分别在输入框中输入正确和不正确的邮件格式进行测试。

输入不正确格式时会提示错误,不能提交内容,如图 2-17 所示。

输入正确格式时可以提交内容,如图 2-18 所示。

图 2-17　自定义控件的运行效果

图 2-18　符合格式的数据可以提交

2.3.5 使用 CustomValidator 验证控件

使用自定义验证控件（CustomValidator 控件）时可自定义验证算法，对输入控件进行数据验证。

使用用户自定义控件来做一个能被 5 整除的整型数的验证。首先。在页面上添加一个输入框、一个 CustomValidator 自定义验证控件、一个 Button 按钮，效果如图 2-19 所示。

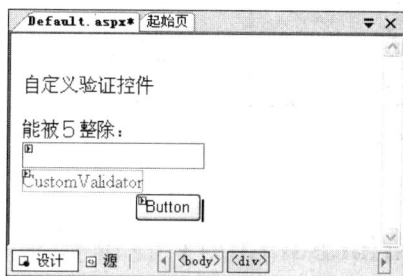

图 2-19 自定义验证控件

控件属性如表 2-6 所示。

表 2-6 属性设置（3）

控 件	属 性
数据输入框（TextBox1）	（ID）＝T1
用户自定义验证控件（CustomValidator）	ControlToValidate＝T1 ErrorMessage＝数据类型错误

双击 CustomValidator 控件，进入代码页，编写 CustomValidator1_ServerValidate 事件代码，在此事件中添加代码 2-9。

代码 2-9　CustomValidator 控件的 CustomValidator1_ServerValidate 事件

```
protected void CustomValidator1_ServerValidate(object source, ServerValidate-
EventArgsargs)
{
    int number=int.Parse(args.Value);
//从 ServerValidateEventArgs 参数的 Value 属性中获取输入到验证控件中的字符串
        if ((number%5)==0)
            args.IsValid=true;
//验证的结果存储到 ServerValidateEventArgs 的 IsValid(true/false)属性中
        else
            args.IsValid=false;
}
```

编写完程序之后，按 F5 键运行，分别在输入框中输入正确和不正确的数据进行测试。输入不正确的数据时提示错误，不能提交，如图 2-20 所示。

输入正确的数据时可以提交，如图 2-21 所示。

图 2-20 输入不符合条件的数据

图 2-21 符合条件的数据可以提交

2.3.6 使用 ValidationSummary 验证控件

ValidationSummary 验证控件用于在某一位置上集中显示来自当前页面的所有验证控件的错误信息。该控件根据 DisplayMode 属性的设置,可以采用列表、项目符号列表或单个段落的形式来显示。通过设置控件的 ShowSummary 和 ShowMessageBox 属性,可以确定显示的形式。

建立一个 ASP.NET Web 应用程序,在页面中添加如下控件,HTML 源文件如代码 2-10 所示。

代码 2-10 主要控件的 HTML 源文件

```
<form id="form1" runat="server">
<div>
    <table border="1" cellpadding="0" cellspacing="0" style="width: 500px;
height: 76px">
        <tr>
            <td style="width: 49px">
            </td>
            <td style="width: 36px">
            </td>
            <td style="width: 69px">
            </td>
            <td style="width: 100px">
            </td>
        </tr>
        <tr>
            <td style="width: 49px; height: 4px; text-align: center">
                <span style="font-size: 10pt">类型: </span></td>
            <td style="width: 36px; height: 4px">
                <asp:RadioButtonList ID="RadioButtonList1" runat="server"
```

```
            <asp:ListItem>MasterCard</asp:ListItem>
            <asp:ListItem>Visa</asp:ListItem>
        </asp:RadioButtonList></td>
        <td style="width: 69px; height: 4px">
 <asp: RequiredFieldValidator ID = "RequiredFieldValidator1" runat = "server"
ControlToValidate="RadioButtonList1" ErrorMessage="类型"> *
</asp:RequiredFieldValidator></td>
        <td rowspan="4" style="width: 100px" valign="top">
            <span style="font-size: 10pt">
 <asp:ValidationSummary ID="ValidationSummary1" runat="server" HeaderText=
"以下几项必须填写: " Height="58px" Width="138px" />
            </span>
        </td>
    </tr>
    <tr>
        <td style="width: 49px; text-align: center">
            <span style="font-size: 10pt">卡号: </span></td>
        <td style="width: 36px">
 <asp:TextBox ID="TextBox1" runat="server" Width="109px"></asp:TextBox></td>
        <td style="width: 69px">
                <asp: RequiredFieldValidator ID = "RequiredFieldValidator2"
runat="server" ControlToValidate="TextBox1" ErrorMessage="卡号">
</asp:RequiredFieldValidator></td>
    </tr>
    <tr>
        <td style="width: 49px; text-align: center">
            <span style="font-size: 10pt">有效期: </span></td>
        <td style="width: 36px">
            <asp:DropDownList ID="DropDownList1" runat="server">
            </asp:DropDownList></td>
        <td style="width: 69px">
 <asp: RequiredFieldValidator ID = "RequiredFieldValidator3" runat = "server"
ControlToValidate="DropDownList1"ErrorMessage="有效期">
</asp:RequiredFieldValidator></td>
    </tr>
    <tr>
        <td colspan="2" style="height: 32px; text-align: center">
  <asp:Button ID="Button1" runat="server" Text="有效性验证" /></td>
        <td style="width: 69px; height: 32px">
        </td>
    </tr>
    </table>
    </div>
</form>
```

编译并运行该程序,在未填任何信息的情况下单击"有效性验证"按钮的时候,验证结果的显示如图 2-22 所示。

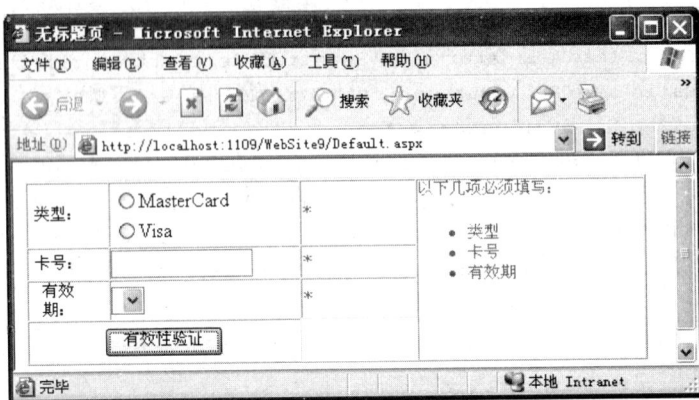

图 2-22　运行效果

任务 2.4　编写网络计算器功能代码

实现计算器的计算功能,关键还是各控件功能代码的编写。本项目所编写的网络计算器用于计算住房公积金贷款金额,所以在设计的时候要考虑到贷款利率,应根据不同的利率编写不同的计算代码。

2.4.1　创建 ASP.NET 应用程序

新建一个 ASP.NET Web 应用程序,在窗体中插入一个 6 行 3 列的布局表格,然后在表格中依次添加文本框控件、下拉列表控件、按钮控件和验证控件,并进行合理的布局,如图 2-23 所示。

图 2-23　界面预览效果

各控件的属性如表 2-7 所示。

表 2-7　属性设置（4）

控　件	ID（或 name）属性	其 他 属 性
"单位"输入框	danwei	
"面积"输入框	mianji	
"按揭成数"下拉框	chengshu	ReadOnly＝True
"按揭年数"下拉框	nianshu	ReadOnly＝True
"房款总额"文本框	fangkuan	ReadOnly＝True
"贷款总额"文本框	daikuan	ReadOnly＝True
"首期付款"文本框	shoufu	ReadOnly＝True
"月均还款"文本框	yuehuan	ReadOnly＝True
"还款总额"文本框	huankuan	ReadOnly＝True
"支付息款"文本框	xikuan	ReadOnly＝True
"单位"输入验证	RequiredFieldValidator1	ControlToValidator＝danwei
"面积"输入验证	RequiredFieldValidator2	ControlToValidator＝mianji

2.4.2　使用顺序与选择结构语句创建运算语句

计算器的运算涉及不同运算符的运算。简单的程序按照程序语句的编写顺序依次执行，这种程序结构称为顺序结构。一个 C♯程序中包含许多条语句，在编写 C♯应用程序时，可以使用""{"、"}"将这些语句分组。

使用顺序结构能编写一些简单的程序，以进行简单的运算。本项目制作的是公积金计算器，贷款利率因贷款年数的不同而不同，所以，在计算过程中需要根据用户的贷款年数来设置不同的贷款利率。这里我们使用 C♯的选择结构语句来实现。选择结构是一种常用的基本语句结构，程序语句将对选择进行判断，并运行相应的语句。

在 C♯中，条件语句有两种形式，包括 if...else 语句和 switch...case 语句。

if...else 语句的语法格式如下：

```
if(表达式)
{
...      //语句
}
else
{
...      //语句
}
```

例如，在本项目中根据贷款年数的不同，决定了贷款利率的不同，我们可以使用 if...else 语句来实现。代码如下：

```
if (nianshu1 <=5)
```

47

```
        {
            nianrate=3.6 * 0.01;
        }
        else
        {
            nianrate=4.05 * 0.01;
        }
```

在条件语句中,如果判断的条件比较多时,可以使用 switch…case 语句来代替 if…else 语句。switch…case 语句的语法格式如下:

```
switch(表达式)
{
case 常量表达式 1:
语句 1;
break;
case 常量表达式 2:
语句 2;
break;
…
case 常量表达式 n:
语句 n;
break;
[default:
语句 n+1;
break;]
}
```

读者可以根据 switch 语句的格式,编写同样适用于根据贷款年数判断贷款利率的语句。

2.4.3 编写网络计算器功能代码

本计算器的核心代码在"计算"按钮的事件里,双击"计算"按钮,在该按钮的事件中添加程序如代码 2-11 所示。

代码 2-11 "计算"按钮的单击事件

```
protected void Button1_Click(object sender, EventArgs e)
{
    double mianji1, danwei1, chengshu1, nianshu1, fangkuan1, shoufu1, daikuan1,
nianrate,temp1,temp2,temp3,temp4,temp5;
    mianji1=double.Parse(mianji.Text);
    danwei1=double.Parse(danwei.Text);
    chengshu1=double.Parse(chengshu.SelectedItem.Value);
    nianshu1=double.Parse(nianshu.SelectedItem.Value);
    fangkuan1=mianji1 * danwei1;
```

```
    fangkuan.Text=fangkuan1.ToString();
    shoufu1=mianji1 * danwei1 * chengshu1 * 0.1;
    shoufu.Text=shoufu1.ToString();
    daikuan1=fangkuan1-shoufu1;
    daikuan.Text=daikuan1.ToString();
    if (nianshu1 <=5)
    {
        nianrate=3.6 * 0.01;
    }
    else
    {
        nianrate=4.05 * 0.01;
    }
    temp1=fangkuan1-shoufu1;                       //贷款总额
    temp2=Math.Pow((1+nianrate/12), nianshu1 * 12);
    temp3=temp1 * ((nianrate/12) * temp2)/(temp2-1); //每月付款
    yuehuan.Text=(Math.Round(temp3 * 100)/100).ToString();
    temp4=temp3 * nianshu1 * 12-temp1;             //总还款利息
    xikuan.Text=(Math.Round(temp4 * 100)/100).ToString();
    temp5=temp3 * nianshu1 * 12;                   //还款总额
    huankuan.Text=(Math.Round(temp5 * 100)/100).ToString();
}
```

"重置"按钮的功能是使各文本框控件清空。双击"重置"按钮,在该按钮的事件中添加程序如代码 2-12 所示。

代码 2-12　"重置"按钮的单击事件

```
protected void Button2_Click(object sender, EventArgs e)
{
    danwei.Text="";
    mianji.Text="";
    fangkuan.Text="";
    daikuan.Text="";
    shoufu.Text="";
    yuehuan.Text="";
    huankuan.Text="";
    xikuan.Text="";
}
```

2.4.4　编译、运行并测试程序

编译、运行并测试该程序,效果如图 2-24 所示。
单击"重置"按钮,效果如图 2-25 所示。

图 2-24 程序运行的效果

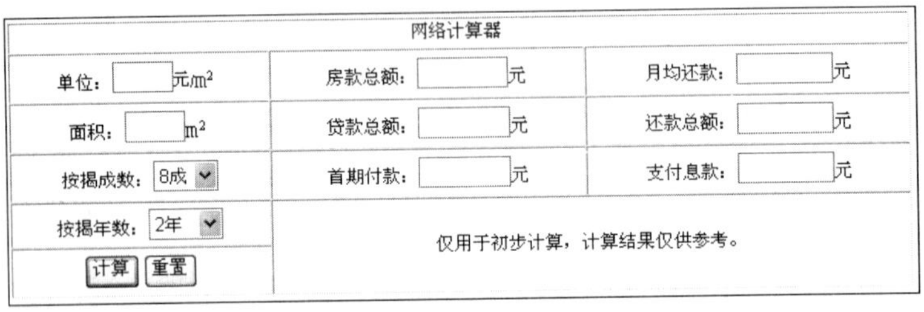

图 2-25 重置后的效果

项 目 小 结

本项目介绍了基本输入/输出控件中的 Label 控件、TextBox 控件、Button 控件的常用属性和事件。通过实例介绍了输入/输出控件的常用方法,介绍了基本数据类型和基本语句的编写方法,还介绍了常见计算语句的编写方法。介绍了常见的验证控件的属性和事件,包括 RequierFieldValidator 验证控件、CompareValidator 验证控件、RangeValidator 验证控件、RegularExpressionValidator 验证控件、CustomValidator 验证控件和 ValidationSummary 验证控件。通过实例介绍了各种控件的使用方法。另外介绍了网络计算器的设计步骤,通过网络计算器的设计制作,展示了基本输入/输出控件在常用编程中的应用方法。

项 目 拓 展

使用基本输入/输出控件制作一个用户注册程序,要求用户输入"用户名"、"密码"、"确认密码"、"联系电话"、"个人简介"等信息,使用验证功能对用户输入的内容进行验证,要求输入的密码和确认密码相同,联系电话为 7 位的数字,个人简介不超过 100 个字。用户单击"注册"按钮后,可以显示出用户的注册信息。

50

项目 3　设计制作网络调查系统

本项目学习目标

- 掌握常见控件的使用方法。
- 掌握 ASP.NET 内置对象的使用方法。
- 掌握 Calendar 控件的使用方法。

　　本项目实现了一个简单的网络调查系统的设计。本网络调查系统的设计思路为：首先用户设置调查项并生成调查问卷，对网上的浏览者进行调查，网上浏览者对调查问卷进行相应的选择和回答后，提交一个调查结果，调查结果在服务器端汇总，得出调查结论。本系统将为使用者提供一个迅速、便捷的得到用户反馈信息的方式，及时地了解用户对某些问题的真实态度，为了解用户的反应以及为接下来的决策提供参考和依据。

　　在系统的设计中，我们将用到 ASP.NET 的一些常用控件，比如选择控件，包括单选控件和复选控件以及选择控件组；另外我们还会用到 ASP.NET 常见的内置对象，如Response、Request、Server、Application、Session 等。同时我们还将接触到其他一些控件。

任务 3.1　使用常见控件

3.1.1　使用 RadioButton 和 RadioButtonList 控件

1. 要求与目的

　　要求：制作如图 3-1 所示的学生注册界面，要求用户填写姓名，选择自己的性别，以及选择年级，年级包括"2007 级"、"2008 级"和"2009 级"。填写完成后单击"提交"按钮，显示出用户所填内容。

　　目的：

- 掌握单选按钮控件 RadioButton 常用的属性。
- 掌握单选列表控件 RadioButtonList 常用的属性。
- 掌握单选按钮控件 RadioButton 的编程方法。
- 掌握单选列表控件 RadioButtonList 的编程方法。

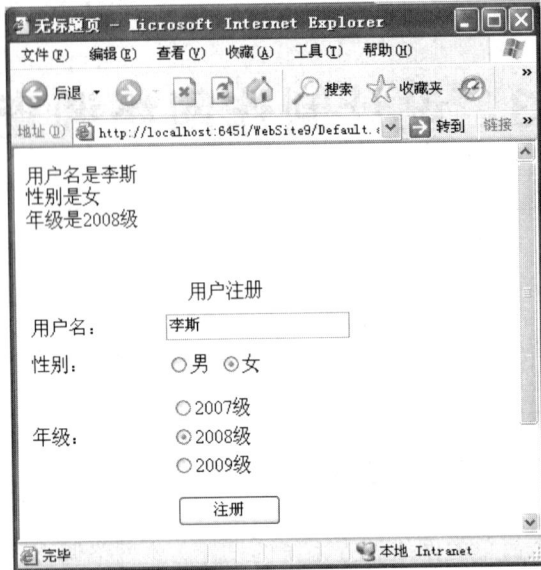

图 3-1 界面预览效果

2. 操作步骤

（1）界面设计

打开 Visual Studio 2012，新建一个 ASP.NET 空网站，语言选择 Visual C#，然后添加一个 ASP.NET 页面。首先做一个布局表格，在表格中输入如下文本："用户注册"、"用户名"、"性别"、"年级"。在对应的位置添加如下控件：一个 TextBox 文本框控件，用于存放用户名；两个 RadioButton 按钮控件，用于提供给用户来选择性别；一个 RadioButtonList 控件，用于提供给用户来选择年级，如图 3-2 所示。

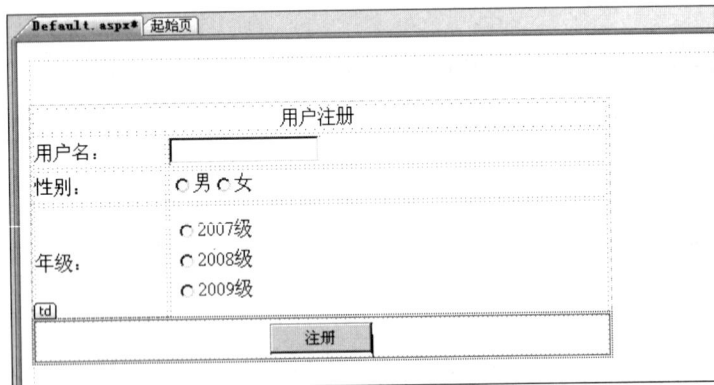

图 3-2 设计界面

布局完成后，修改控件的属性。分别单击两个 RadioButton 控件的右侧，修改其 Text 属性为"男"和"女"。

再单击 RadioButtonList 控件的智能标签，选择"编辑项"选项，出现如图 3-3 所示的

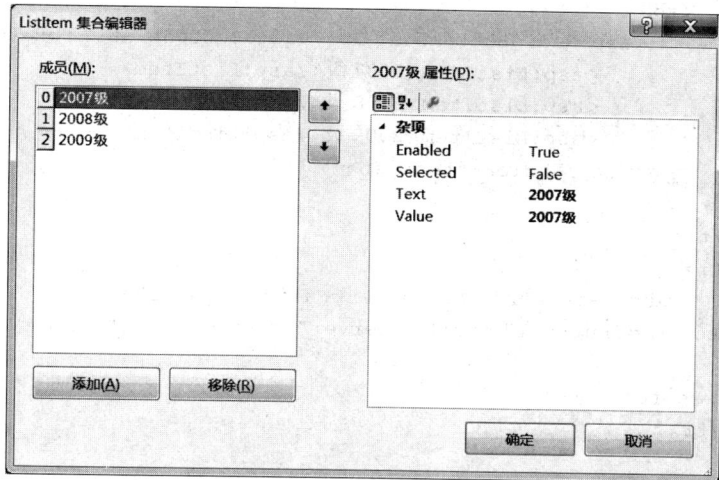

图 3-3 编辑单选项

界面。

在 ListItem 集合编辑器中添加三项,分别是"2007 级"、"2008 级"、"2009 级",添加完成后单击"确定"按钮。

最后修改 Button 按钮的 Text 属性为"注册"。

界面设计好之后,Default.aspx 页面的 HTML 源文件如代码 3-1 所示。

代码 3-1 主要控件的 HTML 源文件

```
<table class="style1">
    <tr>
        <td colspan="2" style="text-align: center">
            用户注册</td>
    </tr>
    <tr>
        <td class="style2">
            用户名:</td>
        <td>
            <asp:TextBox ID="TextBox1" runat="server"></asp:TextBox>
        </td>
    </tr>
    <tr>
        <td class="style2">
            性别:</td>
        <td>
            <asp:RadioButton ID="RadioButton1" runat="server" Text="男" />
            <asp:RadioButton ID="RadioButton2" runat="server" Text="女" />
        </td>
    </tr>
    <tr>
        <td class="style2">
            年级:</td>
```

```
        <td>
            <asp:RadioButtonList ID="RadioButtonList1" runat="server">
                <asp:ListItem>2007级</asp:ListItem>
                <asp:ListItem>2008级</asp:ListItem>
                <asp:ListItem>2009级</asp:ListItem>
            </asp:RadioButtonList>
        </td>
    </tr>
    <tr>
        <td colspan="2" style="text-align: center">
<asp:Button ID="Button1" runat="server" Height="25px" Text="注册" Width=
"87px" />
        </td>
    </tr>
</table>
```

（2）编写事件代码

双击 Button 按钮控件，进入该按钮的单击事件，编写程序如代码 3-2 所示。

代码 3-2　Button 按钮的单击事件

```
protected void Button1_Click(object sender, EventArgs e)
{
    string a1=TextBox1.Text;
    string a2="";
    if (RadioButton1.Checked)
    {
        a2="男";
    }
    else if (RadioButton2.Checked)
    {
        a2="女";
    }
    string a3=RadioButtonList1.SelectedItem.ToString();
    Response.Write("用户名是"+a1+"<br>");
    Response.Write("性别是"+a2+"<br>");
    Response.Write("年级是"+a3+"<br>");
}
```

（3）编译、运行并测试程序

代码编写完之后，按 F5 键编译并运行该网站，再输入数据进行测试，效果如图 3-4 所示。

3.　相关知识点

（1）RadioButton 控件常用的属性

- AutoPostBack 属性：用于设置当单击 RadioButton 控件时，是否自动将信息回送到服务器。为 True 时，表示回送；为 False 时（默认），表示不回送。
- Checked 属性：用于获取或设置单选按钮的选中状态。属性值为布尔型值。为

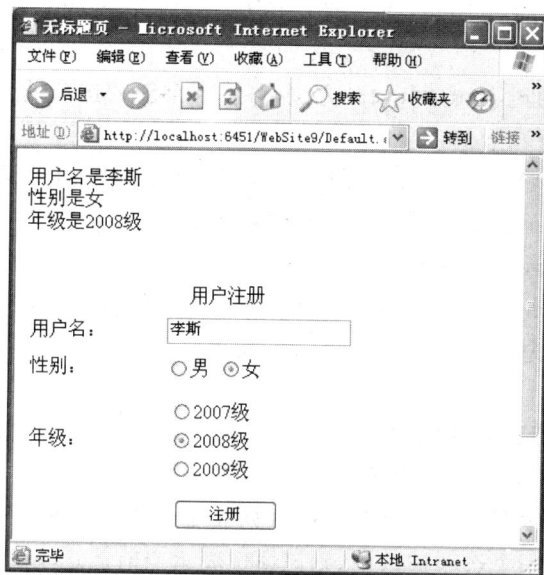

图 3-4　界面运行效果

True 时,表示选中;为 False 时(默认),表示不选中。

- Text 属性:用于获取或设置单选按钮的文本。
- TextAlign 属性:用于指定单选按钮显示文本的位置。为 Right(默认)时,文本显示在单选按钮的右边;为 Left 时,文本显示在单选按钮的左边。

(2) RadioButton 控件常用的事件

Checkedchange 事件:当向服务器回送信息时,如果 checked 属性值发生了变化,将引发该事件。

(3) RadioButtonList 控件常用的属性

- AutoPostBack 属性:用于设置当单击 RadioButtonList 控件时,是否自动将相关信息回送到服务器。True 表示回送;False(默认)表示不回送。
- DataSource 属性:用于指定填充列表控件的数据源。
- DataTextField 属性:用于指定 DataSource 中的一个字段,该字段的值对应于列表项的 Text 属性。
- DataValueField 属性:用于指定 DataSource 中的一个字段,该字段的值对应于列表项的 Value 属性。
- Items 属性:表示列表中各个选项的集合,如 RadioButtonList1. Items(i)表示第 i 个选项,i 从 0 开始。每个选项都有以下 3 个基本属性。
    - Text 属性:表示每个选项的文本。
    - Value 属性:表示每个选项的选项值。
    - Selected 属性:表示该选项是否被选中。
- Count 属性:通过 Items. Count 属性可获得 CheckBoxList 控件的选项数。
- Add 方法:通过 Items. Add 方法可以向 CheckBoxList 控件添加选项。

- Remove 方法：通过 Items.Remove 方法，可从 CheckBoxList 控件中删除指定的选项。
- Insert 方法：通过 Items.Insert 方法，可将一个新的选项插入到 CheckBoxList 控件中。
- Clear 方法：通过 Items.Clear 方法可以清空 CheckBoxList 控件中的选项。
- RepeatColumns 属性：用于指定在 CheckBoxList 控件中显示选项时占用几列。默认值为 0，表示任意多列。
- RepeatDirection 属性：用于指定 CheckBoxList 控件的显示方向。为 Vertical 时，列表项以列优先排列的形式显示；为 Horizontal 时，列表项以行优先排列的形式显示。
- RepeatLayout 属性：用于设置选项的排列方式。为 Table(默认)时，以表结构显示；为 Flow 时，不以表结构显示。
- SelectedIndex 属性：用于获取或设置列表中选定项的最低序号索引值。如果列表控件中只有一个选项被选中，则该属性表示当前选定项的索引值。
- SelectedItem 属性：用于获取列表控件中索引值最小的选定项。如果列表中只有一个选项被选中，则该属性表示当前选定项。通过该属性可获得选定项的 Text 和 Value 属性值。
- TextAlign 属性：用于指定列表中各项文本的显示位置。当该属性值为 Right(默认)时，文本显示在单选按钮的右边；当属性值为 Left 时，文本显示在单选按钮的左边。

(4) RadioButtonList 控件常用的事件

SelectIndexChange 事件：当用户选择了列表中的任意选项时，都将触发 SelectedIndexChange 事件。

3.1.2 使用 CheckBox 控件和 CheckBoxList 控件

1. 要求与目的

要求：在前面操作的基础上增加用户注册的功能，添加用户提交的信息。增添一个用户爱好选择项，以及本学期选修课程选择项，效果如图 3-5 所示。

目的：
- 了解 ChekBox 控件的常用属性。
- 了解 ChekBoxList 控件的常用属性。
- 掌握 CheckBox 控件常用的编程方法。
- 掌握 ChekBoxList 控件常用的编程方法。

2. 操作步骤

(1) 界面设计

在项目 3 前面操作的基础上添加两项，分别是个人爱好和本学期选修课程栏目。其

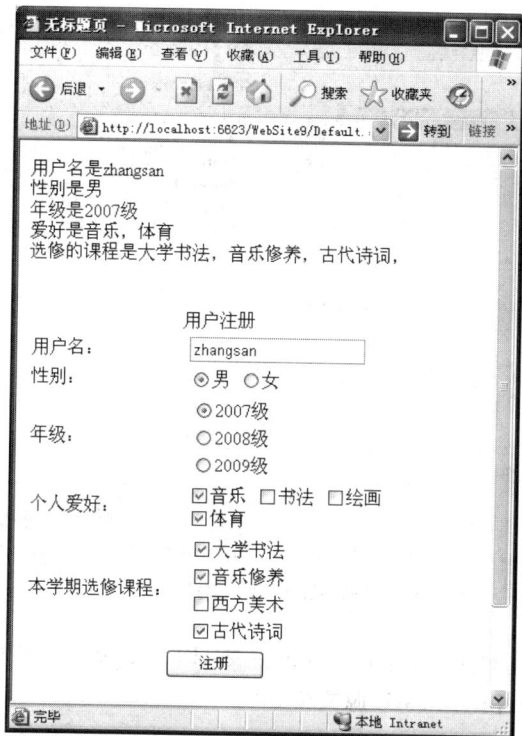

图 3-5　运行效果预览

中个人爱好使用四个 CheckBox 复选按钮控件来实现，本学期所选课程使用一个 CheckBoxList 复选按钮列表控件来实现。效果如图 3-6 所示。

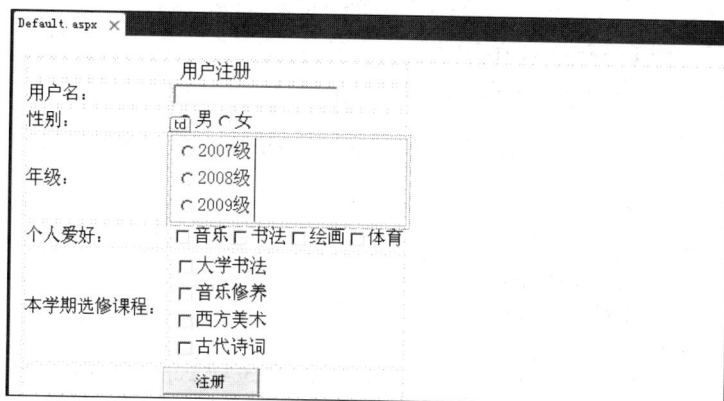

图 3-6　设计界面

在做好布局之后，修改控件的属性。首先分别右击四个 CheckBox 控件，修改其 Text 属性分别为"音乐"、"书法"、"绘画"、"体育"。单击 ChekBoxList 复选按钮列表控件的智能标签，选择"编辑项"选项，打开如图 3-7 所示的 ListItem 集合编辑器界面。

在该编辑器对话框中添加四个选项，分别是"大学书法"、"音乐修养"、"西方美术"、"古代诗词"。

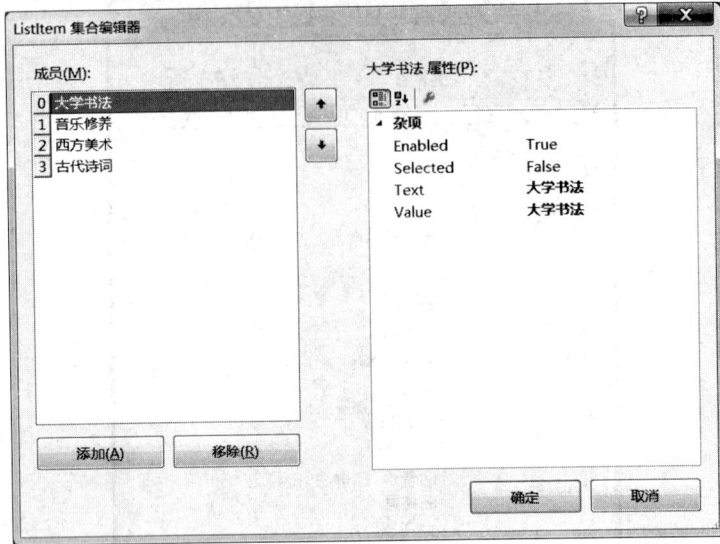

图 3-7 "ListItem 集合编辑器"对话框

界面设计好之后,Default.aspx 页面的主要 HTML 源文件如代码 3-3 所示。

代码 3-3 主要控件的 HTML 源文件

```
<table class="style1">
    <tr>
        <td colspan="2" style="text-align: center">
            用户注册</td>
    </tr>
    <tr>
        <td class="style2">
            用户名：</td>
        <td>
            <asp:TextBox ID="TextBox1" runat="server"></asp:TextBox>
        </td>
    </tr>
    <tr>
        <td class="style2">
            性别：</td>
        <td>
            <asp:RadioButton ID="RadioButton1" runat="server" Text="男" />
            <asp:RadioButton ID="RadioButton2" runat="server" Text="女" />
        </td>
    </tr>
    <tr>
        <td class="style2">
            年级：</td>
        <td>
            <asp:RadioButtonList ID="RadioButtonList1" runat="server">
                <asp:ListItem>2007 级</asp:ListItem>
```

```
            <asp:ListItem>2008 级</asp:ListItem>
            <asp:ListItem>2009 级</asp:ListItem>
        </asp:RadioButtonList>
    </td>
</tr>
<tr>
    <td class="style2">
        个人爱好：</td>
    <td>
        <asp:CheckBox ID="CheckBox1" runat="server" Text="音乐" />
        <asp:CheckBox ID="CheckBox2" runat="server" Text="书法" />
        <asp:CheckBox ID="CheckBox3" runat="server" Text="绘画" />
        <asp:CheckBox ID="CheckBox4" runat="server" Text="体育" />
    </td>
</tr>
<tr>
    <td class="style2">
        本学期选修课程：</td>
    <td>
        <asp:CheckBoxList ID="CheckBoxList1" runat="server">
            <asp:ListItem>大学书法</asp:ListItem>
            <asp:ListItem>音乐修养</asp:ListItem>
            <asp:ListItem>西方美术</asp:ListItem>
            <asp:ListItem>古代诗词</asp:ListItem>
        </asp:CheckBoxList>
    </td>
</tr>

<tr>
    <td colspan="2" style="text-align: center">
        <asp:Button ID="Button1" runat="server" Height="25px"
Text="注册" Width="87px" />
    </td>
</tr>
</table>
```

（2）编写事件代码

双击“注册”按钮，进入该按钮的单击事件，编写程序如代码 3-4 所示。

代码 3-4　“注册”按钮的单击事件

```
protected void Button1_Click(object sender, EventArgs e)
{
    string a1=TextBox1.Text;
    string a2="";
    if (RadioButton1.Checked)
    {
        a2="男";
    }
    else if (RadioButton2.Checked)
```

```
        {
            a2="女";
        }
        string a3=RadioButtonList1.SelectedItem.ToString();
        string a4="";
        if (CheckBox1.Checked)
        {
            a4+=CheckBox1.Text+",";
        }
        if (CheckBox2.Checked)
        {
            a4+=CheckBox2.Text+",";
        }
        if (CheckBox3.Checked)
        {
            a4+=CheckBox3.Text+",";
        }
        if (CheckBox4.Checked)
        {
            a4+=CheckBox4.Text;
        }

        string a5="";
        Response.Write("用户名是"+a1+"<br>");
        Response.Write("性别是"+a2+"<br>");
        Response.Write("年级是"+a3+"<br>");
        Response.Write("爱好是"+a4+"<br>");
        for(int i=0;i<CheckBoxList1.Items.Count;i++)
        {
            if(CheckBoxList1.Items[i].Selected==true)
            {
                a5+=CheckBoxList1.Items[i].Value.ToString()+",";
            }
        }
        Response.Write("选修的课程是"+a5);
}
```

(3) 编译、运行并测试程序

代码编写完之后,保存文件,再编译、运行并测试该程序,效果如图 3-8 所示。

3. 相关知识点

(1) CheckBox 控件常用的属性

- AutoPostBack 属性:用于设置当单击 CheckBox 控件时,是否自动将信息回送到服务器。True 表示回送;False(默认)表示不回送。
- Checked 属性:指示是否选中该控件。默认值是 False。
- TextAlign 属性:确定如何对齐文本。默认值 Right。
- Text 属性:用于获取或设置复选框的文本。

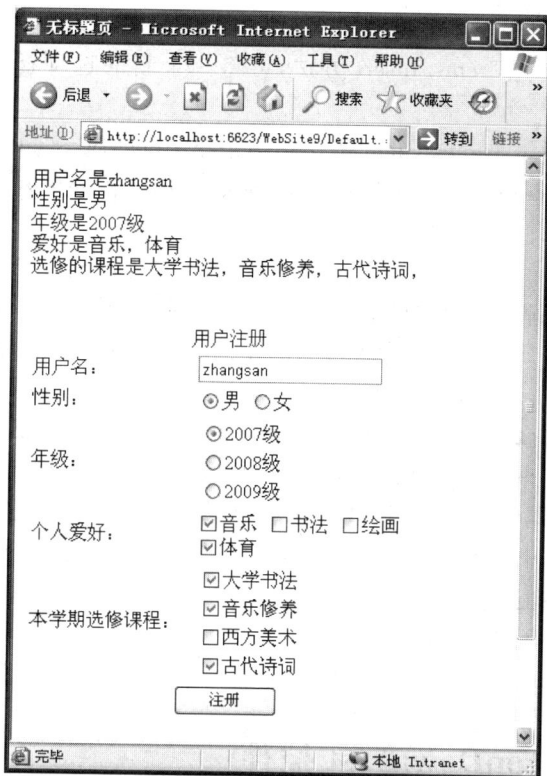

图 3-8   程序运行效果

（2）CheckBox 控件常用的事件

CheckedChange 事件：AutoPostBack 属性值 True 时，如果 Checked 发生了变化，将引发该事件。

（3）CheckBoxList 控件常用的属性

- AutoPostBack 属性：用于设置当单击 CheckBoxList 控件时，是否自动将信息回送到服务器。True 表示回送；False（默认）表示不回送。
- DataSource 属性：用于指定填充列表控件的数据源。
- DataTextField 属性：指定 DataSource 中一个字段，该字段的值对应于列表项的 Text 属性。
- DataValueField 属性：指定 DataSource 中一个字段，字段的值对应于列表项的 Value 属性。
- Items 属性：表示复选框列表中各个选项的集合，如 CheckBoxList1.Items(i) 表示第 i 个选项，i 从 0 开始。每个选项都有以下 3 个基本属性。
    - Text 属性：表示每个选项的文本。
    - Value 属性：表示每个选项的选项值。
    - Selected 属性：表示该选项是否被选中。
- Count 属性：通过 Items.Count 属性可获得 CheckBoxList 控件的选项数。
- Add 方法：通过 Items.Add 方法可以向 CheckBoxList 控件添加选项。

61

- Remove 方法：通过 Items. Remove 方法，可从 CheckBoxList 控件中删除指定的选项。
- Insert 方法：通过 Items. Insert 方法，可将一个新的选项插入到 CheckBoxList 控件中。
- Clear 方法：通过 Items. Clear 方法可以清空 CheckBoxList 控件中的选项。
- RepeatColumns 属性：用于指定在 CheckBoxList 控件中显示选项占用几列。默认值为 0，表示任意多列。
- RepeatDirection 属性：用于指定 CheckBoxList 控件的显示方向。为 Vertical 时，列表项以列优先排列的形式显示；为 Horizontal 时，列项以行优先排列的形式显示。
- RepeatLayout 属性：用于设置选项的排列方式。为 Table(默认)时，以表结构显示；为 Flow 时，不以表结构显示。
- SelectedIndex 属性：用于获取或设置列表中选定项的最低序号索引值。如果列表控件中只有一个选项被选中，则该属性表示当前选定项的索引值。
- SelectedItem 属性：用于获取列表控件中索引值最小的选定项。如果列表中只有一个选项被选中，则该属性表示当前选定项。通过该属性可获得选定项的 Text 和 Value 属性值。

(4) CheckBoxList 控件常用的事件

SelectedIndexchanged 事件：当用户选择了列表中的任意复选框时，都将引发事件。

3.1.3 使用 DropDownList 控件

DropDownList 控件相关知识点如下。

1. DropDownList 的功能

在 Web 页中创建下拉列表，并允许用户从预定义的下拉列表中选择一个选项。

2. DropDownList 控件常用的属性

- AutoPostBack 属性：用于设置当改变选项内容时，是否自动将信息回送到服务器。True 表示回送；False(默认)表示不回送。
- DataSource 属性：用于指定填充列表控件的数据源。
- DataTextField 属性：用于指定 DataSource 中的一个字段，该字段的值对应于列表项的 Text 属性。
- DataValueField 属性：用于指定 DataSource 中的一个字段，该字段的值对应于列表项的 Value 属性。
- Items 属性：表示列表中各个选项的集合，如 DropDownList. Items(i)表示第 i 个选项，i 从 0 开始。每个选项都有以下 3 个基本属性。
  - ♦ Text 属性：表示每个选项的文本。
  - ♦ Value 属性：表示每个选项的选项值。
  - ♦ Selected 属性：表示该选项是否被选中。
- Count 属性：通过 Items. Count 属性可获得 DropDownList 控件的选项数。

- Add 方法：通过 Items. Add 方法可以向 DropDownList 控件添加选项。
- Remove 方法：通过 Items. Remove 方法，可从 DropDownList 控件中删除指定的选项。
- Insert 方法：通过 Items. Insert 方法，可将一个新的选项插入到 DropDownList 控件中。
- Clear 方法：通过 Items. Clear 方法可以清空 DropDownList 控件中的选项。
- SelectedIndex 属性：用于获取下拉列表中选项的索引值。如果未选定任何项，则返回值为−1。
- SelectedItem 属性：用于获取列表中的选定项。通过该属性可获得选定项的 Text 和 Value 属性值。
- SelectedValue 属性：用于获取下拉列表中选定项的值。

3. DropDownList 控件常用的事件

SelectedIndexchanged 事件：当用户选择了下拉列表中的任意选项时，都将引发 SelectedIndexChanged 事件。

3.1.4　使用 ListBox 控件

ListBox 列表框控件相关知识点如下。

1. ListBox 控件功能

在 Web 页中创建列表框，并允许用户从列表中选择一项或多项。

2. ListBox 控件常用的属性

- Rows 属性：表示所能显示的列表项的行数。如果列表项的数目大于 Rows 值，则会自动产生滚动条，以便选择更多的选项。
- SelectionMode 属性：指明选择模式，其属性值有下列 4 个。
  - MultiSimple：可以简单选择多项。
  - MultiExtended：可以选择多项，并且用户可以使用 Shift 键、Ctrl 键和箭头键来进行多项选择。
  - None：无法选择项。
  - One：只能选择一项。
- SelectedIndex 属性：用于获取列表中所有选定项的最小索引值的选定项。如果未选定任何项，则返回值为−1。
- SelectedItem 属性：用于获取列表中具有最小索引值的选定项。通过该属性可获得选项的 Text 和 Value 属性值。
- SelectValue 属性：用于获取列表中具有最小索引值的选定项的值。

3. ListBox 控件常用的事件

SelectedIndexChanged 事件：当用户选择了列表中的任意选项时，都将引发事件。

任务 3.2 熟悉 ASP.NET 内置对象

ASP.NET 提供了 7 个内置对象,这些对象可以在页面中直接使用。通过 ASP.NET 内置对象,在 ASP.NET 页面上以及页面之间可方便地实现获取、输出、传递、保留各种信息等操作,以完成各种复杂的功能。各对象的功能描述如表 3-1 所示。

表 3-1 各对象的功能描述

对 象 名 称	功 能 描 述
Request	从浏览器获取信息
Response	向浏览器输出信息
Application	为所有用户提供共享信息的手段
Cookies	用来保留客户端信息,并保留在客户端
Session	用来保留客户端信息,并保留在服务器端
Server	获取服务器端信息
Trace	在 HTTP 页中输出自定义跟踪和信息

3.2.1 使用 Request 对象和 Response 对象

1. 要求和目的

要求:建立如图 3-9 所示的界面,实现取得客户端浏览器的信息的功能。

* 取得客户端浏览器类型。
* 取得客户端浏览器形态。
* 取得客户端浏览器的名称。
* 取得客户端浏览器的版本。
* 取得客户端操作系统平台。
* 取得客户端计算平台的位数。
* 取得客户端是否支持框架和表格。
* 取得客户端是否支持 VBscript 和 JavaScript。

目的:

* 学习 Request 对象的主要功能及基本用法。
* 学习 Response 对象的主要功能及基本用法。
* 学习 Request 对象的 Browser 属性。

2. 操作步骤

(1)界面设计

打开 VS2012,建立一个名称为 WebSite4 的网站。

图 3-9 运行效果预览

本网站的界面比较简单,在 Default. aspx 界面上写上"客户端浏览器信息"即可。

(2) 编写事件代码

本例需要使用 Request 对象取得客户端浏览器的信息,再通过 Response 对象输出至客户端并显示出来。双击 Defualt. aspx 页面空白处,进入 protected void Page_Load (object sender, EventArgs e)事件,并在此事件中添加代码,如代码 3-5 所示。

代码 3-5 主页页面的 Page_Load 事件

```
protected void Page_Load(object sender, EventArgs e)
    {
        HttpBrowserCapabilities aa;
        aa=Request.Browser;
        Response.Write("<p>客户端浏览器信息</p>");
        Response.Write("浏览器是: "+aa.Browser+"<br>");
        Response.Write("形态是: "+aa.Type+"<br>");
        Response.Write("名称是: "+aa.Browser+"<br>");
        Response.Write("版本是"+aa.Version+"<br>");
        Response.Write("使用平台是"+aa.Platform+"<br>");
        Response.Write("是否是 16 位环境"+aa.Win16+"<br>");
        Response.Write("是否是 32 位环境"+aa.Win32+"<br>");
        Response.Write("是否支持框架(Frame): "+aa.Frames+"<br>");
        Response.Write("是否支持表格(Table): "+aa.Tables+"<br>");
        Response.Write("是否支持 Cookies: "+aa.Cookies+"<br>");
        Response.Write("是否支持 VBScript: "+aa.VBScript+"<br>");
        Response.Write("是否支持 JavaScript: "+aa.JavaScript+"<br>");
    }
```

3. 相关知识点

Response 对象的主要功能是向客户端输出信息,Request 对象的主要功能是取得客户端的输入信息。

Response 对象的对象类别名称是 HTTPResponse,属于 Page 对象的成员,可以不用定义而直接使用。Request 对象主要是让服务器端取得客户端浏览器的一些数据,因为 Request 对象是 Page 对象的成员之一,所以在程序中不需要做任何的定义即可直接使用。Request 对象的对象类别名称是 HTTPRequest。

Response 对象常用的属性如表 3-2 所示。

表 3-2 Response 对象常用的属性

属 性	说 明
BufferOutput	设定 HTTP 输出是否要做缓冲处理,预设为 True
Cache	返回目前网页缓存的设定值
Charset	设定或取得 HTTP 的输出字符编码

属　　性	说　　明
IsClientConnected	返回客户端是否仍然和 Server 连接的信息
StatusCod	返回或设定输出至客户端浏览器的 HTTP 状态码,预设是 200
StatusDescription	返回或设定输出至客户端浏览器的 HTTP 状态说明字符串,预设是 OK
SuppressContent	设定是否将 HTTP 的内容送至客户端浏览器,若为 True 则网页将不会传至客户端

Response 对象常用的方法如表 3-3 所示。

表 3-3　Response 对象常用的方法

方　　法	说　　明
AppendToLog	将自定义的记录信息加到 IIS 的记录文件中
BinaryWrite	将一个二进制的字符串写入 HTTP 输出串流
Clear	将缓冲区的内容清除
ClearHeaders	将缓冲区中所有的页面表头清除
Close	关闭客户端的联机
End	将目前缓冲区中所有的内容送到客户端然后关闭联机
Flush	将缓冲区中所有的数据送到客户端
Redirect	将网页重新导向另一个地址
Write	将数据输出到客户端
WriteFile	将一个文件直接输出至客户端

Request 对象常用的属性如表 3-4 所示。

表 3-4　Request 对象常用的属性

属　　性	说　　明
ApplicationPath	返回目前正在执行程序的服务器端的虚拟目录
Browser	返回有关客户端浏览器的功能信息
ClientCertificate	返回有关客户端安全认证的信息
ConnectionID	返回目前客户端所发出的网页浏览请求的联机序列号
ConnectEncoding	返回客户端所支持的字符设定
ContentType	返回目前需求的 MIME 内容类型

续表

属　性	说　明
Cookies	返回一个 HTTPCookieCollection 对象集合
Filepath	返回目前执行网页的相对地址
Files	返回客户端上传的文件集合
Form	返回有关窗体变量的集合
Headers	返回有关 HTTP 表头的集合
HTTPMethod	返回目前客户端 HTTP 数据传输的方式是 Post 或 Get
IsAuthenticated	返回目前的 HTTP 联机是否有效
IsSecureConnection	返回目前的 HTTP 联机是否安全
Params	返回 QueryString、Form、ServerVariable 以及 Cookies 全部的集合
Pathq	返回目前请求网页的相对地址
PhysicalApplicationPath	返回目前执行的服务器端程序在服务器端的真实路径
QueryString	返回附在网址后面的参数内容
RawURL	返回目前请求页面的原始 URL
RequestType	返回客户端 HTTP 数据的传输方式是 Get 或 Post
ServerVariables	返回网页中 Server 变量的集合
TotalBytes	返回目前的输入串流有多少字节
Url	返回有关目前请求的 URL 信息
UserAgent	返回客户端浏览器的版本信息
UserHostAddress	返回远程客户端机器的主机 IP 地址
UserHostName	返回远程客户端机器的 DNS 名称
UserLanguages	返回一个储存客户端机器使用的语言

Request 对象常用的方法如表 3-5 所示。

表 3-5　Request 对象常用的方法

属　性	说　明
MapPath	返回实际路径
SaveAs	将 HTTP 请求的信息储存到磁盘中

通过 Request 对象的 Browser 属性可获得向服务器发出请求的浏览器信息。Browser 属性还有很多二级属性，如表 3-6 所示。

表 3-6　Browser 属性的二级属性

名　　称	描　　述
Beta	浏览器版本是否是 Beta 版
Version	浏览器版本名称
Platform	来访者使用的系统平台
Cookies	确定浏览器是否支持 Cookies
ActiveXControls	确定浏览器是否支持 ActiveX 控件
Type	浏览器名称和主版本号(整数部分)
ClrVersion	获取安装在客户端的.NET Frame 版本

示例如下。

(1) 取得并输出当前浏览网页的实际路径,效果如图 3-10 所示。

```
Response.Write(Request.MapPath("default.aspx"));
```

(2) 读取对象或参数的值。

Request 对象的基本用法就是读取对象或者参数的内容。本示例有两个页面,分别是 default. aspx 和 default2. aspx,首先在 default. aspx 中添加一个 HyperLink 对象,将其 NavigateUrl 属性改为"default2. aspx? aa＝1000"。在 default2. aspx 页面的 protected void Page_Load(object sender,EventArgs e)方法中,添加如下代码:

```
Response.write(Rquest("aa"));
```

编译运行之后,单击 default. aspx 的超链接,就会把数据传递到 default2. aspx 页面, default2. aspx 会把参数 aa 的值取出并显示出来。

(3) 网址的重定向。

Response 对象的 Redirect 方法可以将连接重新导向到其他地址,使用时只要传入一个字符串类型的 URL 地址即可,也可以传入附件参数的 URL 地址。本例包含一个页面 Defualt. aspx,在 Default. aspx 页面中添加一个文本框(TextBox)控件,然后添加一个按钮,如图 3-11 所示。

图 3-10　运行效果

图 3-11　运行效果

在按钮的单击事件中添加代码,如代码 3-6 所示。

代码 3-6 Button 按钮的单击事件

```
protected void Button1_Click(object sender, EventArgs e)
{
    Response.Redirect(TextBox1.Text.ToString());
}
```

3.2.2 使用 Application 对象和 Session 对象

经常可以看到某些网站上会有访问计数器,显示"您是第××位访问者"字样,其中的数字是由每位浏览者登录累计下来的,这样的累计访问次数的变量可以由 Application 对象来完成。

Application 对象可以产生一个在服务器端全部 Web 应用程序都可以存取的变量,这个变量的可视范围涵盖全部用户,也就是只要正在使用这个网页程序的所有用户都可以存取这个变量。Application 对象正确的对象类别名称是 HTTPApplication,每个 Application 对象变量都是 Application 对象集合中的对象之一。

Application 对象常用的属性如表 3-7 所示。

表 3-7 Application 对象常用的属性

属　　性	说　　明
All	返回全部的 Application 对象变量到一个 Object 类型的数组
AllKeys	返回全部的 Application 对象变量名称到一个 String 类型的数组中
Count	取得 Application 对象变量的数量
Item	使用索引或是 Application 变量名称返回内容值

Application 对象常用的方法如表 3-8 所示。

表 3-8 Application 对象常用的方法

方　　法	说　　明
Add	新增一个新的 Application 对象变量
Clear	清除全部的 Application 对象变量
Get	使用索引值或变量名称返回变量值
GetKey	使用索引值来取得变量名称
Lock	锁定全部的 Application 变量
Remove	使用变量名称移除一个 Application 对象变量
RemoveAll	移除全部的 Application 对象变量
Set	使用变量名称更新一个 Application 对象变量的内容
UnLock	接触锁定 Application 变量

Session 对象的功能和 Application 对象类似,都是用于存储跨网页程序的变量或者是对象,但 Session 对象和 Application 对象变量有些特性不太一样。Session 对象变量只针对单一网页用户,也就是说不同的客户端有各自的 Session 对象变量,不同的客户端无法相互存取。Application 对象变量中止于停止 IIS 服务时,但是 Session 对象变量终止于客户端断开连接时,也就是当网页用户关掉浏览器或者超过设定 Session 变量对象的有效时间时,Session 对象变量就会消失。

Session 对象常用的属性如表 3-9 所示。

表 3-9   Session 对象常用的属性

属 性	说 明
All	返回全部的 Session 对象变量到一个数组
Count	返回 Session 对象变量的个数
Item	以索引值或变量名称来返回或设定 Session
TimeOut	返回或设定 Session 对象变量的有效时间,当客户端超过有效时间没有动作,Session 对象便失效。默认值是 20 分钟

Session 对象常用的方法如表 3-10 所示。

表 3-10   Session 对象常用的方法

方 法	说 明
Add	新增一个 Session 对象变量
Clear	清除所有的 Session 对象变量
Remove	以变量名称来移除变量
RemoveAll	清除所有的 Session 对象变量

任务 3.3   使用 Calendar 控件

下面介绍 Calendar 控件相关知识点。

1. Calendar 控件概述

功能:用于在网页中显示标准的日历,并允许用户选择日、月或年。

2. Calendar 控件常用的属性

- DayNameFormat 属性:指定一周各天的名称格式。这些格式如下。
  - ◆ FirstLetter:只显示每天的首字母,如,用 T 表示周二,W 表示周三。
  - ◆ FirstTwoLetters:只显示每天的前两个字母,如用 Tu 表示周二,We 表示周三。

- ◆ Full：以完整的格式显示，如 Tuesday 表示周二，Wednesday 表示周三。
- ◆ Short：以缩写格式显示，如 Tues 表示周二，Wed 表示周三。
- FirstDayOfWeek 属性：用于设置日历的最左一列是一周的哪一天，设置值如下。
  - ◆ Default：由系统设置（默认为周日）。
  - ◆ Sunday：对应值为 0，表示将周日列到最左边一列。
  - ◆ Monday：对应值为 1，表示将周一列到最左边一列。
  - ◆ Tuesday：对应值为 2，表示将周二列到最左边一列。
  - ◆ Wednesday：对应值为 3，表示将周三列到最左边一列。
  - ◆ Thursday：对应值为 4，表示将周四列到最左边一列。
  - ◆ Friday：对应值为 5，表示将周五列列到最左边一列。
  - ◆ Saturday：对应值为 6，表示将周六列到最左边一列。
- NextMonthText 属性：设置"下一月"导航控件的标题文本。默认值是">"（即 >）。该属性必须将 ShowNextPrevMonth 属性设置为 True、NextPrevFormat 属性设置为 CustomText 才有效。该属性也可以设置为 HTML 标记，以便用小图片代替文本。如：

```
Calendar1.NextMonthText="<Img Src="next.gif" Border=0>"
```

将使"下一月"导航控件的标题文本用一个小图片代替。
- PrevMonthText 属性：设置"上一月"导航控件的标题文本。默认值是"<"（即 <）。该属性必须将 ShowNextPrevMonthText 属性设置为 True、NextPrevFormat 属性设置为 CustomText 才有效。与 NextMonthText 属性一样，该属性也可以设置为 HTML 标记，以便用小图片代替文本。
- NextPrevFormat 属性：用于指定 Calendar 控件中"上一月"和"下一月"导航元素的格式。可能的取值如下。
  - ◆ CustomText：允许程序员为导航元素指定自定义文本。
  - ◆ ShortMonth：用 3 个字母的缩写表示月份名称。
  - ◆ FullMonth：用完整的月份名称。
- SelectionMode 属性：用于指定用户选择日期的模式。属性值如下。
  - ◆ Day：可以选择单个日期。
  - ◆ DayWeek：可以选择单日和整周。
  - ◆ DayWeekMonth：可以选择单日、整周和整月。
  - ◆ None：不能选择任何日期。
- SelectedData 属性：用于获取或设置选定的日期。
- SelectMonthText 属性：用于设置"月选择器"显示的文本。与 NextMonthText 属性一样，该属性也可以设置为 HTML 标记，以便用小图标代替文本。
- SelectWeekText 属性：用于设置"周选择器"显示的文本。与 NextMonthText 属

性一样,该属性也可以设置为 HTML 标记,以便用小图片代替。

- ShowGridLines 属性:用于设置是否允许在 Calendar 控件中显示格子线。
- ShowNextPrevMonth 属性:设置是否允许在 Calendar 控件的标题中显示"月导航"元素。
- ShowTitle 属性:用于设置是否显示标题部分。
- ShowDayHeader 属性:用于设置是否显示星期表头。
- TitleFormat 属性:用于指定日历的标题格式。属性值如下。
  - ♦ Month:只显示月份,不显示年份。
  - ♦ MonthYear:既显示月份,也显示年份。
- TitleStyle 属性:用于设置标题行的外观样式,如背景色等。
- DayHeaderStyle 属性:用于设置表头的外观样式。
- OtherMonthDayStyle 属性:用于设置本月之外日期的外观样式。
- TodayDayStyle 属性:用于设置当前日期的外观样式。如果未设置该属性,则使用 DayStyle 属性指定的样式。
- WeekendDayStyle 属性:用于设置周末(周六和周日)的外观样式。
- SelectedDayStyle 属性:用于设置选中的日期的外观样式。
- TodaysDate 属性:用于获取和设置今天的日期。
- CellSpacing 属性:设置单元格间的距离(单位为像素)。
- CellPadding 属性:设置日期与网线间的距离(单位为像素)。

3. Calendar 控件常用的事件

- SelectionChanged 事件:当用鼠标选择了日期、周或月时,将引发该 SelectionChanged 事件,并调用相应的事件过程。
- VisibleMonthChanged 事件:当用户单击标题部分的月导航控件时,将引发该事件,并调用相应的事件过程。

  例如,Lable1.text="您选择的日期是:"Calendar1.SelectedDate。

任务 3.4　设计制作网络调查系统

3.4.1　系统总体设计

网络调查系统主要包括以下功能模块:用户登录模块、投票模块、查看投票模块、管理投票内容模块、设置投票内容模块。

该项目的工程文件列表如图 3-12 所示。

系统功能预览。用户登录界面如图 3-13 所示。

登录之后的界面如图 3-14 所示。

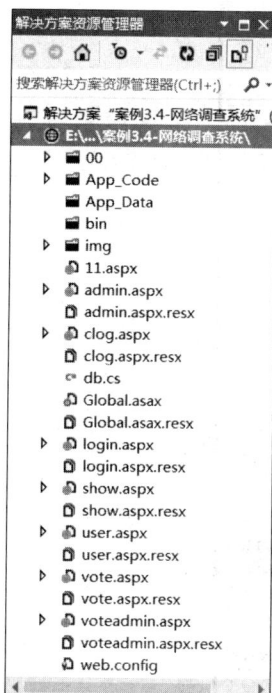

图 3-12　工程文件列表

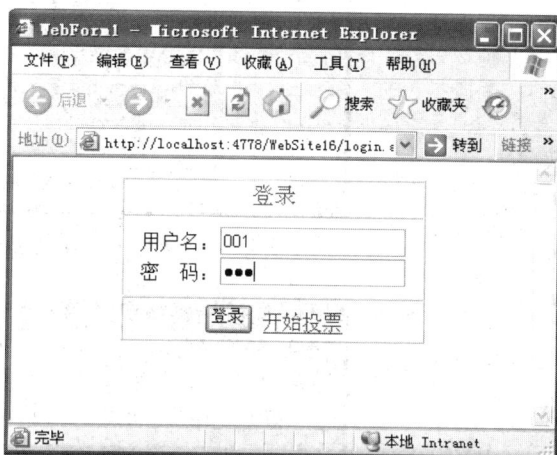

图 3-13　登录界面

图 3-14　登录后的界面

单击"开始投票"超链接,进入投票界面,如图 3-15 所示。

选择其中的一项,单击"提交"按钮之后的界面如图 3-16 所示。

单击"查看投票"按钮,查看投票结果,界面如图 3-17 所示。

在登录后页面中单击"进入管理"超链接,打开的页面如图 3-18 所示。

单击其中的"子项操作",进入投票内容的子项编辑界面,如图 3-19 所示。

单击"编辑"按钮,可以对投票子项进行编辑,界面如图 3-20 所示。

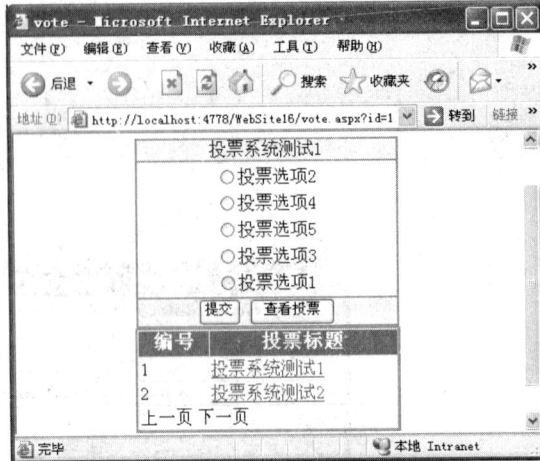

图 3-15　投票界面

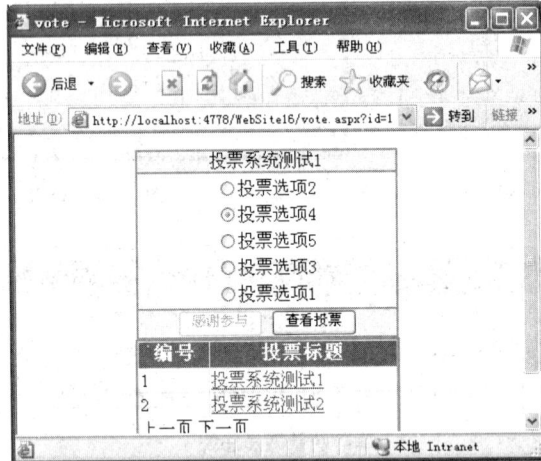

图 3-16　投票提交后的界面

图 3-17　查看投票结果

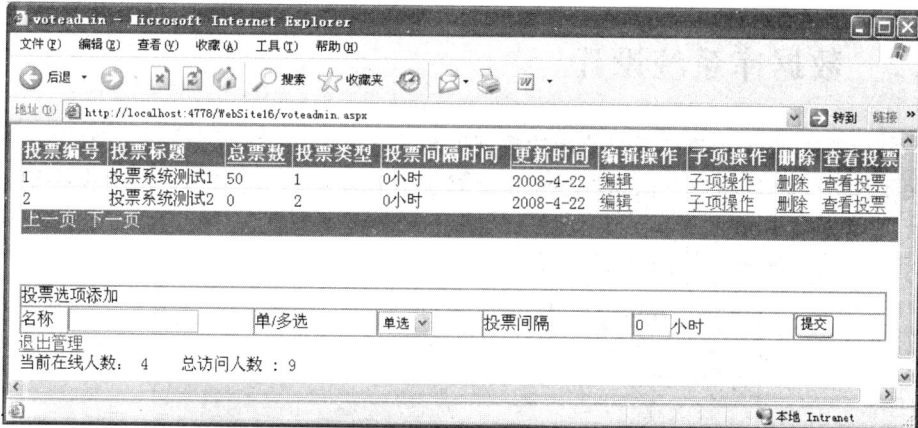

图 3-18 管理投票

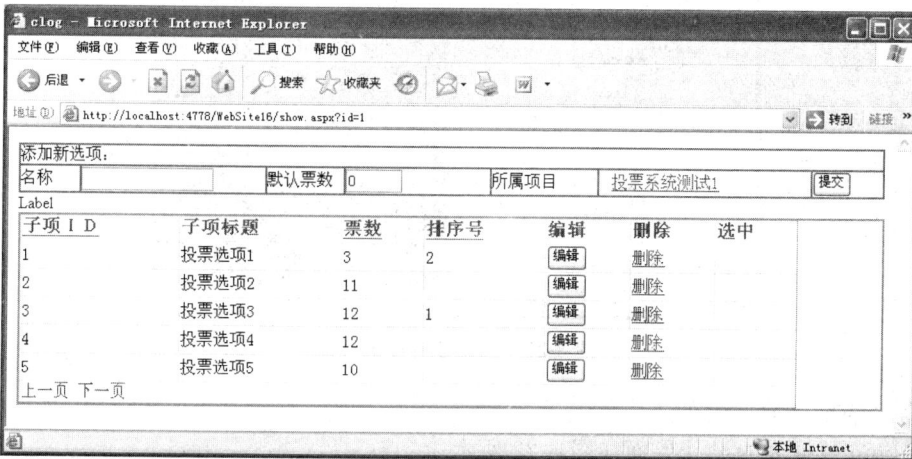

图 3-19 编辑子项

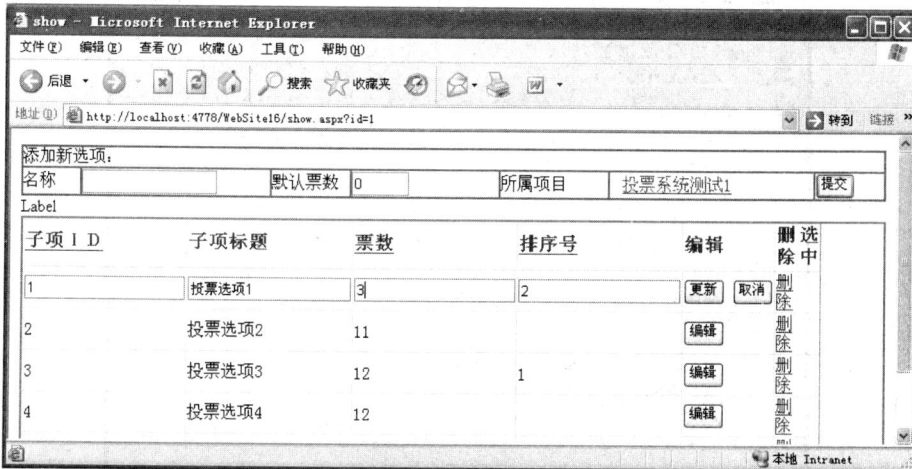

图 3-20 编辑子项

3.4.2 数据库系统设计

本项目制作的网络调查系统使用的数据库名称是 vote,其中包含多个数据表,admin 数据表用于存放管理员用户的信息,votemaster 数据表用于存放投票项,vote 数据表用于存放投票子项,vlog 数据表用于存放投票用户的信息,countline 数据表用于存放总访问人数。

vote 数据库的界面如图 3-21 所示。

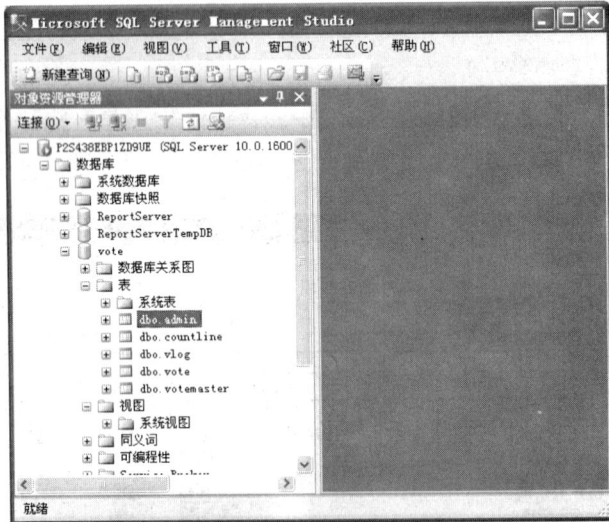

图 3-21 vote 数据库的界面

各个表的字段定义如下。

admin 数据表的设计界面如图 3-22 所示。

图 3-22 admin 数据表的设计界面

该表各字段的数据类型定义如表 3-11 所示。

表 3-11　admin 数据表各字段的数据类型

字 段 名	数 据 类 型	字 段 名	数 据 类 型
id	int	pwd	varchar
name	varchar	qx	varchar

votemaster 数据表的设计界面如图 3-23 所示。

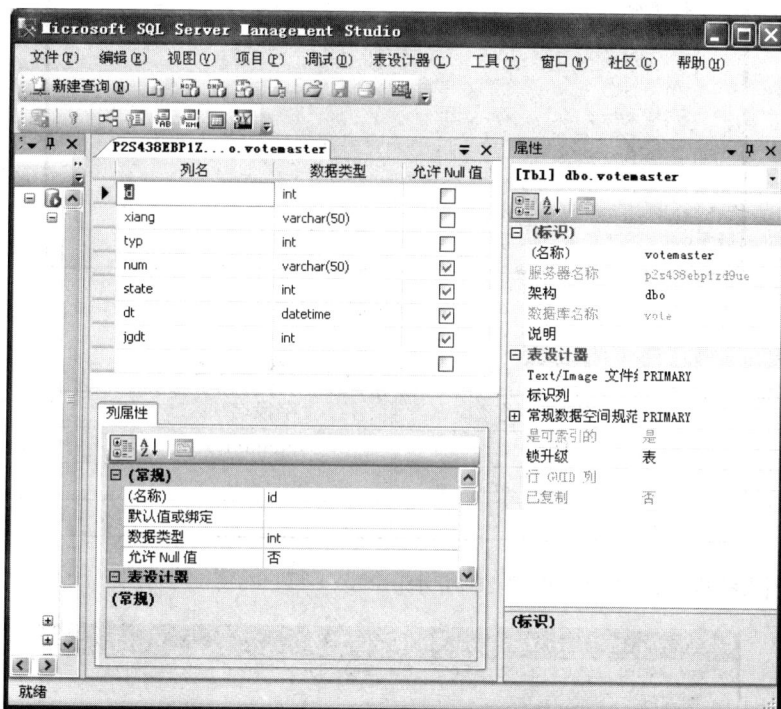

图 3-23　votemaster 数据表的设计界面

该表各字段的数据类型定义如表 3-12 所示。

表 3-12　votemaster 数据表各字段的数据类型

字 段 名	数 据 类 型	字 段 名	数 据 类 型
id	int	state	int
xiang	varchar	dt	datetime
typ	int	jgdt	int
num	varchar		

vote 数据表的设计界面如图 3-24 所示。

该表各字段的数据类型定义如表 3-13 所示。

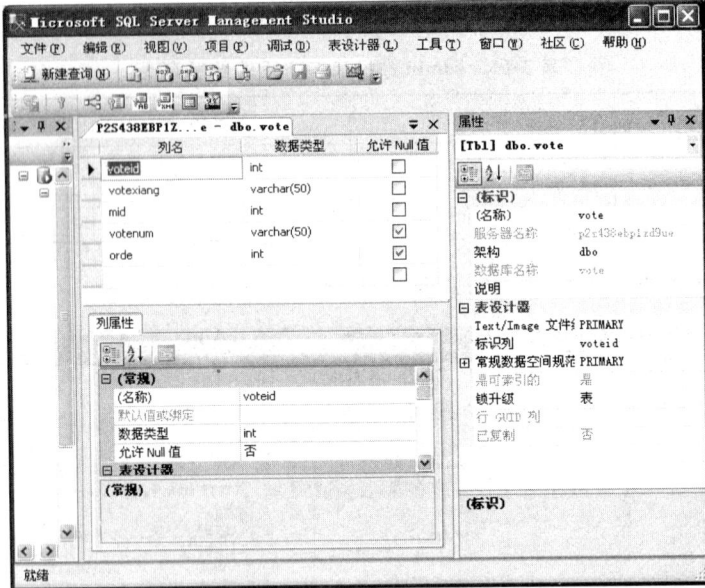

图 3-24   vote 数据表的设计界面

表 3-13   vote 数据表各字段的数据类型

字 段 名	数 据 类 型	字 段 名	数 据 类 型
voteid	int	votenum	varchar
votexiang	varchar	orde	int
mid	int		

vlog 数据表的设计界面如图 3-25 所示。

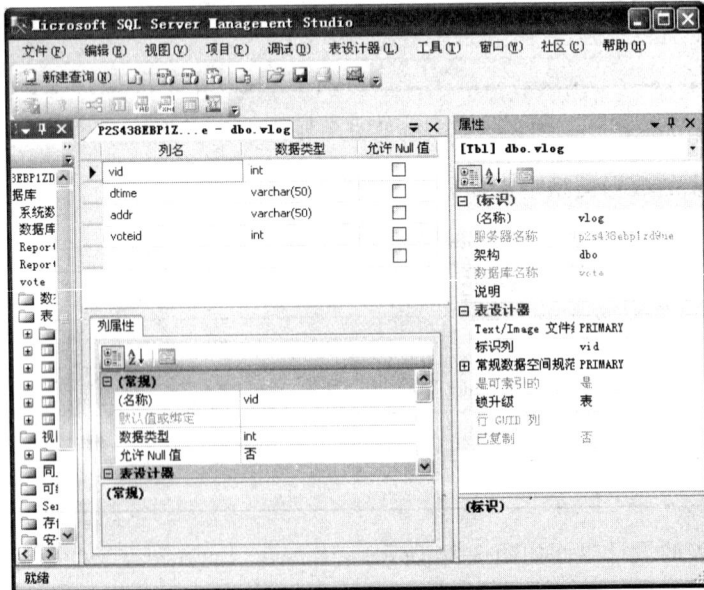

图 3-25   vlog 数据表的设计界面

该表各字段的数据类型定义如表 3-14 所示。

表 3-14   vlog 数据表各字段的数据类型

字 段 名	数 据 类 型	字 段 名	数 据 类 型
vid	int	addr	varchar
dtime	varchar	voteid	int

countline 数据表的设计界面如图 3-26 所示。

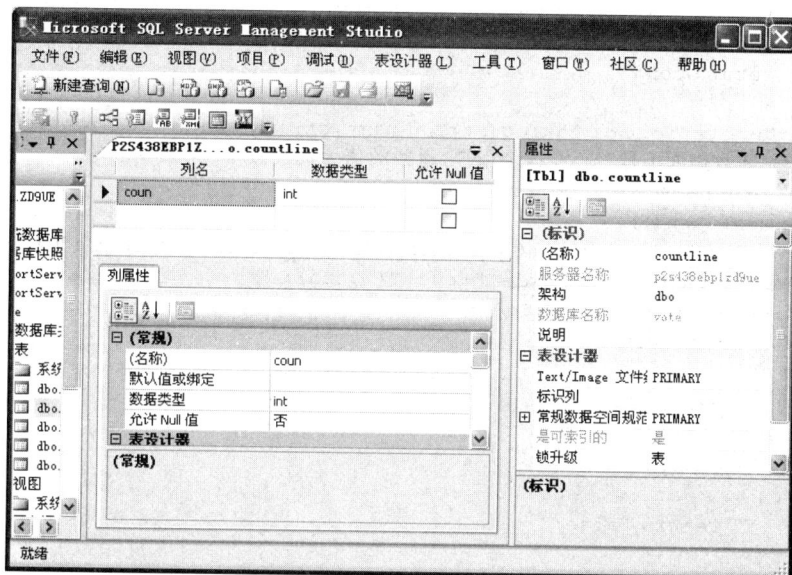

图 3-26   countline 数据表的设计界面

该表各字段的数据类型定义如表 3-15 所示。

表 3-15   countline 数据表各字段的数据类型

字 段 名	数 据 类 型
coun	int

3.4.3   各功能模块的详细设计

（1）在编写各功能页面之前，首先在 App_Code 文件夹中添加一个类文件，名称是 db.cs，作为该项目的基本类。db 类的程序如代码 3-7 所示。

代码 3-7   db 类

```
public class db
{
    public int id;
```

```
        public string xiang;
        public db()
        {
            //
            //TODO:在此处添加构造函数逻辑
            //
        }
        public static SqlConnection con()
        {//(静态)初始化超链接,因为数据库路径在 web.config 文件里面,所以这里返回的是一
            个字符串
            SqlConnection con=new SqlConnection(System.Configuration.
        ConfigurationSettings.AppSettings["con"]);
            return con;
        }
        public static bool chklog(string name,string pwd)
        {//判断数据库里是否存在这个用户,返回的值为真或假
            SqlConnection con=db.con();
            con.Open();
            SqlCommand cmd=new SqlCommand("select count(*) from admin where
        name='"+name+"' and pwd='"+pwd+"'",con);
            int count=Convert.ToInt32(cmd.ExecuteScalar());
            if(count>0)
            {
                return true;
            }
            else
            {
                return false;
            }
        }
        public static string chkqx(string name,string pwd)
        {//判断当前用户的权限,并返回权限
            SqlConnection con=db.con();
            con.Open();
            SqlCommand cmd=new SqlCommand("select qx from admin where
        name='"+name+"' and pwd='"+pwd+"'",con);
            string qx=Convert.ToString(cmd.ExecuteScalar());
            return qx;
        }
        public static DataTable fill(string query)
        {//根据传来的 SQL 语句查询出数据并填充一个表给查询对象
            SqlConnection con=db.con();
            SqlDataAdapter sda=new SqlDataAdapter();
            sda.SelectCommand=new SqlCommand(query,con);
            DataSet ds=new DataSet();
            sda.Fill(ds,"vote");
            return ds.Tables["vote"];
        }
        public static string title(int ID)
        {//(静态)根据传来的 ID 返回该投票项标题
            SqlConnection con=db.con();
```

```
        con.Open();
        SqlCommand cmd=new SqlCommand("select xiang from votemaster where
    id='"+ID+"'",con);
        return cmd.ExecuteScalar().ToString();
    }
    public static void delete(string query)
    {//(静态)执行指定的删除行为
        SqlConnection con=db.con();
        con.Open();
        SqlCommand cmd=new SqlCommand(query,con);
        cmd.ExecuteNonQuery();
    }
    public static void update(string query)
    {//(静态)执行指定的更新行为
        SqlConnection con=db.con();
        con.Open();
        SqlCommand cmd=new SqlCommand(query,con);
        cmd.ExecuteNonQuery();
    }
    public static int cid(string query)
    {//(静态)根据执行的语句查询出当前数据库最新的一个 ID
        SqlConnection con=db.con();
        con.Open();
        SqlCommand cmd=new SqlCommand(query,con);
        int id=Convert.ToInt32(cmd.ExecuteScalar());
        return id;
    }
    public static bool insert(string query)
    {//插入操作
        SqlConnection con=db.con();
        con.Open();
        SqlCommand cmd=new SqlCommand(query,con);
        int count=Convert.ToInt32(cmd.ExecuteNonQuery());
        if(count>0)
        {
            return true;
        }
        else
        {
            return false;
        }
    }
    public static int typ(int id)
    {//根据输入的 id,返回该 id 所属于的投票是多选还是单选
        SqlConnection con=db.con();
        con.Open();
        SqlCommand cmd=new SqlCommand("select typ from votemaster where
    id='"+id+"'",con);
        int typ=Convert.ToInt32(cmd.ExecuteScalar());
```

```
        return typ;
    }
    public static string count()
    {//返回总访问人数
        SqlConnection con=db.con();
        con.Open();
        SqlCommand cmd=new SqlCommand("select coun from countline",con);
        string count=cmd.ExecuteScalar().ToString();
        return count;
    }
    public static string rengyi(string query)
    {//查询任意单字段,返回字段值的一个静态方法
        SqlConnection con=db.con();
        con.Open();
        SqlCommand cmd=new SqlCommand(query,con);
        return cmd.ExecuteScalar().ToString();
    }
    public static bool vlog(string query)
    {//查询任意单字段,返回值为 True 或 False 的一个静态方法
        SqlConnection con=db.con();
        con.Open();
        SqlCommand cmd=new SqlCommand(query,con);
        int count=Convert.ToInt32(cmd.ExecuteScalar());
        if(count>0)
        {
            return true;
        }
        else
        {
            return false;
        }
    }
}
```

(2) 登录页面的设计如图 3-27 所示。

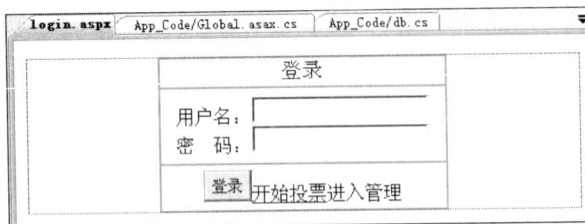

图 3-27　登录页面

设计步骤:首先做一个合理的布局表格。在表格中依次添加两个 TextBox 控件,分别作为输入用户名和密码用。然后再添加一个 Button 按钮,再添加两个 HyperLink 超链接控件。页面设计之后,主要控件的 HTML 源文件如代码 3-8 所示。

代码 3-8 登录页面主要控件的 HTML 源文件

```
<TABLE id="Table1" style="WIDTH: 245px; HEIGHT: 130px" cellSpacing="0"
borderColorDark="#00ccff"cellPadding="0" align="center" border="1">
                    <TR>
<TD align="center">
<asp:Label id="Label1" runat="server" Font-Names="黑体" ForeColor="Blue"
Font-Size="Medium"><font face="宋体">登录</font></asp:Label></TD>
                    </TR>
                    <TR>
<TD align="center">
用户名:<asp:TextBox id="name" runat="server" Width="150px"></asp:TextBox>
<br>
密 码:<asp:TextBox ID="pwd" runat="server" TextMode="Password"
            Width="150px"></asp:TextBox></br></TD>
                    </TR>
                    <TR>
                      <TD align="center">
<asp:Button id="chk" runat="server" Text="登录" onclick="chk_Click"></asp:
Button>
<asp:HyperLink id="vot" runat="server" NavigateUrl="vote.aspx?id=1">开始投
票</asp:HyperLink>
<asp:HyperLink id="admin" runat="server" Visible="False">进入管理</asp:
HyperLink></TD>
                    </TR>
                </TABLE>
```

双击"登录"按钮,进入该按钮的单击事件,编写程序如代码 3-9 所示。

代码 3-9 "登录"按钮的单击事件

```
protected void chk_Click(object sender, System.EventArgs e)
{
        string name=this.name.Text.ToString();
        string pwd=this.pwd.Text.ToString();
        string qx=db.rengyi("select qx from admin where name='"+name+"' and
        pwd='"+pwd+"'");
        if(db.chklog(name,pwd))
        {
            if(db.chkqx(name,pwd)=="管理员")
            {
                Session["qx"]="管理员";
                Session["flag"]="true";
                this.admin.Visible=true;
                this.admin.NavigateUrl="voteadmin.aspx";
                this.Label1.Text="尊敬的管理员您好";
            }
            else
            {
                Session["qx"]=qx;
                Session["flag"]="true";
```

```
            this.vot.Visible=true;
            this.vot.NavigateUrl="vote.aspx?id=1";
            this.Label1.Text="尊敬的"+qx+"您好";
        }
    }
    else
    {
        this.Label1.Text="错误,请重新登录";
    }
}
```

(3) 单击"开始投票"超链接,进入投票页面 vote.aspx,其设计界面如图 3-28 所示。

图 3-28   vote.aspx 的设计界面

该页面的设计步骤:该页面使用了三个 Panel 控件,分别用于存放投票部分、显示投票结果部分以及显示投票标题。在初始状态,只显示投票和投票标题,当单击"查看投票"按钮时,将显示投票结果。

界面设计好之后,主要控件的 HTML 源文件如代码 3-10 所示。

代码 3-10   投票页面主要控件的 HTML 源文件

```
<TABLE id="Table1" style="WIDTH: 240px; HEIGHT: 116px" borderColor="#0099ff"
cellSpacing="0"cellPadding="0" width="240" align="center" border="1">
                <TR>
                    <TD align="center" bgColor="#bef8f7">
<asp:Label id="title" runat="server"></asp:Label></TD>
                </TR>
                <TR>
```

```
                                <TD align="center">
<asp:RadioButtonList id="radl" runat="server"></asp:RadioButtonList>
<asp:CheckBoxList id="chkl" runat="server"></asp:CheckBoxList></TD>
                        </TR>
                        <TR>
                                <TD align="center" bgColor="#bef8f7">
<asp:Button id="updata" runat="server" Text="提交" onclick="updata_Click">
</asp:Button>
<asp:Button id="sohw" runat="server" Text="查看投票" onclick="sohw_Click">
</asp:Button></TD>
                        </TR>
                </TABLE>
</asp:panel></FONT>
<asp:panel id="Panel2" runat="server" Visible="False" Height="144px">
<FONT face="宋体">
<TABLE id="Table2" style="WIDTH: 219px; HEIGHT: 147px" borderColor="#00ccff"
cellSpacing="0"cellPadding="0" width="219" align="center" border="1" runat
="server">
                        <TR>
                                <TD>
<asp:DataGrid id="DataGrid1" runat="server" AutoGenerateColumns="False"
AllowSorting="True" Width="236px">
<HeaderStyle Font-Bold="True" BackColor="#00CCFF"></HeaderStyle>
<Columns>
< asp: BoundColumn  DataField =" votexiang "  HeaderText =" 投 票 项 " > </asp:
BoundColumn>
<asp:BoundColumn DataField="votenum" SortExpression="votenum" HeaderText="
票数(单击排序)"></asp:BoundColumn>
</Columns>
</asp:DataGrid></TD>
                        </TR>
                </TABLE>
        </FONT>
        </asp:panel>
<asp:Panel id="Panel4" runat="server">
<TABLE id="Table3" style="WIDTH: 241px; HEIGHT: 20px" borderColor="#3399ff"
cellSpacing="0"cellPadding="0" width="241" align="center" border="1">
                <TR>
                        <TD>
<asp:DataGrid id="DataGrid2" runat="server" AutoGenerateColumns="False"
Width="238px" AllowPaging="True">
<HeaderStyle Font-Size="Larger" Font-Bold="True" HorizontalAlign="Center"
ForeColor="#FFFFFF"BackColor="#0066FF"></HeaderStyle>
                                <Columns>
< asp: BoundColumn  DataField =" id "  SortExpression =" id "  ReadOnly =" True "
HeaderText="编号"></asp:BoundColumn>
<asp:HyperLinkColumnDataNavigateUrlField="id" DataNavigateUrlFormatString
="vote.aspx?id={0}"DataTextField="xiang" HeaderText="投票标题"></asp:
HyperLinkColumn>
```

```
</Columns>
<PagerStyle NextPageText="下一页" PrevPageText="上一页"></PagerStyle>
</asp:DataGrid><FONT face="宋体"></FONT></TD>
</TR>
</TABLE>
```

编写该页面的 Page_Load 事件,如代码 3-11 所示。

代码 3-11　页面的 Page_Load 事件

```
protected void Page_Load(object sender, System.EventArgs e)
{
    //在此处放置用户代码以初始化页面
    if(!Page.IsPostBack)
    {
        string ip=Request.ServerVariables["REMOTE_ADDR"];      //得到当前 IP
        this.Label1.Text=ip;
        string dt=DateTime.Now.Hour.ToString();      //得到当前时间
        this.Label2.Text=dt;
int id=Convert.ToInt32(Request.QueryString["id"].ToString());
                                                  //得到当前投票 ID
string jgdt=db.rengyi("select jgdt from votemaster where id="+id+"");
                                              //得到当前投票的间隔时间
if(db.vlog("select count(*) from vlog where voteid="+id+""))
{
string dtime=db.rengyi("select dtime from vlog where addr='"+ip+"' and voteid
="+id+"");      //得到当前 IP 上次给该 ID 投票的时间
if(db.vlog("select count(*) from vlog where addr='"+ip+"' and voteid="+id
+""))      //判断数据库里是否已经有相同的 IP
{
if(Convert.ToInt32(dt)>Convert.ToInt32(jgdt)+Convert.ToInt32(dtime))
    //如果值相同,就判断现在的时间是否大于预设间隔时间加上次投票时间
            {
                this.typfill();
                Response.Write("时间允许");
            }
            else
            {
                this.Panel1.Visible=false;
                this.Panel2.Visible=true;
                this.fill();
                this.filltitle();
            }
        }
        else
        {
            this.typfill();
            Response.Write("IP可以");
        }
        this.fill();
    }
```

```
        else
        {
            this.fill();
            this.typfill();
            Response.Write("数据库中没有内容");
        }
    }
}
```

这段代码调用了 typfill()方法、fill()方法和 filltitle()方法,编写 typfill()方法的程序如代码 3-11 所示。

代码 3-12　typfill( )方法

```
private void typfill ()
{
    int id=Convert.ToInt32(Request.QueryString["id"].ToString());
                                            //得到当前投票 ID
        this.filltitle();
        int typ=db.typ(id);
        if(typ==1)
        {
            this.title.Text=db.title(1);
            this.radl.DataSource=db.fill("select * from vote where mid=
                '"+id+"' order by orde asc");
            this.radl.DataTextField="votexiang";
            this.radl.DataValueField="voteid";
            this.radl.DataBind();
        }
        else
        {
            this.title.Text=db.title(2);
            this.chkl.DataSource=db.fill("select * from vote where mid=
                '"+id+"' order by orde asc");
            this.chkl.DataTextField="votexiang";
            this.chkl.DataValueField="voteid";
            this.chkl.DataBind();
        }
}
```

编写 fill()方法的程序如代码 3-13 所示。

代码 3-13　fill( )方法

```
private void fill()
{
    int id=Convert.ToInt32(Request.QueryString["id"].ToString());
    this.DataGrid1.DataSource=db.fill("select * from vote where mid="+id+"");
      this.DataGrid1.DataBind();
}
```

编写 filltitle()方法的程序如代码 3-14 所示。

代码 3-14　filltitle( )方法

```
private void filltitle()
{
        this.DataGrid2.DataSource=db.fill("select * from votemaster");
        this.DataGrid2.DataBind();

}
```

双击"提交"按钮,进入该按钮的单击事件,编写程序如代码 3-15 所示。

代码 3-15　"提交"按钮的单击事件

```
protected void updata_Click(object sender, System.EventArgs e)
{//处理投票
        string IP=Request.ServerVariables["Remote_Addr"];
        string dt=DateTime.Now.Hour.ToString();
        int id=Convert.ToInt32(Request.QueryString["id"].ToString());
        int typ=db.typ(id);
        if(typ==1)
        {
            for(int i=0;i<this.radl.Items.Count;i++)
            {//循环到投票项的最大项
                if(this.radl.Items[i].Selected)
                {
                    string voteid=this.radl.Items[i].Value.ToString();
                    SqlConnection con=db.con();
                    con.Open();
                    SqlCommand cmd=new SqlCommand("update vote set votenum=
                        votenum+1 where voteid='"+voteid+"'",con);
                    SqlCommand cmddt=new SqlCommand("insert into vlog(dtime,
                        addr,voteid) values('"+dt+"','"+IP+"','"+id+"')",con);
                    cmd.ExecuteNonQuery();
                    cmddt.ExecuteNonQuery();
                }
            }
        }
        else
        {
            for(int i=0;i<this.chkl.Items.Count;i++)
            {//循环到投票项的最大项
                if(this.chkl.Items[i].Selected)
                {

                    string voteid=this.chkl.Items[i].Value.ToString();
                    SqlConnection con=db.con();
                    con.Open();
                    SqlCommand cmd=new SqlCommand("update vote set votenum=
                        votenum+1 where voteid='"+voteid+"'",con);
                    SqlCommand cmddt1=new SqlCommand("insert into vlog(dtime,
                        addr,voteid) values('"+dt+"','"+IP+"','"+id+"')",con);
                    cmd.ExecuteNonQuery();
```

```
            cmddt1.ExecuteNonQuery();
        }
    }
}
this.fill();
this.updata.Text="感谢参与";
this.updata.Enabled=false;
}
```

（4）在登录后的界面中单击"投票管理"超链接，进入投票管理页面，如图 3-29 所示。

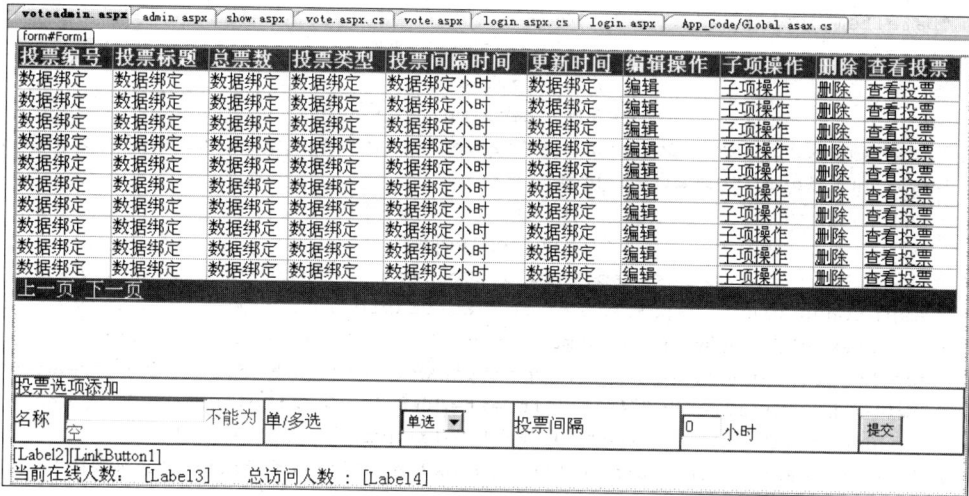

图 3-29　投票管理

该页面的设计步骤如下：首先建立一个合理的布局表格，添加一个 DataGridView 控件，用于绑定投票标题列表。在下面依次添加文本框控件和下拉列表控件，用于添加新的投票标题。设计好之后该页面主要控件的 HTML 源文件如代码 3-16 所示。

代码 3-16　投票管理页面主要控件的 HTML 源文件

```
<asp:datagrid id="DataGrid1" runat="server" AllowPaging="True" AllowSorting
="True" Width="868px"AutoGenerateColumns="False">
<HeaderStyle Font-Size="Larger" Font-Bold="True" ForeColor="AliceBlue"
BackColor="RoyalBlue"></HeaderStyle>
                <Columns>
< asp: BoundColumn DataField =" id" SortExpression =" id" ReadOnly =" True"
HeaderText="投票编号"></asp:BoundColumn>
< asp: BoundColumn  DataField =" xiang"  HeaderText =" 投 票 标 题 " > </asp:
BoundColumn>
< asp: BoundColumn DataField =" num" SortExpression =" num" ReadOnly =" True"
HeaderText="总票数"></asp:BoundColumn>
                    <asp:TemplateColumn HeaderText="投票类型">
                        <ItemTemplate>
<asp:Label id=Label2 runat="server" Text = '<%#DataBinder.Eval(Container, "
DataItem.typ") %>'>
                        </asp:Label>
```

89

```
                        </ItemTemplate>
                        <EditItemTemplate>
<asp:TextBox id=TextBox2 runat="server" Width="36px" Text='<%#DataBinder.
Eval(Container, "DataItem.typ") %>'>
                            </asp:TextBox>
                        </EditItemTemplate>
                    </asp:TemplateColumn>
                    <asp:TemplateColumn HeaderText="投票间隔时间">
                        <ItemTemplate>
<asp:Label id=Label1 runat="server" Text='<%#DataBinder.Eval(Container,
"DataItem.jgdt") %>'>
                            </asp:Label>小时
                        </ItemTemplate>
                        <EditItemTemplate>
<asp:TextBox id=TextBox1 runat="server" Width="50px" Text='<%#DataBinder.
Eval(Container, "DataItem.jgdt") %>'>
                            </asp:TextBox>小时
                        </EditItemTemplate>
                    </asp:TemplateColumn>
< asp: BoundColumn DataField = "dt" SortExpression = "dt" ReadOnly = "True"
HeaderText="更新时间" DataFormatString="{0:d}"></asp:BoundColumn>
<asp:EditCommandColumn ButtonType="LinkButton" UpdateText="更新" HeaderText
="编辑操作" CancelText="取消" EditText="编辑"></asp:EditCommandColumn>
<asp:HyperLinkColumn Text="子项操作" DataNavigateUrlField="id"
DataNavigateUrlFormatString="show.aspx?id={0}"HeaderText="子项操作">
</asp:HyperLinkColumn>
<asp:ButtonColumn Text="删除" HeaderText="删除" CommandName="Delete"></asp:
ButtonColumn>
<asp:HyperLinkColumn Text="查看投票" DataNavigateUrlField="id"
DataNavigateUrlFormatString="vote.aspx?id={0}"HeaderText="查看投票">
</asp:HyperLinkColumn>
                    </Columns>
<PagerStyle NextPageText="下一页" Font-Size="Medium" PrevPageText="上一页"
ForeColor="AliceBlue" BackColor="RoyalBlue"></PagerStyle>
                    </asp:datagrid><BR>
                <BR>
                <BR>
            </FONT>
            <asp:panel id="Panel2" runat="server">
<TABLE id="Table1" borderColor="#0099ff" cellSpacing="0" cellPadding="0"
width="100%" align="center"
                border="1">
                <TR>
                    <TD colSpan="7">投票选项添加</TD>
                </TR>
                <TR>
                    <TD style="WIDTH: 45px">名称</TD>
                    <TD style="WIDTH: 181px">
<asp:TextBox id="votename" runat="server" Width="128px"></asp:TextBox>
```

```
<asp:RequiredFieldValidator id="RequiredFieldValidator1" runat="server"
Display="Dynamic" ControlToValidate="votename"ErrorMessage="不能为空"></
asp:RequiredFieldValidator></TD>
                        <TD>单/多选</TD>
                        <TD style="WIDTH: 102px">
                            <asp:DropDownList id="type" runat="server">
                                <asp:ListItem Value="1">单选</asp:ListItem>
                                <asp:ListItem Value="2">多选</asp:ListItem>
                            </asp:DropDownList> </TD>
                        <TD>投票间隔</TD>
                        <TD>
<asp:TextBox id="jtime" runat="server" Width="37px">0</asp:TextBox>小时</TD>
                        <TD>
<asp:Button id="Button1" runat="server" Text="提交" onclick="Button1_Click"></
asp:Button></TD>
                    </TR>
                </TABLE>
```

进入该页面的代码文件,首先编写 Page_Load 事件的程序如代码 3-17 所示。

代码 3-17　投票管理页面的 Page_Load 事件

```
protected void Page_Load(object sender, System.EventArgs e)
{
    //在此处放置用户代码以初始化页面
    if(!Page.IsPostBack)
    {
        if(Session["flag"]==null||Session["qx"].ToString()!="管理员"||
        Session["flag"].ToString()!="true")
        {
            if(Session["qx"].ToString()=="VIP用户")
            {
                Response.Redirect("login.aspx");
            }
            if(Session["qx"].ToString()=="注册用户")
            {
                Response.Redirect("login.aspx");
            }
            if(Session["qx"].ToString()=="普通用户")
            {
                Response.Redirect("login.aspx");
            }
        }
        else
        {
            LinkButton1.Text="退出管理";
        }
        this.Label3.Text=Application["line"].ToString();        //当前在线人数
        this.Label4.Text=db.count();                            //总访问人数
```

91

```
        this.fill();
    }
}
```

双击"提交"按钮,进入该按钮的单击事件,编写程序如代码 3-18 所示。

代码 3-18 投票管理页面中"提交"按钮的单击事件

```
protected void Button1_Click(object sender, System.EventArgs e)
{
    if(this.IsValid)
    {
        int id=db.cid("select id from votemaster order by id desc")+1;
        DateTime dt=DateTime.Now;
        string xiang=this.votename.Text.ToString();
        int type=Convert.ToInt32(this.type.SelectedValue);
        int jgdt=Convert.ToInt32(this.jtime.Text);
        if(db.insert("insert into votemaster values("+id+",'"+xiang+"',
            '"+type+"',0,null,'"+dt+"','"+jgdt+"')"))
        {
            this.Label2.Text="插入成功";
            this.fill();
        }
        else
        {
            this.Label2.Text="插入失败";
        }
    }
}
```

(5) 在投票管理页面单击"子项操作"超链接,将进入对应投票标题的子项管理页面 show. aspx,该页面的设计界面如图 3-30 所示。

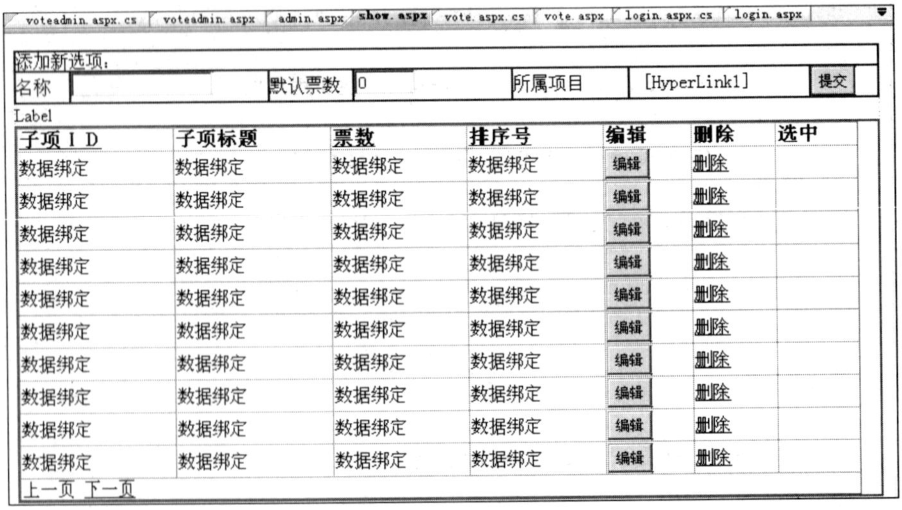

图 3-30 子项操作

该页面的设计步骤为：首先建立一个合理的布局表格。在对应位置依次添加两个文本框控件，一个 HyperLink 控件。在下面添加一个 DataGridView 控件，用于绑定投票子项。界面设计好之后，该页面主要控件的 HTML 源文件如代码 3-19 所示。

代码 3-19　投票标题的子项管理页面主要控件的 HTML 源文件

```
<TABLE borderColor="#0066ff" cellSpacing="0" cellPadding="0" width="100%"
align="center" border="1">
                    <TR>
                        <TD colSpan="7">添加新选项：</TD>
                    </TR>
                    <TR>
                        <TD>名称</TD>
                        <TD style="WIDTH: 180px">
<asp:TextBox id="vote" runat="server" Width="130px"></asp:TextBox> 
</TD>
                        <TD style="WIDTH: 74px">默认票数</TD>
                        <TD style="WIDTH: 141px">
<asp:TextBox id="mnum" runat="server" Width="55px">0</asp:TextBox> 
</TD>
                        <TD style="WIDTH: 103px">所属项目</TD>
                        <TD> <FONT face="宋体">
<asp:HyperLink id="HyperLink1" runat="server"></asp:HyperLink></FONT>
</TD>
                        <TD>
<asp:Button id="Button2" runat="server" Text="提交" onclick="Button2_Click">
</asp:Button></TD>
                    </TR>
                </TABLE>
            </asp:panel>
<asp:Label id="Label2" runat="server">Label</asp:Label><FONT face="宋体">
<BR>
<TABLE id="Table1" borderColor="#6699cc" cellSpacing="0" cellPadding="0"
width="100%" border="1">
                    <TR>
                        <TD>
<asp:DataGrid id="DataGrid1" runat="server" Width="760px"
AutoGenerateColumns="False" AllowSorting="True"AllowPaging="True">
<HeaderStyle Font-Size="Larger" Font-Bold="True" ForeColor="#3300FF"
BackColor="#FFFFCC"></HeaderStyle>
<Columns>
<asp:BoundColumn DataField="voteid" SortExpression="voteid" HeaderText="子
项ID"></asp:BoundColumn>
<asp:BoundColumn DataField="votexiang" HeaderText="子项标题"></asp:
BoundColumn>
<asp:BoundColumn DataField="votenum" SortExpression="votenum" HeaderText="
票数"></asp:BoundColumn>
<asp:BoundColumn DataField="orde" SortExpression="orde" HeaderText="排序号"></
asp:BoundColumn>
<asp:EditCommandColumn ButtonType="PushButton" UpdateText="更新" HeaderText
```

93

```
="编辑" CancelText="取消" EditText="编辑"></asp:EditCommandColumn>
<asp:ButtonColumn Text="删除" HeaderText="删除" CommandName="Delete"></asp:
ButtonColumn>
<asp:TemplateColumn HeaderText="选中"></asp:TemplateColumn>
</Columns>
<PagerStyle NextPageText="下一页" PrevPageText="上一页" ForeColor="#3300FF"
BackColor="#FFFFCC"></PagerStyle>
</asp:DataGrid></TD>
                </TR>
            </TABLE>
```

进入该页面的代码文件,编写该页面的 Page_Load 事件,程序如代码 3-20 所示。

代码 3-20　Page_Load 事件

```
protected void Page_Load(object sender, System.EventArgs e)
{
        //在此处放置用户代码以初始化页面
        if(!Page.IsPostBack)
        {
            Server.Execute("clog.aspx");     //转到这个页面去判断是否登录
            int mid=Convert.ToInt32(Request.QueryString["id"]);
            this.HyperLink1.Text=db.title(mid);
            this.HyperLink1.NavigateUrl="vote.aspx?id="+mid;
            this.fill();
        }
}
```

这段代码调用了 fill()方法,编写该方法的程序如代码 3-21 所示。

代码 3-21　fill()方法

```
private void fill()
{//根据定制的 SQL 语句去 db 类索要数据,然后填充网格
        int mid=Convert.ToInt32(Request.QueryString["id"]);
        this.DataGrid1.DataSource=db.fill("select * from vote where mid="+
        mid+"");
        this.DataGrid1.DataKeyField="voteid";
        this.DataGrid1.DataBind();
}
```

双击"提交"按钮,进入该按钮的单击事件,编写程序如代码 3-22 所示。

代码 3-22　"提交"按钮的单击事件

```
protected void Button2_Click(object sender, System.EventArgs e)
{
        string votexiang=this.vote.Text.ToString();     //取出投票子项内容
        int mid=Convert.ToInt32(Request.QueryString["id"]);
        int num=Convert.ToInt32(this.mnum.Text);
        if(db.insert("insert into vote(votexiang,mid,votenum) values('"+
            votexiang+"',"+mid+","+num+")"))
        {
```

```
this.Label2.Text="插入成功";
if(num>0)
{
db.update("update votemaster set num=num+"+num+"
    where id="+mid+"");
}
}
else
{
    this.Label2.Text="插入失败";
}
this.fill();
}
```

项 目 小 结

本项目介绍了常见控件的使用方法、常用的属性和事件,包括单选按钮控件 RadioButton 和单选列表控件 RadioButtonList、复选框控件 CheckBox、复选框列表控件 CheckBoxList、下拉列表控件 DropDownList 以及列表框控件 ListBox,通过实例介绍了这些控件的使用方法。还介绍了常用的 ASP. NET 内置对象的属性和事件,包括 Request 对象、Response 对象、Application 对象和 Session 对象,通过实例介绍了这些常见对象的使用方法。介绍了 Calendar 控件的属性和事件。最后设计制作了网络调查系统,通过网络调查系统的制作,介绍了常见按钮控件的使用方法和数据库编程的实现方法。

项 目 拓 展

1. 设计制作一个简单的网络调查系统,不需要数据库支持,要求用户在选择对应的选项之后,可以直接显示出用户的投票结果。

2. 使用 Application 对象和 Session 对象制作一个用户在线数和网页访问量的计数器,显示出网页被用户访问的次数和当前用户的在线数。

项目 4　设计制作网络留言板

本项目学习目标

- 掌握 SQLServer 2008 的安装和使用方法。
- 掌握 ADO. NET 常见对象的使用方法。
- 掌握 ASP. NET 创建数据库应用程序的基本方法。

留言板是网站常见的功能模块之一,使用留言板用户可以发表自己的言论,网站维护者可以了解用户的评论和意见。同时,留言板是典型的数据库操作的例子,留言板的制作可以很好地帮助读者掌握 ASP. NET 中数据库的操作方法。

任务 4.1　掌握 SQL Server 2008 的基本操作

4.1.1　安装 SQL Server 2008 数据库管理系统

打开 SQL Server 2008 的安装程序,出现以下提示框,如图 4-1 和图 4-2 所示。

图 4-1　启动安装程序提示界面　　　　图 4-2　安装组件加载进度界面

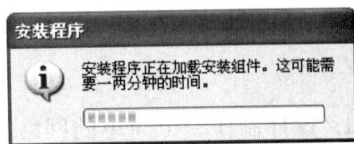

安装组件加载成功之后,会出现如图 4-3 所示的界面,选择"我已经阅读并接受许可协议中的条款"选项,并单击"安装"按钮,会出现如图 4-4 所示的界面。

图 4-4 所示的界面为下载. NET Framework 界面,下载完成后,会自动安装. NET Framework,如图 4-5 所示。

在. NET Framework 安装成功后,会进入 SQL Server 应用程序安装界面,如图 4-6 所示。

在图 4-6 所示的界面中单击"安装"选项,会出现如图 4-7 所示的进度提示界面。

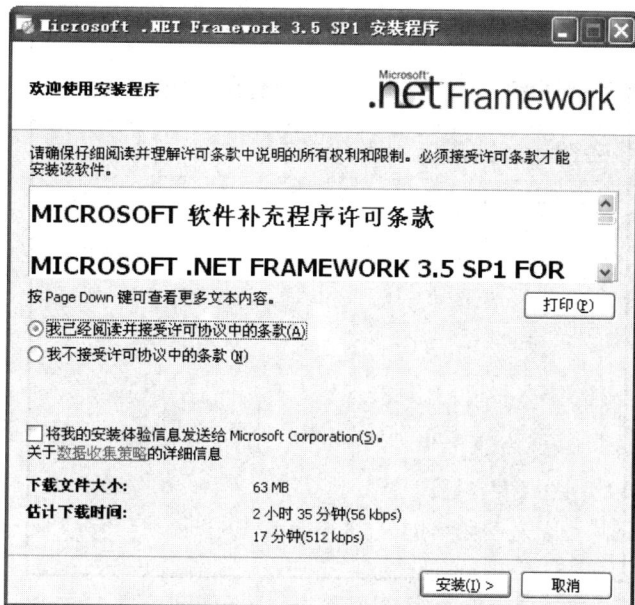

图 4-3 接受许可协议界面

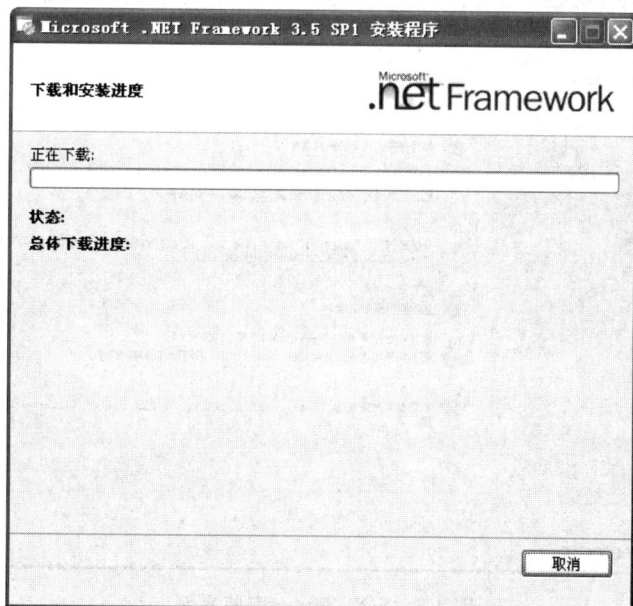

图 4-4 下载.NET Framework 界面

进度提示界面结束后，将显示如图 4-8 所示的安装程序支持规则界面。

在图 4-8 所示的界面中单击"确定"按钮，会出现进度提示界面。

出现安装程序提示之后，又会出现如图 4-9 所示的安装程序支持文件界面。

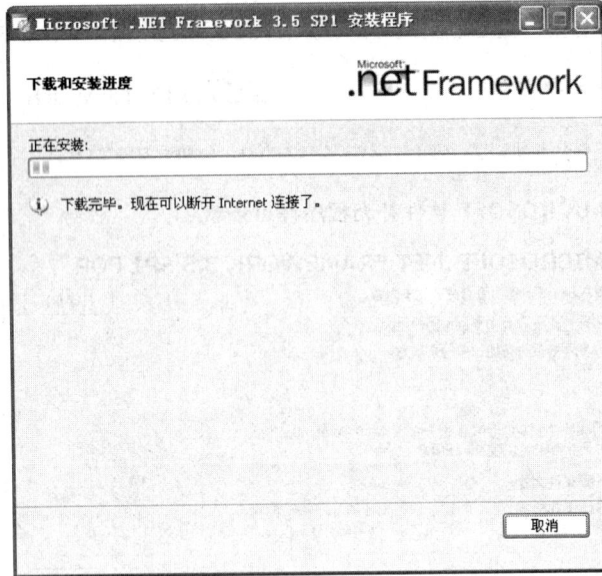

图 4-5 .NET Framework 安装界面

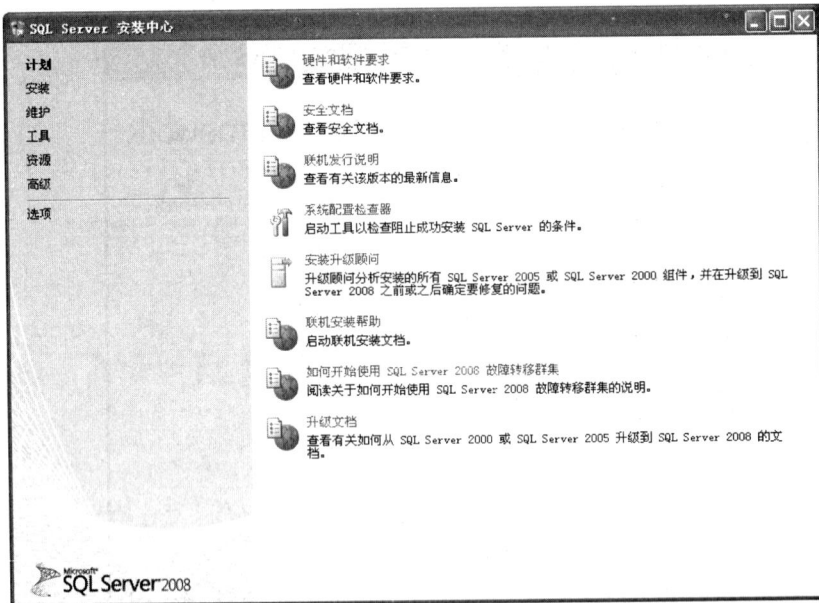

图 4-6 SQL Server 安装界面

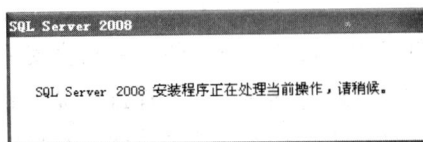

图 4-7 进度提示界面

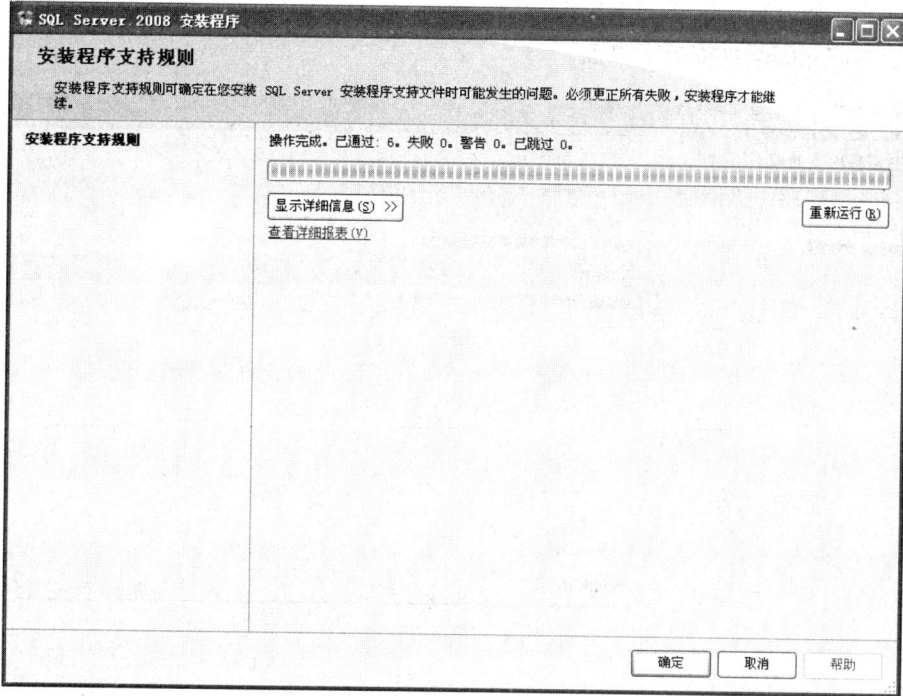

图 4-8　安装程序支持规则界面

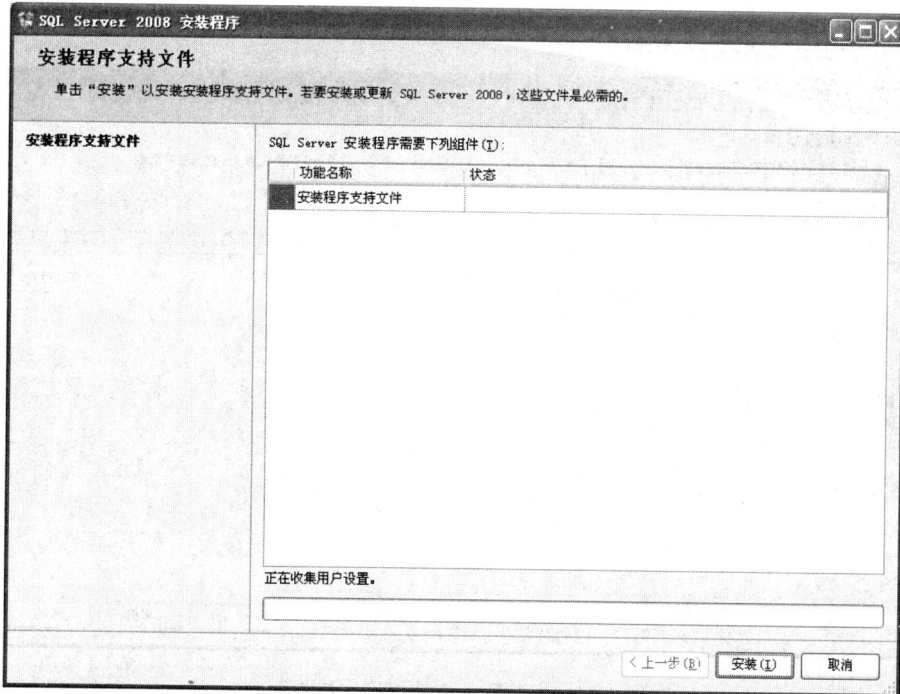

图 4-9　安装程序支持文件界面

在安装程序支持文件界面中单击"安装"按钮,会出现如图 4-10 所示的安装程序支持文件进度界面和安装进度提示界面。

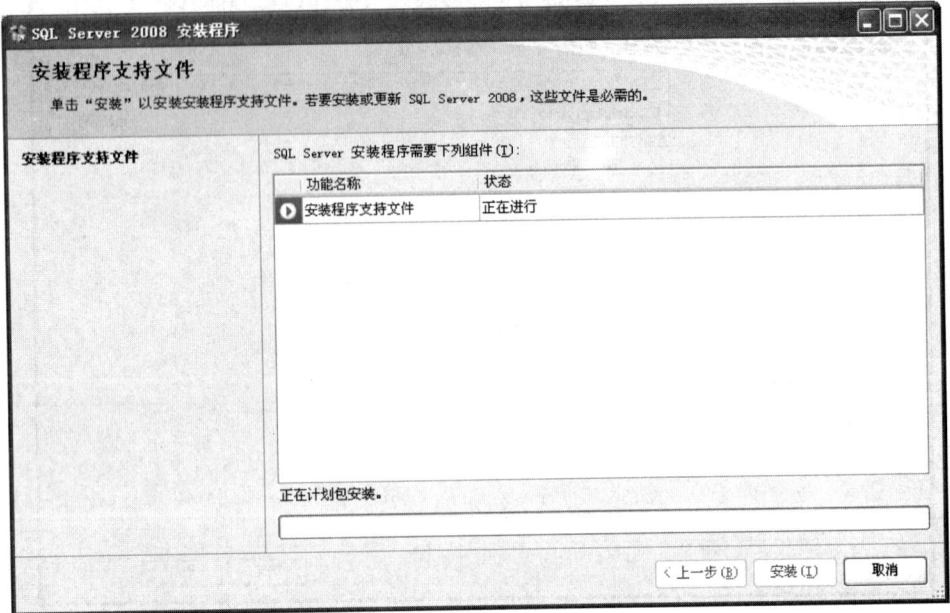

图 4-10　安装程序支持文件进度界面

安装程序支持规则完成后,会出现如图 4-11 所示的提示界面。

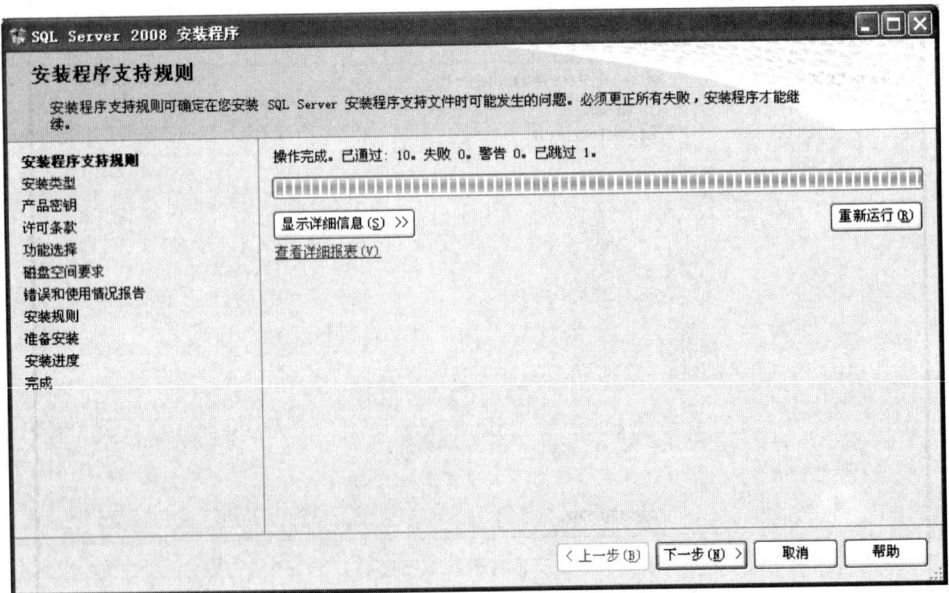

图 4-11　安装程序支持规则完成界面

单击"下一步"按钮，会出现如图 4-12 所示的安装类型选择界面。

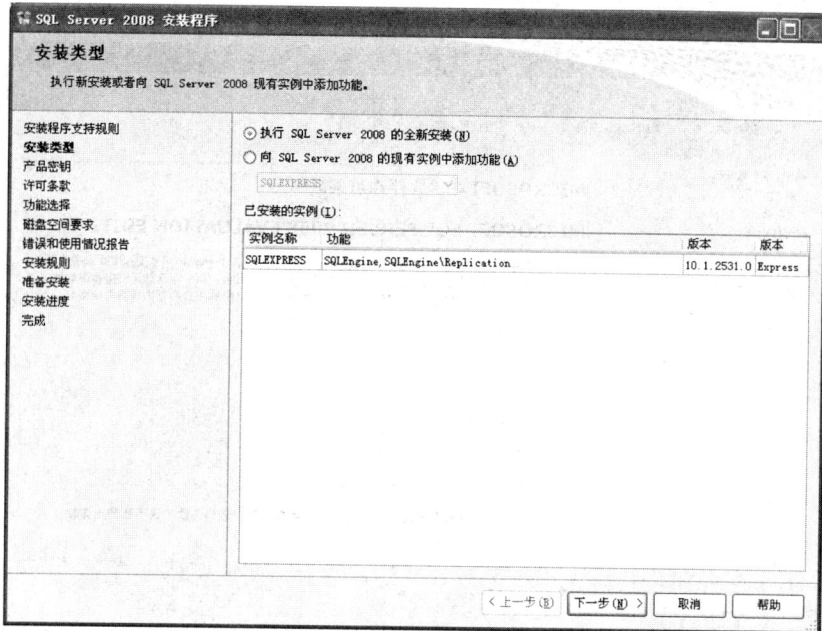

图 4-12　安装类型选择界面

选择"执行 SQL Server 2008 的全新安装"选项，然后单击"下一步"按钮，会出现如图 4-13 所示的产品密钥界面。

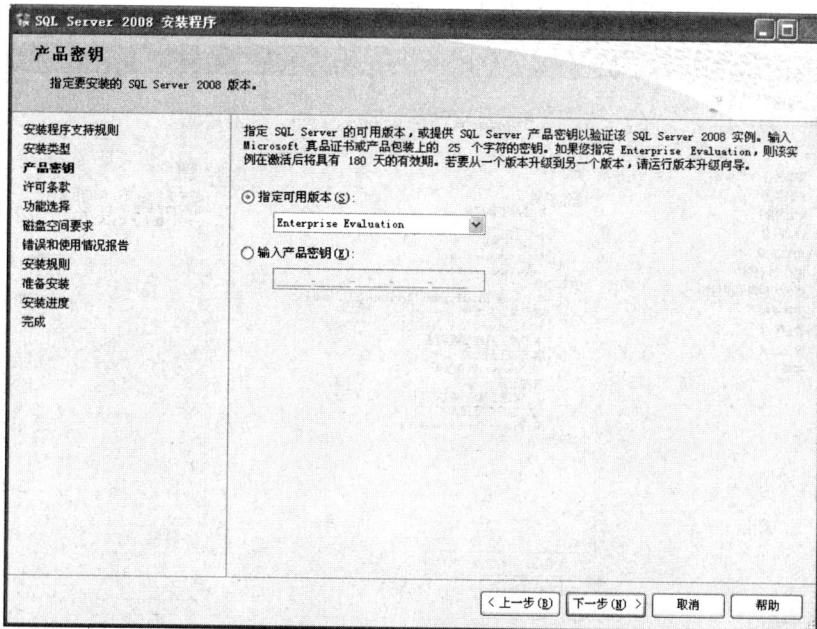

图 4-13　安装密钥界面

选择"指定可用版本"选项,并单击"下一步"按钮。会进入安装许可条款选项界面,如图 4-14 所示。

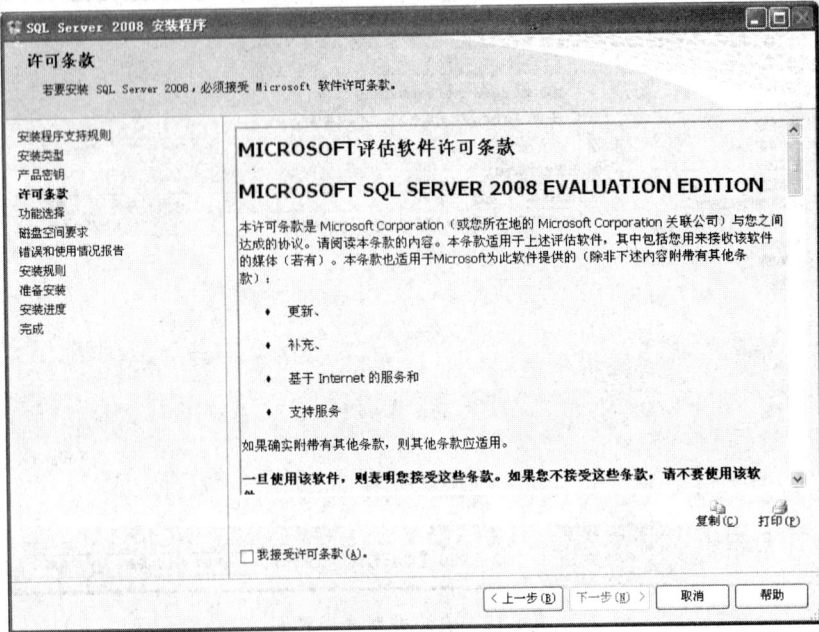

图 4-14　安装许可条款界面

在安装许可条款界面中选择"我接受许可条款"选项,然后单击"下一步"按钮,会进入安装 SQL Server 功能选择界面,如图 4-15 所示。

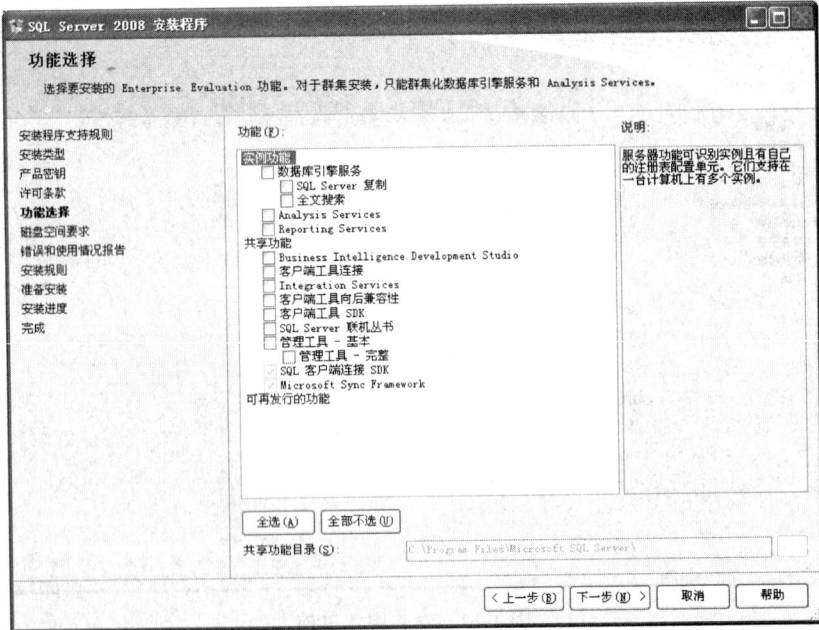

图 4-15　安装功能选择界面

选择对应的安装功能，如图 4-16 所示。然后单击"下一步"按钮，会进入实例配置界面，如图 4-17 所示。

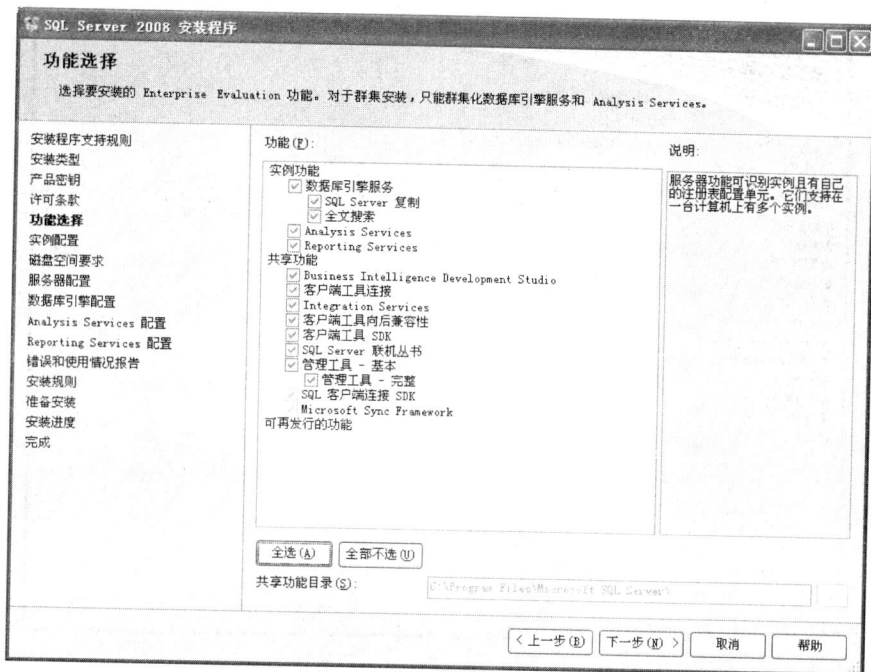

图 4-16　选择对应的安装功能

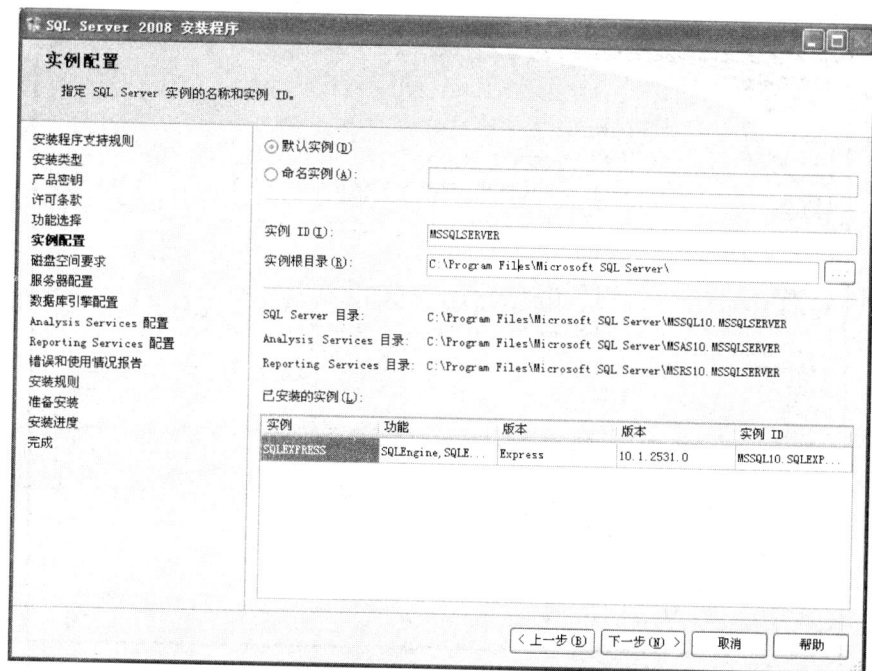

图 4-17　实例配置界面

在实例配置界面中选择"默认实例"选项,然后单击"下一步"按钮,进入如图 4-18 所示的磁盘空间要求界面。

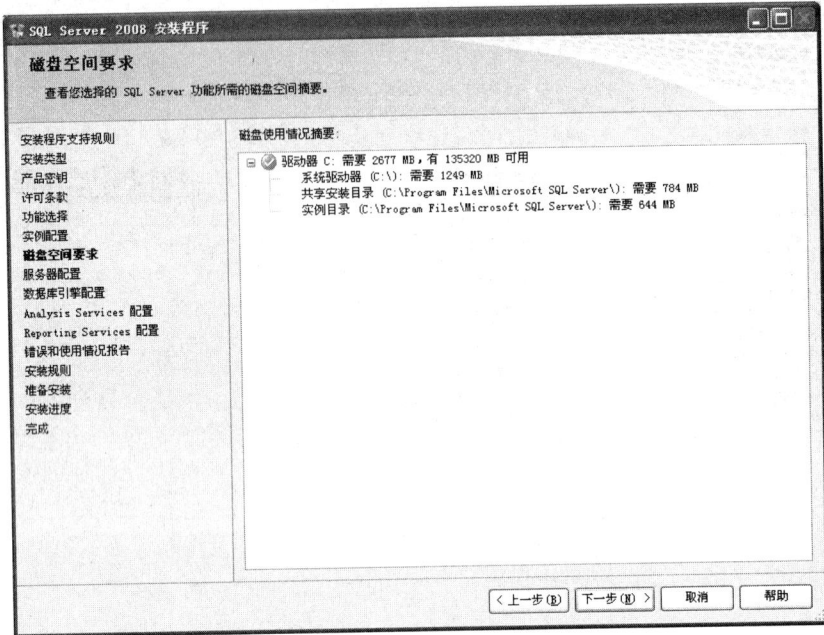

图 4-18　磁盘空间要求界面

单击"下一步"按钮,进入如图 4-19 所示的服务器配置界面。

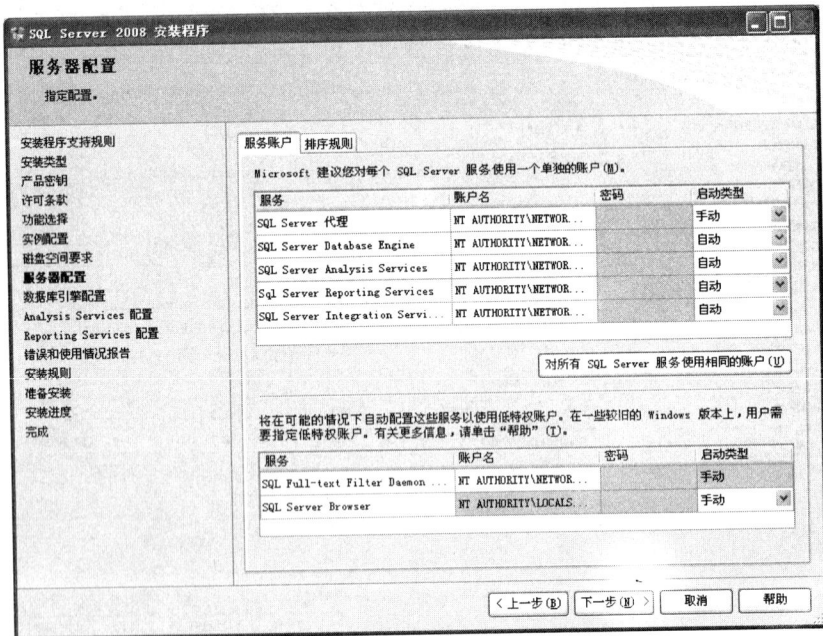

图 4-19　服务器配置界面

在服务器配置界面中,账户名使用 NT AUTHORITY\NETWORK SERVICE,密码为空,并单击"对所有 SQL Server 服务使用相同的账户",用户也可以设置自己的账户和密码。然后单击"下一步"按钮,会进入如图 4-20 所示的数据库引擎配置界面。

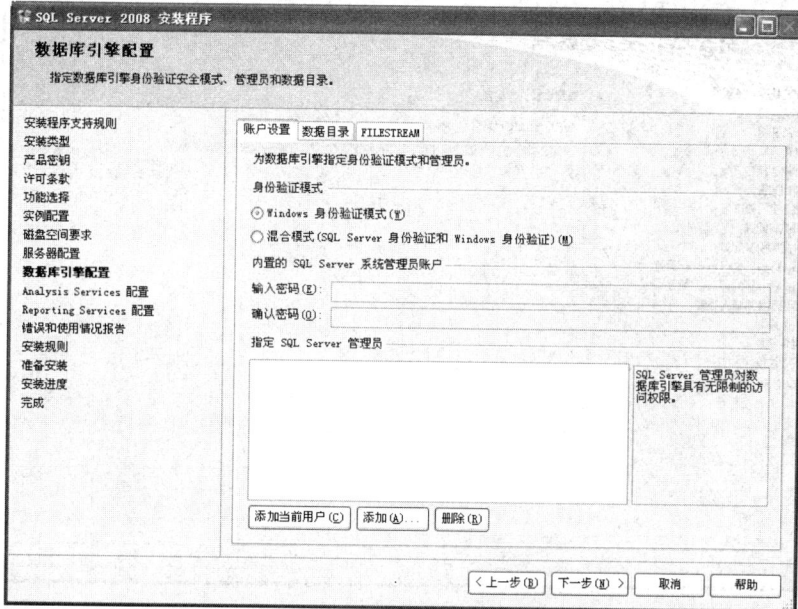

图 4-20　数据库引擎配置界面

在数据库引擎配置界面中,选择身份认证模式为"Windows 身份验证模式",然后单击"添加当前用户"按钮,会出现如图 4-21 所示的界面。

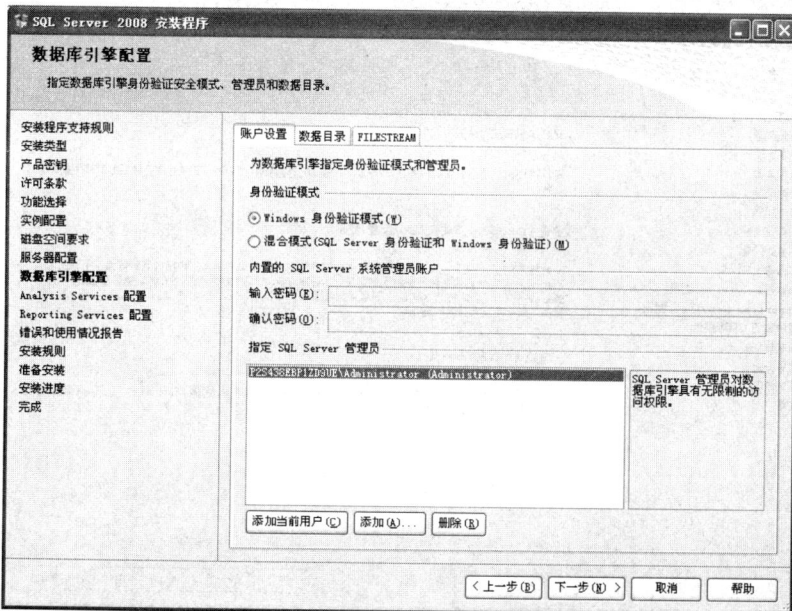

图 4-21　添加当前用户为指定的 SQL Server 管理员

设置好之后,单击"下一步"按钮,将进入如图 4-22 所示的 Analysis Services 配置界面。

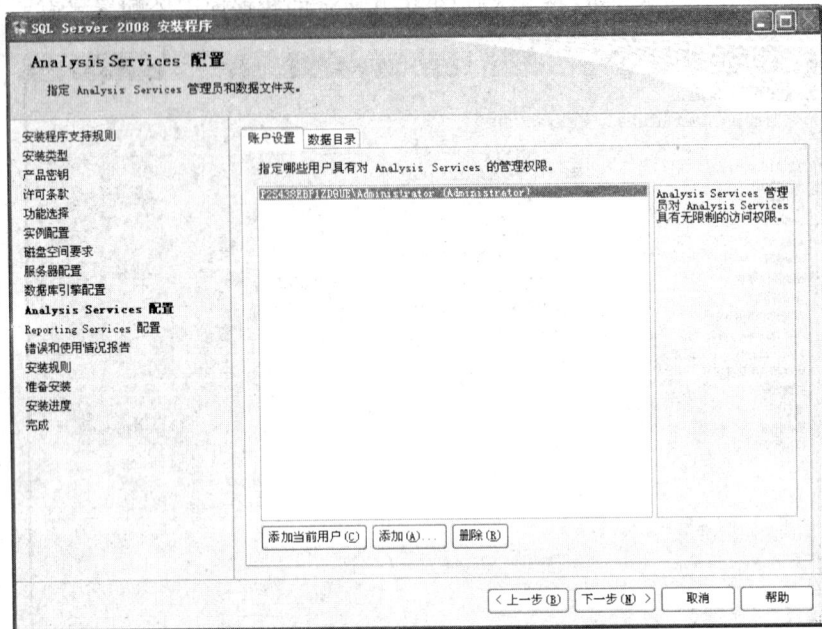

图 4-22　Analysis Services 配置界面

在该界面中单击"添加当前用户"按钮,使其拥有管理员权限。然后单击"下一步"按钮,进入如图 4-23 所示的 Reporting Services 配置界面。

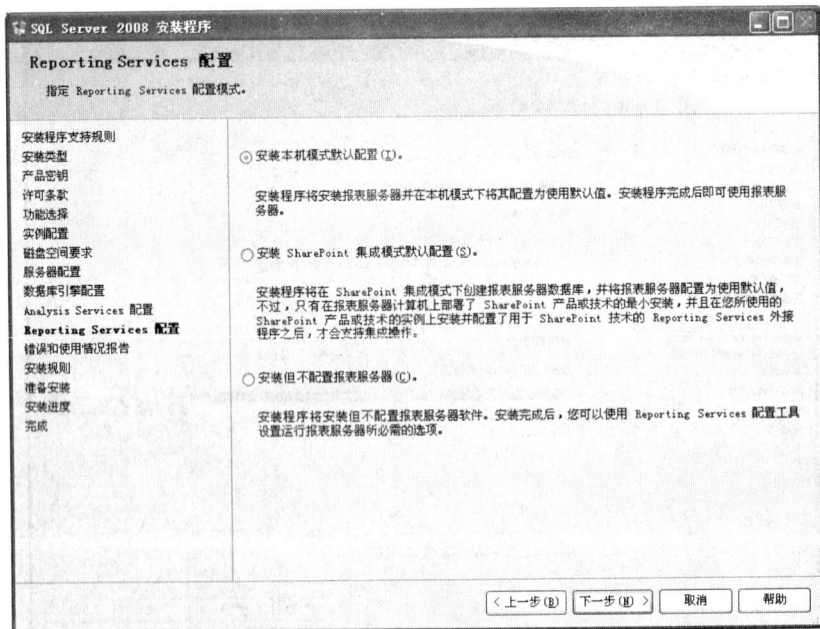

图 4-23　Reporting Services 配置界面

在 Reporting Services 配置界面中,选择"安装本机模式默认配置"单选按钮,然后单击"下一步"按钮,会出现"错误和使用情况报告"界面,如图 4-24 所示。

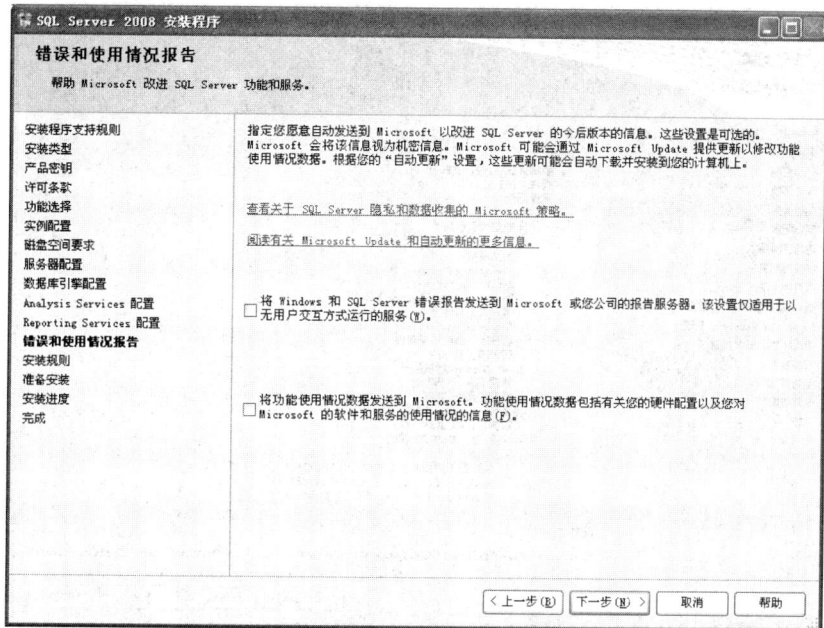

图 4-24　错误和使用情况报告

在如图 4-24 所示的界面中,单击"下一步"按钮,会出现如图 4-25 所示的"安装规则"界面。

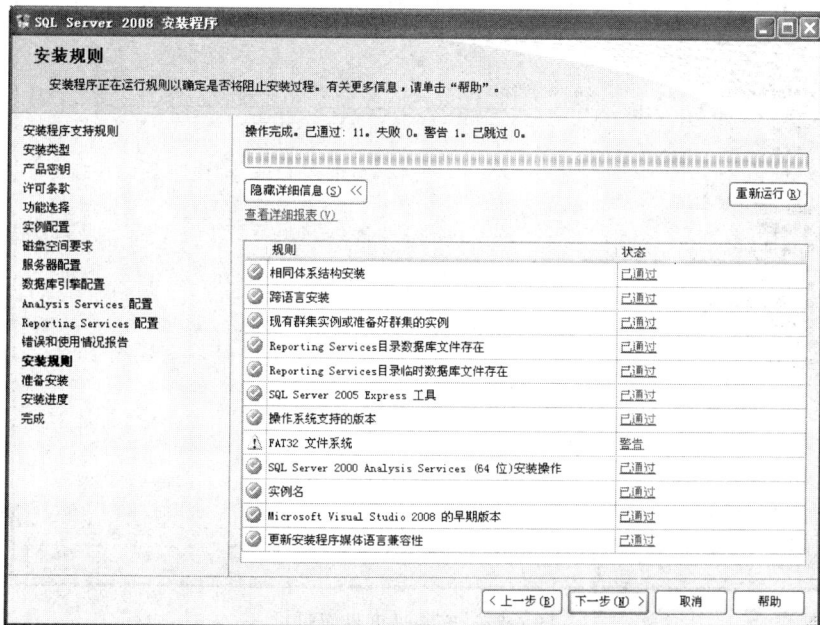

图 4-25　"安装规则"界面

在"安装规则"操作设置完成后,单击"下一步"按钮,会出现如图 4-26 所示的检查安装功能界面。

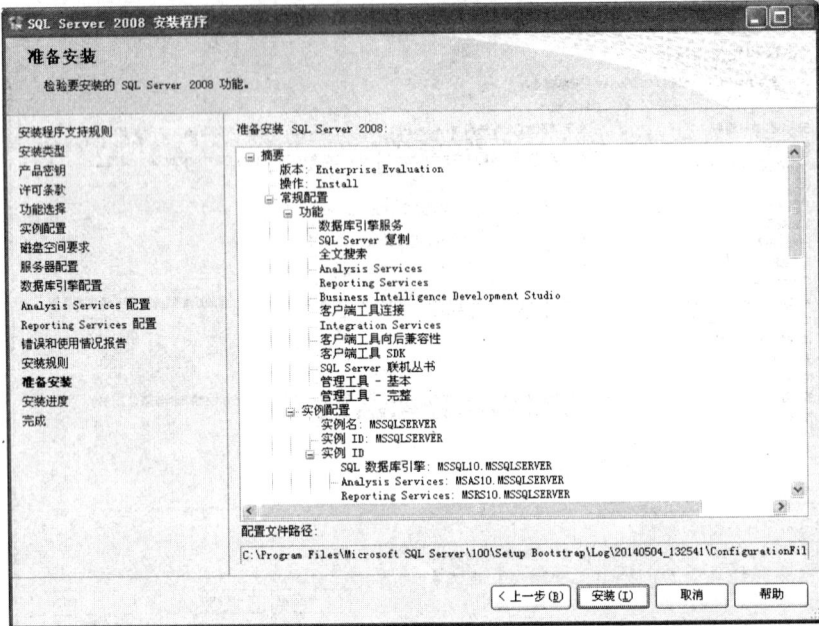

图 4-26　检查安装 SQL Server 2008 功能界面

检查安装功能后,单击"安装"按钮,进入安装进度界面,如图 4-27～图 4-29 所示。

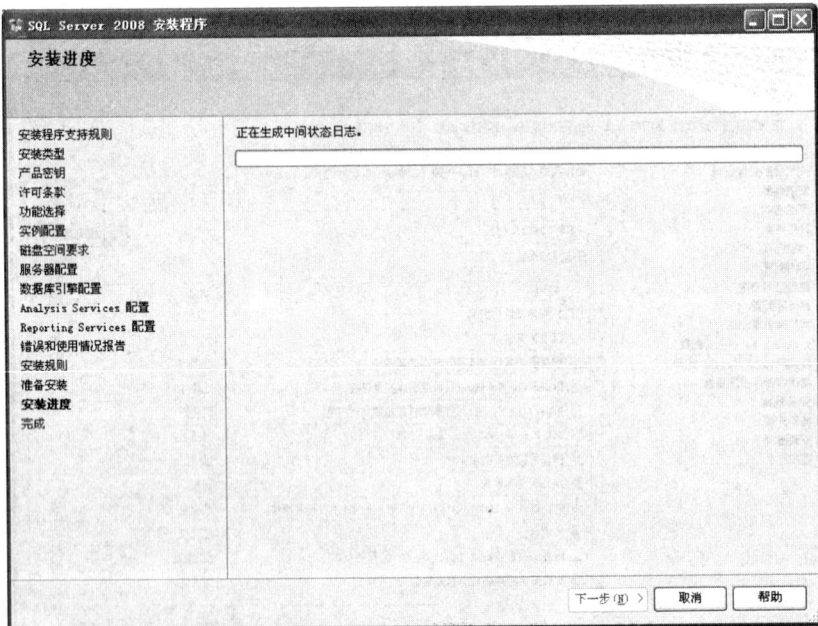

图 4-27　安装进度界面(1)

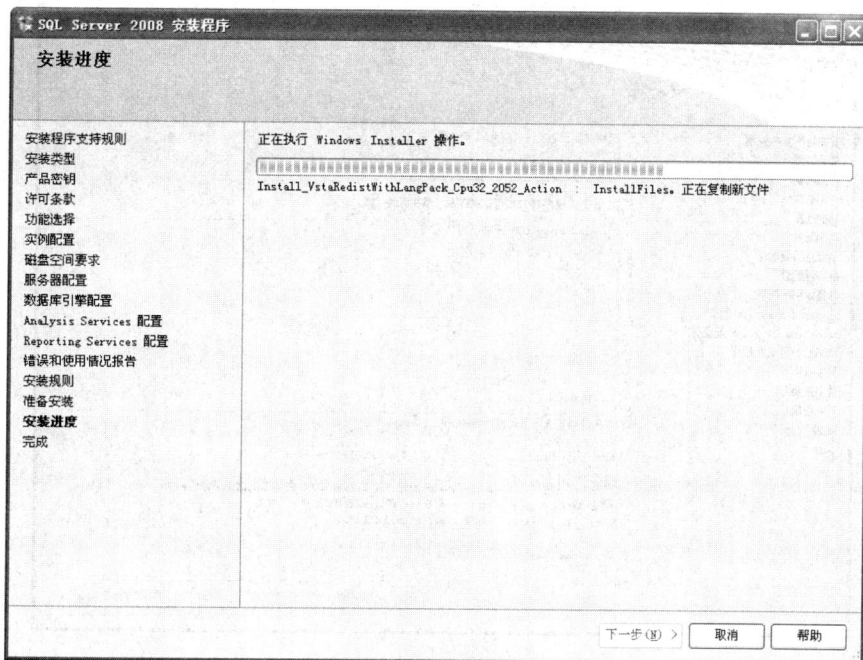

图 4-28 安装进度界面(2)

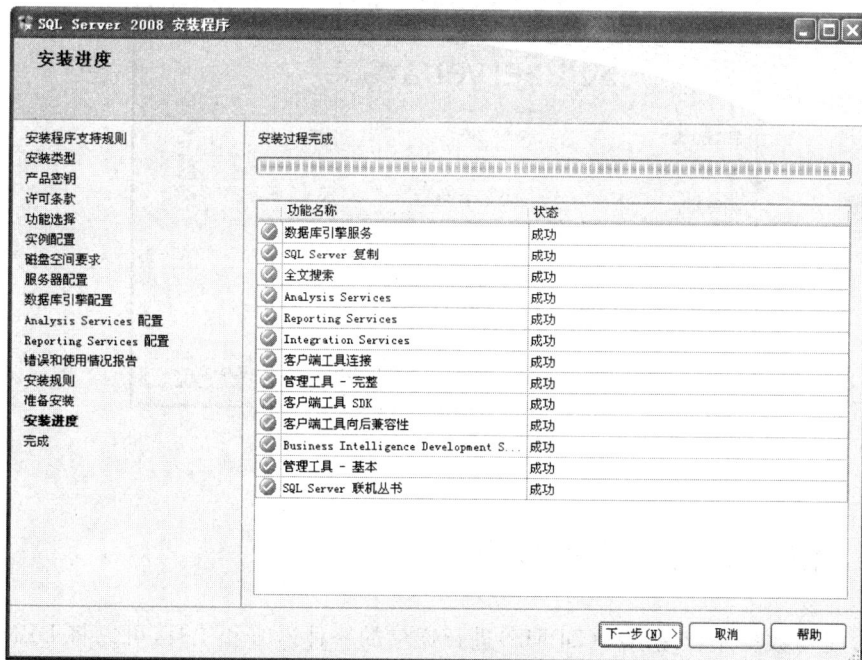

图 4-29 安装过程完成界面

在安装过程完成后,会出现如图 4-30 所示的安装成功完成的提示界面。

安装完成后,启动 SQL Server 2008,会出现如图 4-31 所示的启动界面。

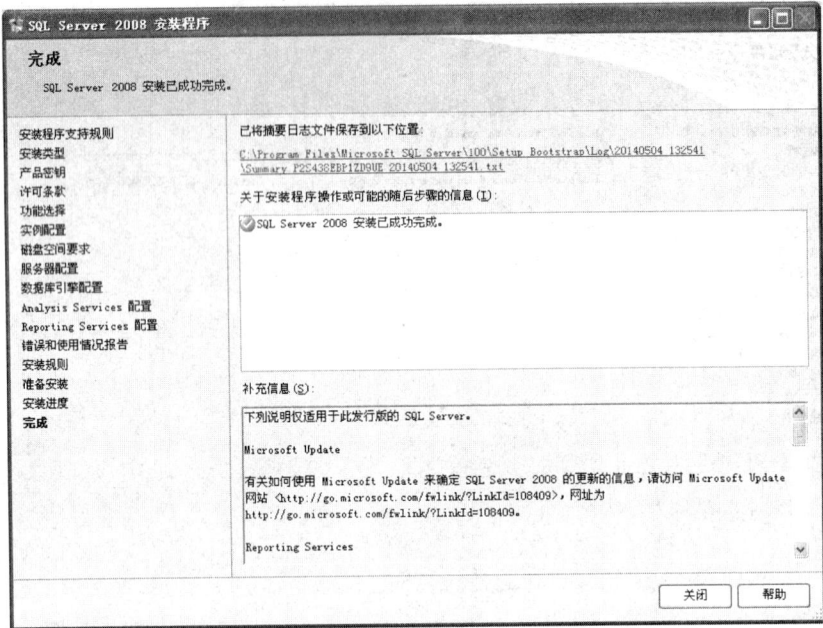

图 4-30　安装成功提示界面

图 4-31　启动 SQL Server 2008 界面

4.1.2　使用常见的 SQL 语句

SQL 是与数据库管理系统(DBMS)进行通信的一种语言和工具,可以将 DBMS 的组件联系在一起,可以为用户提供强大的功能,使用户可以方便地进行数据库的管理、数据的操作。通过 SQL 命令,程序员或数据库管理员(DBA)可以完成以下功能。

(1) 建立数据库的表格。

(2) 改变数据库系统环境的设置。

（3）让用户自己定义所存储数据的结构，以及所存储数据各项之间的关系。

（4）让用户或应用程序可以向数据库中增加新的数据、删除旧的数据以及修改已有数据，并有效地支持数据库中数据的更新。

（5）使用户或应用程序可以从数据库中按照自己的需要查询数据并组织使用它们，其中包括子查询、查询的嵌套、视图等复杂的检索。

（6）能对用户和应用程序访问数据、添加数据等操作的权限进行限制，以防止未经授权的访问，从而有效地保护数据库的安全。

（7）使用户或应用程序可以修改数据库的结构。

（8）使用户可以定义约束规则，定义的规则将保存在数据库内部，可以防止因数据库更新过程中的意外或系统错误而导致的数据库崩溃。

美国国家标准化学会（ANSI）和国际标准化组织（ISO）在 1986 年制订了 SQL 的标准，并在 1989 年、1992 年与 1999 年进行了 3 次扩展，使得所有生产商都可以按照统一标准实现对 SQL 的支持，SQL 语言在数据库厂家之间具有广泛的适用性。虽然在不同厂家之间 SQL 语言的实现方式存在某些差异，但是通常情况下无论选择何种数据库平台，SQL 语言都保持一致。

SQL 由 IBM 研究人员发明，然后得到了 Microsoft 公司、Oracle 公司等数据库市场各大软件公司的支持，保证了 SQL 今后的发展。

所有主流的 DBMS 软件供应商均提供对 SQL 的支持，SQL 标准的确立使不同的生产商可以独立地进行 DBMS 软件的设计。查询、报表生成器等数据库工具能在许多不同类型的 SQL 数据库中使用。

基于 SQL 的数据库产品能在不同计算机上运行，也支持在不同的操作系统上运行，还可以通过网络进行访问和管理。

可以通过使用 SQL 产生不同的报表和视图，将数据库中的数据从用户所需的角度显示在用户面前供用户使用，具有很大的灵活性。同时，SQL 的视图功能也能提高数据库的安全性，并且能满足特定用户的需要。

面向对象编程技术的兴起，使数据库市场也面临着对象技术的引入，各个 SQL 数据库生产商也正在扩展和提高 SQL 对对象的支持。

1．表的建立

关系数据库的主要特点之一就是用表的方式组织数据。表是 SQL 语言存放数据、查找数据以及更新数据的基本数据结构。在 SQL 语言中，表有严格的定义，它是一种二维表，对于这种表有如下规定。

（1）每一张表都有一个名字，通常称为表名或关系名。表名必须以字母开头，最大长度为 30 个字符。

（2）一张表可以由若干列组成，列名唯一，列名也称作属性名。

（3）表中的一行称为一个元组，它相当于一条记录。

（4）同一列的数据必须具有相同的数据类型。

（5）表中的每一个列值必须是不可分割的基本数据项。

注意：当用户需要新的数据结构或表存放数据时，首先要生成一个表。

语法如下：

```
CREATE TABLE 表名 [表约束]
(列名 1 数据类型 [默认值 1,列约束 1]
(列名 2 数据类型 [默认值 2,列约束 2]
...
列名 n 数据类型 [默认值 n,列约束 n]
[TABLESPACE 表空间名称]
[STORAGE (存储的子句)]
[ENABLE 约束名]
[DISABLE 约束名]
```

2. 插入数据

当一个表新建成时，它里面没有数据，通过向表中插入数据，可以建成表的实例。语法如下：

```
INSERT INTO 表名[(列名 1,...)]
VALUES(值 1,值 2,...,值 n)
[子查询];
```

假设有一张表 Student，如表 4-1 所示。

表 4-1　Student 数据表

NO	NAME	AGE
1001	A	12
1002	B	14

将新学生 E 增加到该表中，并按照表的结构将信息添加完整，需要如下语句：

```
INSERT INTO STUDENT VALUSE(1003, 'E',12);
```

3. 修改数据

对表中已有数据进行修改，语法如下：

```
UPDATE 表名 SET 列名 1=表达式 1,列名 2=表达式 2,...
WHERE 条件;
```

例如，对于 Student 数据表，将 B 的年纪改为 18，应该执行以下语句：

```
UPDATE STUDENT SET AGE=18 WHERE NAME='B';
```

4. 删除数据

删除数据功能只能删除表中已有数据，不能删除不存在的数据。语法如下：

```
DELETE FROM 表名 WHERE 条件；
```

例如，对 Student 表进行删除，要删除其中年纪为 12 的学生。

```
DELETE FROM STUDENT WHERE AGE=12;
```

5. 表结构的修改

在已存在的表中增加新列，语法如下：

```
ALTER TABLE 表名 ADD(新列名 数据类型(长度))；
```

例如：

```
ALTER TABLE STUDENT ADD (DEPARTMENT CHAR(8));
```

下面语句可以修改已有列的数据类型。

```
ALTER TABLE STUDENT MODIFY(NAME VARCHAR2(25));
```

6. 表的删除

将已经存在的表删除，语法如下：

```
DROP TABLE 表名；
```

例如：

```
DROP TABLE EMP;
```

7. 查询语句

查询操作使用 SELECT 命令，语法为：

```
SELECT [DISTINCT|ALL] {*|模式名.} {表名|视图名|快照名} . *...| {表达式[列别名]...}
} [, [模式名. ] {表名|视图名|} . *...| 表达式[列别名] ]...
FROM [模式名.] {表名|视图名|快照名} [@数据库链名] [表别名]
[, [模式名.] {表名|视图名|快照名} [@数据库链名]
[表别名] ]...
[WHERE 条件]
[START WITH 条件 CONNECT BY 条件]
[GROUP BY 表达式 [,表达式] ...[HAVING 条件]
[UNION|UNION ALL |INTERSECT|MINUS]SELECT 命令
[ORDER BY{表达式|位置} [ASC|DESC] [, {表达式|位置[ASC|DESC]}]...]
```

例如，对于 STUDENT 表可以进行如下操作。

(1) 查询年纪为 12 的学生姓名：

```
SELECT STUDENT.NAME FROM STUDENT WHERE AGE=12;
```

（2）查询年纪在 12～16 岁之间的学生姓名：

SELECT STUDENT.NAME FROM STUDENT WHERE AGE BETWEEN 12 AND 16;

（3）查询年纪不在 12～16 岁之间的学生姓名：

SELECT STUDENT.NAME FROM STUDENT WHERE AGE NOT BETWEEN 12 AND 16;

（4）查询所有以 A 开头的学生的姓名：

SELECT STUDENT.NAME FROM STUDENT WHERE NAME LIKE 'A%';

（5）列出所有学生年纪的和，年纪的平均值、最大值、最小值、最大值与最小值之间的差值：

SELECT AVG(AGE), SUM(AGE), MAX(AGE), MIN(AGE), MAX(AGE)-MIN(AGE);

（6）将所有学生按学号顺序降序排列：

SELECT * FROM STUDENT ORDER BY NO DESC;

（7）将所有学生按学号顺序升序排列：

SELECT * FROM STUDENT ORDER BY NO ASC;

任务 4.2　掌握数据绑定的方法

ASP.NET 引入了一种新的声明语法 <%＃ %>，用于在数据绑定模板中把数据源字段与控件的属性相关联。该语法是在.aspx 页中使用数据绑定的基础。所有数据绑定表达式都必须包含在这些字符中。

在代码中可以使用<%＃ ... %>格式来进行任意值的数据绑定，例如页面和控件属性、集合、表达式，甚至方法调用的返回结果都可以进行数据绑定。为了强制计算数据绑定的值，必须在包含数据绑定语法的页面或控件上调用 DataBind()方法。表 4-2 显示了 ASP.NET 中的数据绑定语法的一些例子。

表 4-2　ASP.NET 中的数据绑定语法

绑定的对象	绑定格式
单个属性	Customer：<%＃ custID %>
集合 Orders	<asp:ListBox id="List1" datasource='<%＃ myArray %>' runat="server">
表达式 Contact	<%＃ (customer.FirstName+" "+customer.LastName)%>
方法的返回值	Outstanding Balance：<%＃GetBalance(custID)%>

上面的语法格式与 ASP 中的 Response.Write 简化语法(<%＝ %>)看起来类似，但是它们的原理却是不一样的。ASP 中的 Response.Write 简化语法在页面处理的时候求值，而 ASP.NET 数据绑定语法只在 DataBind()方法被调用的时候才求值。

DataBind()是页面和所有服务器控件用于数据绑定的一个方法。当调用父控件的 DataBind()的时候，它会依次调用所有子控件的 DataBind()方法。例如，DataList1. DataBind()就会调用 DataList 模板中的所有控件的 DataBind()方法。调用页面的 DataBind()方法 Page.DataBind()或简单地调用 DataBind()会引发页面上所有的数据绑定表达式的计算操作。通常只在页面的 Page_Load 事件中调用 DataBind()方法。

4.2.1 创建简单控件属性的数据绑定

ASP.NET 引入了新的声明性数据绑定语法。这种非常灵活的语法允许开发人员不仅可以绑定到数据源，而且可以绑定到简单的属性、集合、表达式甚至是从方法调用返回的结果。

1. 要求和目标

要求：建立如图 4-32 所示的界面，将数据绑定到简单的属性。
目的：
- 学习将数据绑定到简单属性的方法。
- 学习定义简单属性的方法。

2. 操作步骤

（1）.aspx 文件设计

创建一个名称为 4-1-1 的网站。打开 default.aspx 文件，打开其源文件设计界面，在 HTML 文件中找到 <form>…</form> 代码标签，在此代码标签范围内添加如下代码：

图 4-32 运行效果预览

```
<div>
客户：<b><%#custID %></b>
未结算的订单：<b><%#orderCount %></b>
</div>
```

（2）编写事件代码

打开 default.aspx.cs 文件，在_default 类中添加程序如代码 4-1 所示。

代码 4-1 Page_ Load 事件

```
void Page_Load (Object sender, EventArgs e)
{
    Page.DataBind();
}
public  string custID
{
    get
    {
        return "ALFKI";
    }
```

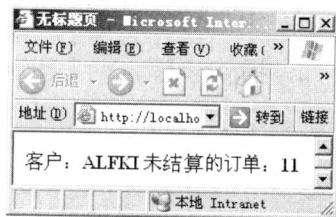

115

```
    }
    public int orderCount
    {
        get
        {
            return 11;
        }
    }
}
```

4.2.2 创建集合的数据绑定

1. 要求和目标

要求：建立如图 4-33 所示的界面，将数组的值绑定到下拉菜单控件上。

目的：

- 学习数组动态添加元素的方法。
- 学习从集合到控件的数据绑定的方法。

2. 操作步骤

（1）界面设计

新建一个名称为 4-1-2 的网站，在界面中添加一个下拉菜单控件（DropDownList），将下拉菜单的 height 属性设置为 30px，如图 4-34 所示。

图 4-33　设计界面　　　　　　　　图 4-34　DropDownList 设计界面

（2）编写事件代码

本例中需要编写一段代码，定义一个数组集合，并把数组集合的数据绑定到下拉菜单上，打开 Default.aspx 页面，进入 protected void Page_Load(object sender, EventArgs e) 方法，添加程序如代码 4-2 所示。

代码 4-2　Page_Load 事件

```
protected void Page_Load(object sender, EventArgs e)
{
```

```
if (!Page.IsPostBack)
{
    System.Collections.ArrayList values=new System.Collections.ArrayList();
    values.Add("北京");
    values.Add("上海");
    values.Add("天津");
    values.Add("广州");
    values.Add("深圳");
    values.Add("重庆");
    DropDownList1.DataSource=values;
    DropDownList1.DataBind();
}
}
```

4.2.3 创建表达式的数据绑定

1. 要求和目的

要求：制作如图 4-35 所示的效果，将数组集合的值绑定到 Datalist 数据控件上，同时将表达式或方法的值也绑定到控件上。

目的：

- 学习绑定数组数据到控件上的方法。
- 学习绑定表达式或方法的值到控件上方法。

2. 操作步骤

（1）建立界面，如图 4-36 所示。

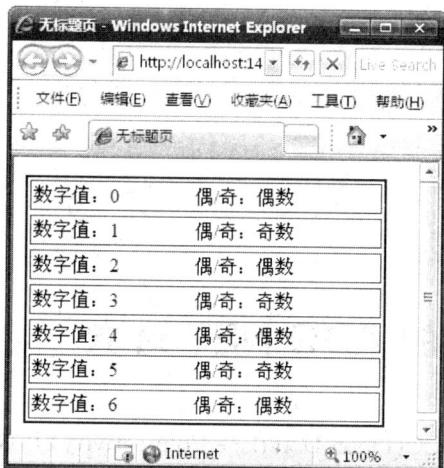

图 4-35 界面运行效果

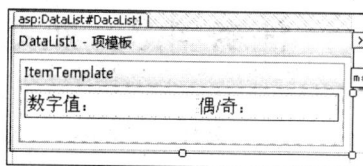

图 4-36 DataList 设计界面

新建一个名称为 4-1-3 的网站，在界面中添加一个 DataList 控件，编辑 DataList 控件的模板，在 ItemTemplate 模板中添加一个 1 行 2 列的布局表格，设置边框宽度为 1px，并定义一个边框颜色。在表格中分别输入"数字值"和"偶/奇",并在本网页 HTML 代码的对应部分写上如下内容。

数字值:

```
<%#Container.DataItem %>
```

偶/奇:

```
<%#EvenOrOdd((int) Container.DataItem) %>
```

单击"结束编辑模板",就完成了界面设计。

(2)编写事件代码。

本例要求将数组集合的值绑定到 DataList 控件上,同时将表达式或者方法的值也绑定到控件上,具体程序如代码 4-3 所示。

代码 4-3   绑定 DataList

```csharp
<script language="C#" runat="server">
    void Page_Load(Object Src, EventArgs E) {
        if (!Page.IsPostBack) {
            ArrayList values=new ArrayList();
            values.Add (0);
            values.Add (1);
            values.Add (2);
            values.Add (3);
            values.Add (4);
            values.Add (5);
            values.Add (6);
            DataList1.DataSource=values;
            DataList1.DataBind();
        }
    }
    String EvenOrOdd(int number) {
        if ((number%2)==0)
          return "偶数";
        else
          return "奇数";
    }
</script>
```

任务 4.3   熟悉常用的 ADO.NET 对象

ADO(ActiveX Data Object)对象是继 ODBC(Open DataBase Connectivity,开放数据连接)技术之后微软主推的存取数据的最新技术。ADO 目前最新的版本是 ADO.NET,ADO.NET 是为了适应更广泛的数据控制而设计的,所以使用起来比以前的 ADO 更灵活,功能也更强大,可以提供效率更高的数据存取功能。ADO.NET 是.NET Framework 中最重要的一部分,是开发数据库应用的强大工具。

1. 微软的数据访问技术的几个阶段

微软的数据访问技术所经历的几个阶段如图 4-37 所示,说明如下。

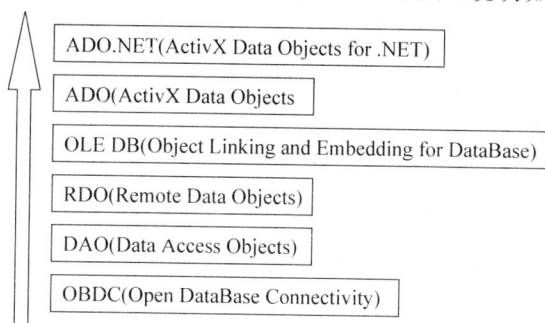

ADO.NET(ActivX Data Objects for .NET)

ADO(ActivX Data Objects

OLE DB(Object Linking and Embedding for DataBase)

RDO(Remote Data Objects)

DAO(Data Access Objects)

OBDC(Open DataBase Connectivity)

图 4-37 ADO. NET 的发展

- ODBC:这是第一个使用 SQL 语言访问不同关系数据库的数据访问技术。
- DAO:这是微软提供给 Visual Basic 开发人员的一种简单的数据访问方法,用于操作 Access 数据库。
- RDO:解决了 DAO 需要在 ODBC 和 Access 之间切换导致的性能下降的问题。
- OLE DB:基于 COM(Component Object Model),支持非关系数据的访问。
- ADO:基于 OLE DB,更简单、更高级,更适合 Visual Basic 程序员。
- ADO. NET:基于. NET 体系架构,提供了优化的数据访问模型和基于 COM 的 ADO 是完全不同的数据访问方式。

2. ADO. NET 概述

ADO. NET(ActiveX Data Objects for . NET Framework)是一种全新的数据库访问技术,是. NET Framework 提供给. NET 程序员的一组类,其功能全面且使用灵活,可以在访问各种不同类型的数据时保持操作的一致。

ADO. NET 是. NET Framework 中用于操作数据库的类库的总称,提供对 Microsoft SQL Server 等数据库以及 OLE DB 和 XML 数据源的一致性访问。ADO. NET 包含了所有允许数据处理的类,是一个典型的数据库操作(如索引、排序和视图)容器。具体来说,通过 ADO. NET,应用程序不但能够连接到指向数据库的数据源,检索、操作和更新数据,而且还可以对其他数据格式进行访问。与早期的强调"面向连接"的数据访问相比,ADO. NET 突出了其非连接的"断开结构",以提高数据访问能力和提供更好的可伸缩性。

ADO. NET 位于. NET 框架的 System. Data 命名空间里中,并可与 XML 数据操作空间 System. xml 中的 XML 类相互集成。

ADO. NET 主要包括 DataSet 和. NET 数据提供程序(. NET Data Provider)两个核心组件,用来完成数据访问操作,如图 4-38 所示。

(1). NET 数据提供程序(. NET Data Provider)。

119

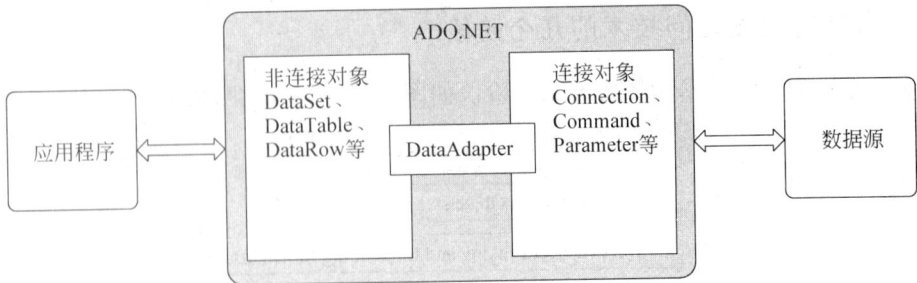

图 4-38　ADO.NET 核心组件

专门为数据处理以及快速访问数据而设计的组件，可以单独使用或按顺序组合使用，包括 Connection、Command、DataReader 和 DataAdapter 对象，用于连接到数据库、执行命令和检索结果等。

- Connection 对象：提供与数据源的连接。
- Command 对象：使用户能够访问用于返回数据、修改数据、运行存储过程以及发送或检索参数信息的数据库命令。
- DataReader 对象：从数据源中提供高性能的数据。
- DataAdapter 对象：提供连接 DataSet 对象和数据源的桥梁，DataAdapter 使用 Command 对象在数据源中执行 SQL 命令，以便将数据加载到 DataSet 中，并使 DataSet 中数据的更新与数据源保持一致。

(2) DataSet。

数据集对象的结构类似于关系数据库中的表，包括表示表、行和列等数据对象模型的类，还包含为数据集定义的约束和关系。DataSet 的特性如下。

- 独立性：DataSet 独立于各种数据源，在.NET 框架中，无论什么类型的数据源，它都会提供一致的关系编程模型。
- 离线(断开)和连接：DataSet 既可以以离线方式，也可以以实时连接方式来操作数据库中的数据。

DataSet 对象是一个可以用 XML 表示的数据视图，是一种数据关系视图。

3. ADO.NET 采取的设计模式

ADO.NET 是一种全新的数据访问策略，它不只是 ADO 的改进版本，在许多方面都采取了新的设计模式，主要体现在以下几个方面。

(1) 断开式连接方式。

断开式连接方式是 ADO.NET 的一个非常重要的特性，在传统的客户端/服务器端的应用程序中，采用的数据库连接方式为连续连接方式，这种连接方式下，应用程序与数据库一直保持连接状态，具有很明显的缺点：

与数据库一直保持连接状态会消耗资源。

因为程序要求与数据库一直保持连接状态，因此在可扩展性上会受到限制。

数据库连接一直保持打开状态，影响其他用户对数据库的写入操作。

120

很难进行跨应用程序和企业组织的数据交换操作。

ADO. NET 采用断开式数据连接方式,应用程序连接数据库的时间仅仅足够提取或更新数据,一旦完成就断开连接。这样数据库不需要去维护长时间处于闲置状态的连接,而且能够避免长时间的数据库锁定,因此能够使服务器资源服务更多的用户。

(2) 对 XML 的支持。

XML 是一种标准数据交换格式,主要用于在不同系统中交换数据,以及在网络上传递大量的结构化数据。. NET Framework 紧密结合 ADO. NET 和 XML,两者是同一体系中的组件。在访问数据时,ADO. NET 会从数据库中取出数据并先传给一个中间层业务对象,然后再传至用户界面。为了使用这种数据交换,ADO. NET 采用了基于 XML 的持续的传递方式。

4.3.1 使用 Connection 对象连接数据库

1. 要求和目的

要求:建立一个名称为 4-2-1 的网站,通过"连接"和"断开"按钮,实现控制网页与 SQL Server 数据库的连接,如图 4-39 所示。

图 4-39 界面运行效果预览

当单击"连接 SQL Server"按钮时,如果连接成功,则会有如图 4-40 所示提示。

当单击"断开与 SQL Server 的连接"按钮时,如果断开连接成功,则提示如图 4-41 所示。

图 4-40 连接提示

图 4-41 断开提示

目的:

- 掌握 SqlConnection 对象的创建方法。
- 掌握使用 SqlConnection 连接 SQL Server 数据库的方法。
- 掌握打开和关闭 SqlConnection 连接的方法。

2. 操作步骤

(1) 界面设计

新建一个名称为 4-2-1 的网站,在 Default.aspx 界面上添加两个按钮,将这两个按钮的 Text 属性分别改为"连接 SQL Server"和"断开与 SQL Server 的连接",如图 4-42 所示。

图 4-42 设计界面

(2) 编写事件代码

本例中需要对这两个按钮分别编写代码,实现控制与 SQL Server 数据库的连接与断开。分别双击这两个按钮,进入事件代码,添加程序如代码 4-4 和代码 4-5 所示。

代码 4-4 连接数据库

```
SqlConnection conn=new SqlConnection("Data Source=(local);Initial Catalog=
Northwind;
Integrated Security=SSPI;");   //创建 SqlConnection 对象,并赋值数据库连接字符串
    protected void Button1_Click(object sender, EventArgs e)
    {
        try
        {
            conn.Open();          //打开与 SQL Server 数据库的连接
            Response.Write("<script>alert('连接成功')</script>");
        }
        catch(SqlException ee)
        {
            Response.Write(ee.Message.ToString());      //抛出异常信息
        }
    }
```

代码 4-5 断开数据库

```
protected void Button2_Click(object sender, EventArgs e)
{
try
    {
    conn.Close();                //断开与 SQL Server 数据库的连接
    Response.Write("<script>alert('已断开连接')</script>");
}
catch(SqlException ee1)
    {
        Response.Write(ee1.Message.ToString());      //抛出异常信息
    }
}
```

在添加完这些代码之后,需要添加一个命名空间引用"using System. Data.

SqlClient;",这段代码在编写时,将打开和关闭数据库的代码放到 try…catch…语句块中,因此可以捕获任何由于试图连接数据库而导致的异常。当打开或者关闭数据库出现异常时,catch 语句块都可以捕获它。

3. 相关知识点

Connection 对象主要用于建立与指定数据源的连接,处理访问数据源时所需要的安全设置。通过 Connection 对象将数据库连接打开,是操作数据库的前提和基础。

(1) Connection 对象的常用方法。

- Open():利用 ConnectionString 所指定的属性设置打开一个数据库连接。
- Close():关闭与数据库的连接。
- CreateCommand():创建并返回一个与 SqlConnection 相关的 SqlCommand 对象。

(2) Connection 对象的常用属性。

- ConnectionString:获取或设置用于打开数据库的连接字符串。
- ConnectionTimeout:在试图建立连接的过程中,获取在终止操作并产生错误之前等待的时间,也就是超时时间。
- DataBase:取得在数据库服务器上要打开的数据库名。
- DataSource:取得要连接的 SQL Server 实例的名称。
- State:取得目前连接的状态。

(3) Connection 对象的创建。

Connection 对象的创建是由其对应的构造函数创建完成的,但是,不同的数据提供者用不同的类以及构造函数完成 Connection 对象的创建,在 SQL Server 中数据提供者用 SqlConnection 的构造函数创建 Connection 对象,而在 OLE DB 数据提供者中用 OLEDbConnection 的构造函数创建 Connection 对象。

SqlConnection 类具有两个构造函数,其中无参数的构造函数 SqlConnection()的功能是:创建一个 SqlConnection 对象,并将该对象的 ConnectionString、DataBase、DataSource 属性的值都初始化为空字符串,ConnectionTimeout 属性的值初始化为15秒。含参数的构造函数 SqlConnection(string onnectionString)的功能是:利用参数 ConnectionString 所指定的连接字符串创建一个 SqlConnection 对象,并将该对象的 ConnectionString 属性的值初始化为参数 ConnectionString 所表示的连接字符串,其他参数的值默认为空。

创建 Connection 对象有以下两种方法。

① 利用 SqlConnection 类的构造函数 SqlConnection()创建一个未初始化的 SqlConnection 对象,再用一个连接字符串初始化该对象,例如:

```
SqlConnection conn=new SqlConnection();
conn.ConnectionString="Server=(local);database=northwind;uid=sa;pwd=;";
```

② 利用 SqlConnection 类的构造函数 SqlConnection(String connectionString)创建

一个 SqlConnection 对象,并为该构造函数的参数指定一个连接字符串,例如:

```
SqlConnection conn=new SqlConnection("Server=(local);database=northwind;
uid=sa;pwd=;")
```

(4) 数据库连接字符串。

要连接一个 SQL Server 数据库,需要指明要连接的数据库的种类、数据库服务器的名称、数据库的名称、登录名称以及密码等信息,这些信息就是连接字符串。连接字符串可以在 Connection 对象的 ConnectionString 属性里指定。例如,连接到 SQL Server 数据库的连接字符串:

```
using System.Data;                          //数据操作命名空间引用
using System.Data.SqlClient;                //SQL Server 数据库操作命名空间引用
…
SqlConnection conn=new SqlConnection();     //创建 SqlConnection 对象
conn.ConnectionString="Server=(local);DataBase=Northwind;uid=sa;pwd=;
ConnectionTimeout=20;                       //写数据库连接字符串
```

上面这段数据库连接字符串是 SQL Server 采用 SQL 身份验证登录时的写法,如果 SQL Server 数据库采用的是 Windows 身份验证登录方式,数据库连接字符串的应改为:

```
DataSource=(local);InitialCatalog=northwind;Integrated Security=SSPI;
```

其中,Initial Catalog 是标明数据库的名称,Integrated Security＝SSPI 代表着使用 Windows 身份验证的登录方式。

4.3.2　使用 Command 对象实现数据库命令

1. 要求和目的

要求:建立一个名称为 4-2-2 的网站,单击"写入数据库"按钮后,可将输入框里的数据添加到 SQL Server 数据库中,单击"删除数据"按钮,可以将数据库里的数据全部删除。效果如图 4-43 所示。

目的:

- 掌握创建 SqlCommand 对象的方法;
- 掌握使用 SqlCommand 对象添加数据的方法;
- 掌握使用 SqlCommand 对象删除数据的方法。

图 4-43　运行效果预览

2. 操作步骤

(1) 界面设计

新建一个名称为 4-2-2 的网站,在界面中分别添加一个文本框控件(TextBox)、两个按钮,将两个按钮的 Text 属性分别改为"写入数据库"和"删除数据",如图 4-44 所示。

图 4-44 设计界面

（2）编写事件代码

本例中实现将数据写入数据库中和删除数据库里的数据,双击"写入数据库"按钮和"删除数据"按钮,进入代码编写界面,写入数据库程序如代码 4-6 所示,删除数据库程序如代码 4-7 所示。

代码 4-6 写入数据库

```
SqlConnection conn=new SqlConnection("Data Source=(local);Initial Catalog=
pubs;Integrated Security=SSPI;");//创建 SqlConnection 对象并写数据库连接字符串
    protected void Button1_Click(object sender,EventArgs e) //写入数据库按钮的事件
    {
        try
        {
            conn.Open();                             //打开数据库连接
            SqlCommand cmd=new SqlCommand();          //创建 SqlCommand 对象
            cmd.CommandType=CommandType.Text;         //设置命令类型为 SQL
            cmd.CommandText="insert into titles(title_id,title,type) values
                ('"+TextBox1.Text.ToString()+"','"+TextBox1.Text.ToString()+"
                ','"+TextBox1.Text.ToString()+"')"; //设置命令文本,即 SQL 语句
            cmd.Connection=conn;                      //设置连接属性
            cmd.ExecuteNonQuery();              //使用 ExecuteNonQuery()执行 SQL 语句
        }
        catch(Exception ee)
        {
            Response.Write(ee.Message.ToString()); //抛出异常
        }
    }
```

代码 4-7 删除数据库

```
protected void Button2_Click(object sender, EventArgs e)//删除数据按钮的事件
{
    try
    {
        conn.Open();                             //打开数据库连接
        SqlCommand cmd=new SqlCommand();          //创建 SqlCommand 对象
        cmd.CommandType=CommandType.Text;         //设置命令类型为 SQL
        cmd.CommandText="delete from titles where title_id='"+TextBox1.
            Text.ToString()+"'";                 //设置命令文本,即 SQL 命令语句
        cmd.Connection=conn;                      //设置 SqlCommand 对象的连接属性
        cmd.ExecuteNonQuery();                    //执行 SQL 语句
    }
```

125

```
catch (Exception ee1)
{
    Response.Write(ee1.Message.ToString());        //抛出异常
}
}
```

3. 相关知识点

Command 对象提供对数据源执行 SQL 命令的接口,可以用来对数据库发出一些指令。利用 Command 对象可调用 SQL 命令来返回数据、修改数据、运行存储过程,以及发送或者检索参数信息。Command 对象是建立在 Connection 对象基础上的,即 Command 对象是通过连接到数据源的 Connection 对象来传达命令的。

(1) Command 对象的常用属性。

- Connetion:该属性获取或设置 Command 对象对数据源的操作要通过哪个 Connection 对象,例如,想通过 conn 这个连接对象(Connection 对象)对数据源进行操作,则可以将其 Connection 属性的值设置为 conn,格式为"cmd. Connection = conn"。

- ConnectionString:获取或设置用于打开数据库的字符串。

- CommandType:获取或设置 CommandText 属性中的内容是 SQL 语句、数据表名称还是存储过程的名称。也就是说,CommandType 属性的值不同,决定了 CommandText 属性的值中应书写的内容不同。CommandType 可以设置为以下三个值之一。

  ◆ CommandType. Text(默认值):当 CommandType 属性的值设置为 CommandType. Text 或不指定值时,CommandText 属性的值为一个 SQL 字符串,可以是查询、删除、插入、修改的 SQL 语句。

  ◆ CommandType. TableDirect:当 CommandType 属性的值设置为 CommandType. TableDirect 时,应该把 CommandType 属性的值设为要访问的表的名称。

  ◆ CommandType. StoredProcedure:当 CommandType 属性的值设置为 CommandType. StoredProcedure 时,应该把 CommandText 属性的值设置为存储过程的名称。

- CommandText:获取或设置在数据源中执行的 SQL 语句或存储过程。

- CommandTimeout:获取或设置超时时间。

(2) Command 对象的常用方法。

- ExecuteNonQuery():可以执行例如 Transact_SQL 的 Insert、Delete、Update 命令以及 Set 命令,并返回受命令影响的行数。

- ExecuteReader():执行返回行的命令。

- ExectuteScalar():从数据库中检索单个值。

- ExecuteXMLReader():把 CommandText 发送给连接,构建一个 XMLReader 对象。

• Cancel()：取消 Command 命令的执行。

（3）Command 对象的创建。

Command 对象的创建是由对应的构造函数完成的，不同的数据库提供者用不同的类及其构造函数完成 Command 对象的创建，在 SQLServer 数据提供者中用 SqlCommand 类创建 Command 对象，在 OleDb 数据提供者中使用 OleDbCommand 类创建 Command 对象。

SqlCommand 类具有四种不同的构造函数，分别为：SqlCommand()、SqlCommand（string cmdText）、SqlCommand（string cmdText，SqlConnection connection）、SqlCommand(string cmdText,SqlConnection connection,SqlTransaction transaction)。

需要说明的是：

① 参数 cmdText 是以字符串表示的 SQL 语句，参数 connection 表示已经创建的连接到 SQL Server 数据库的 Connection 对象，参数 transaction 表示已经创建的事务对象。

② 无参数的构造函数创建 Command 对象，该对象的 CommandText 属性的值初始化为空字符串、CommandTimeout 属性的值初始化为 30 秒、CommandType 属性的值初始化为 CommandType. Text、Connection 属性的值初始化为空。

4.3.3 使用 DataReader 对象读取数据库

1. 要求和目的

要求：将 SQL Server 数据库的数据通过 DataReader 对象输出。

目的：

• 掌握 DataReader 对象的创建方法。

• 掌握 DataReader 对象读取数据的方法。

• 掌握绑定数据到 Label 控件的方法。

2. 设计步骤

（1）界面设计

新建一个名称为 4-2-3 的网站，在 default. aspx 界面上添加一个 Label 控件。接下来打开 SQL Server 数据库，在 NorthWind 数据库中创建一个名称为 ceshi 的数据表，字段如表 4-3 所示。

表 4-3　ceshi 的数据表各字段的数据类型

字段名称	数据类型	长度	是否为空
编号	int	4	—
内容	nvarchar	50	否

（2）编写事件代码

双击页面的空白处，进入代码编辑页面"4-2-3. aspx. cs"，选择 Page_Load（object

sender，EventArgs e)方法，添加程序如代码 4-8 所示。

代码 4-8　Page_Load 事件

```
string selectStr1;
selectStr="Select * from ceshi";
SqlConnection conn=new SqlConnection("Data Source=local;Initial Catalog=
NorthWind;Integrated Security=SSPI");
                            //当前使用的 SQL Server 登录方式为 Windows 身份验证
SqlCommand cmd=new SqlCommand(selectStr1, conn);
conn.Open();                              //打开连接
SqlDataReader sdr=cmd.ExecuteReader();    //执行查询
if (sdr.Read())
{
    Label1.Text=sdr["内容"].ToString().Trim();
}
```

3. 相关知识点

DataReader 对象用于从数据源中获取只读的、单向的数据流。由于 DataReader 对象可以顺序处理从数据源返回的结果，而且不在内存中缓冲，因此，DataReader 对象适合从数据源中检索大量的、不需要进行更新操作的数据。DataReader 对象常用的属性和方法如表 4-4 所示。

表 4-4　DataReader 对象常用的属性和方法

属性和方法	名　　称	说　　明
属性	Depth	获取一个值，该值指示当前行的嵌套深度
	FieldCount	获取当前行中的列数
	HasRows	获取一个值，它指示此 DbDataReader 是否包含一个或多个行
	IsClosed	获取一个值，该值指示 DbDataReader 是否已关闭
	Item	重载，获取指定的列作为 Object 实例的值
	RecordsAffected	获取一个值，该值指示 DbDataReader 是否包含一行或多行
	VisibleFieldCount	获取 DbDataReader 中未隐藏的字段的数目
方法	Close	关闭 DbDataReader 对象
	Dispose	已重载，释放 DbDataReader 占用的资源
	IsDBNull	获取一个值，该值指示列中是否包含不存在的或已经丢失的值
	NextResult	读取批处理语句的结果时，使读取器前进到下一个结果
	Read	将读取器前进到结果集中的下一记录

使用 DataReader 对象每次在内存中始终只有一行，所以可提高应用程序的性能并减少系统开销。由于 DataReader 对象提供未缓冲的数据流，该数据流使过程逻辑可以有效地按顺序处理从数据源中返回的结果。由于数据不在内存中缓存，所以在检索大量数据时，适合选择 DataReader 对象。

DataReader 对象使用方法如下。

使用 Command 对象的 ExecuteReader( )方法可以从数据源中检索行,并返回一个 DataReader 对象。

使用 DataReader 对象的 Read( )方法可从查询结果中获取行。

通过向 DataReader 对象传递列的名称或序号引用,可以访问返回的每一列。

为了实现最佳性能,DataReader 对象提供了一系列方法,如 GetDateTime、GetDouble、GetGuid 和 GetInt32 等。

每次使用完 DataReader 对象后,都应调用 Close( )方法。

4.3.4 使用 DataAdapter 对象读取数据库

DataAdapter 对象常用的属性如表 4-5 所示。

表 4-5 DataAdapter 对象常用的属性

属　　性	说　　明
AcceptChangeDuringFill	确定由 DataAdapter 所获取的行的 RowState(默认为 True)
DeleteCommand	获取或设置一个 T-SQL 语句或存储过程,以从数据集删除记录
InsertCommand	获取或设置一个 T-SQL 语句或存储过程,以在数据源中插入新记录
SelectCommand	获取或设置一个 T-SQL 语句或存储过程,用于在数据源中选择记录
UpdateCommand	获取或设置一个 T-SQL 语句或存储过程,用于更新数据源中的记录
TableMappings	SqlDataAdapter 用来将查询的结果映射到 DataSet 的信息集合
ContinueUpdate	控制 SqlDataAdapter 在遇到一个错误之后是否继续提交更改(默认为 False)

DataAdapter 对象常用的方法如表 4-6 所示。

表 4-6 DataAdapter 对象常用的方法

方　　法	说　　明
Fill	执行存储于 SelectCommand 中的查询,并将结果存储在 DataTable 中
FillSchema	为存储在 SelectCommand 中查询获取架构信息。获取查询中的各列名称和数据类型
GetFillParameters	为 SelectCommand 获取一个包含着参数的数组
Update	向数据库提交存储在 DataSet(或 DataTable、DataRows)中的更改。该方法会返回一个整数值,其中包含着在数据存储中成功更新的行数

DataAdapter 对象常用的事件如表 4-7 所示。

表 4-7 DataAdapter 对象常用的事件

事　件　名	说　　明
FillError	当 DataAdapter 遇到填充 DataSet 或 DataTable 的一个错误时,该事件被触发
RowUpdated	向数据库提交一个修改的行之后被触发
RowUpdating	向数据库提交一个修改的行之前被触发

4.3.5 使用 DataTable 和 DataColumn 对象读取数据库

1. 要求和目的

要求:

- 将 SQL Server 数据库中的数据导出到客户端的 Excel 数据表中。
- 将客户端的 Excel 数据表中的数据导入 SQL Server 数据库中。

目的:

- 掌握使用 DataTable 读取 SQL Server 数据库的方法。
- 掌握创建并写入 Excel 数据表的方法。
- 掌握读取 Excel 并写入 SQL Server 数据库的方法。

2. 操作步骤

（1）界面设计

创建一个名称为 4-2-6 的网站,在界面上添加一个三行两列的布局表格,在表格中依次添加以下内容:三个 Button 按钮,两个文件浏览控件(FileUpload)。

（2）编写事件代码

编写按钮控件的单击事件,添加代码如下。

"生成 DataTable"按钮的作用是在内存在中创建一个 DataTable,然后使用 Repeater 控件显示内容,如代码 4-9 所示。

代码 4-9 "生成 DataTable"按钮的单击事件

```
protected void btnLoadDt_Click(object sender, EventArgs e)
    {
        BindData(LoadDataTable());
    }
//创建 DataTable
private DataTable LoadDataTable()
    {
        DataTable dt=new DataTable();
        DataColumn dc=new DataColumn("userName");
        dt.Columns.Add(dc);
        dc=new DataColumn("userSex");
        dt.Columns.Add(dc);
        DataRow dr=dt.NewRow();
        dr[0]="fengyan";
        dr[1]="male";
        dt.Rows.Add(dr);
        dr=dt.NewRow();
        dr[0]="efly";
        dr[1]="male";
        dt.Rows.Add(dr);
        dr=dt.NewRow();
```

```
        dr[0]="楚旋";
        dr[1]="male";
        dt.Rows.Add(dr);
        return dt;
    }
```

双击"DataTable 导出 Excel"按钮,将 DataTable 的内容导出到指定的 Excel 中,编写事件程序如代码 4-10 所示。

代码 4-10　"DataTable 导出 Excel"按钮的单击事件

```
protected void btnExportExcel_Click(object sender, EventArgs e)
    {
        //得到需要导入 Excel 中的 DataTable
        DataTable dt=LoadDataTable();
        //将其列名添加进去,为了便于以后将 Excel 文件导入内存表中并自动创建列名用
        DataRow dr=dt.NewRow();
        dr[0]="userName";
        dr[1]="userSex";
        dt.Rows.InsertAt(dr, 0);
        //实例化一个 Excel 助手工具类
        ExcelHelper ex=new ExcelHelper();
        //导入所有内容,从第一行第一列开始
        ex.DataTableToExcel(dt, 1, 1);
        //导出 Excel 保存的路径
        ex.OutputFilePath=txtExcelPath.Text;
        ex.OutputExcelFile();
    }
```

双击"Excel 导入 DataTable"按钮,编写该按钮的事件如代码 4-11 所示。

代码 4-11　"Excel 导入 DataTable"按钮的单击事件

```
protected void btnExcelToDataTable_Click(object sender, EventArgs e)
    {
        string strConn="Provider=Microsoft.Jet.OLEDB.4.0;Data Source="+
            txtFromExcel.Text+";Extended Properties=Excel 8.0";
            //连接 Excel 数据表
        OleDbConnection cnnxls=new OleDbConnection(strConn);
        //读取 Excel 里面表单 Sheet1 的内容
        OleDbDataAdapter oda=new OleDbDataAdapter("select * from [Sheet1
            $]", cnnxls);
        DataSet ds=new DataSet();
        //将 Excel 里面的表内容装载到内存表中
        oda.Fill(ds);
        DataTable dt=ds.Tables[0];
        BindData(dt);
    }
```

3. 相关知识点

(1) 使用 DataTable 时的注意事项。DataTable 是 ADO.NET 库中的核心对象,其

131

他使用 DataTable 的对象包括 DataSet 和 DataView。当访问 DataTable 对象时,请注意它们是按条件区分大小写的。例如,如果一个 DataTable 被命名为 mydatatable,另一个被命名为 Mydatatable,则用于搜索其中一个表的字符串被认为是区分大小写的。但是,如果 mydatatable 存在而 Mydatatable 不存在,则认为该搜索字符串不区分大小写。

一个 DataSet 可以包含两个 DataTable 对象,它们具有相同的 TableName 属性值和不同的 Namespace 属性值。如果正在以编程方式创建 DataTable,则必须先通过将 DataColumn 对象添加到 DataColumnCollection(通过 Columns 属性访问)中来定义其架构。

(2) 定义 DataTable。DataTable 表示一个存储在内存中的关系数据的表,可以独立创建和使用,也可以由其他.NET Framework 对象使用,最常见的情况是作为 DataSet 的成员使用。

可以使用相应的 DataTable 构造函数创建 DataTable 对象。可以通过使用 Add 方法将其添加到 DataTable 对象的 Tables 集合中,再将其添加到 DataSet 中。

也可以通过以下方法创建 DataTable 对象:使用 DataAdapter 对象的 Fill 方法或 FillSchema 方法在 DataSet 中创建,或者使用 DataSet 的 ReadXml、ReadXmlSchema 或 InferXmlSchema 方法从预定义的或推断的 XML 架构中创建。请注意,将一个 DataTable 作为成员添加到一个 DataSet 的 Tables 集合中后,不能再将其添加到任何其他 DataSet 的表集合中。

初次创建 DataTable 时是没有架构(即结构)的。要定义表的架构,必须创建 DataColumn 对象并将其添加到表的 Columns 集合中。也可以为表定义主键列,并且可以创建 Constraint 对象并将其添加到表的 Constraints 集合中。在为 DataTable 定义了架构之后,可通过将 DataRow 对象添加到表的 Rows 集合中来将数据行添加到表中。

创建 DataTable 时,不需要为 TableName 属性提供值,可以在其他时间指定该属性,或者将其保留为空。但是,在将一个没有 TableName 值的表添加到 DataSet 中时,该表会得到一个从 Table(表示 Table0)开始递增的默认名称 TableN。

以下示例创建 DataTable 对象的实例,并为其指定名称 Customers:

```
DataTable workTable=new DataTable("Customers");
```

以下示例创建 DataTable 实例,方法是:将其添加到 DataSet 的 Tables 集合中:

```
DataSet customers=new DataSet();
DataTable customersTable=customers.Tables.Add("CustomersTable");
```

(3) 创建和使用 DataView。

DataView 能够创建 DataTable 中所存储的数据的不同视图,这种功能通常用于数据绑定应用程序。使用 DataView,可以使用不同排序顺序显示表中的数据,并且可以按行状态或基于筛选器表达式来筛选数据。

DataView 提供基础 DataTable 中的数据的动态视图:内容、排序和成员关系会实时反映其更改。此行为不同于 DataTable 的 Select()方法,后者从表中按特定的筛选器和(或)排序顺序返回 DataRow 数组,虽然其内容反映对基础表的更改,但其成员关系和排序却则保持静态。DataView 的动态功能使其成为数据绑定应用程序的理想选择。

与数据库视图类似,DataView 提供了可向其应用不同排序和筛选条件的单个数据集的动态视图。但是,与数据库视图不同的是,DataView 不能作为表来对待,无法提供连接的表的视图。另外,还不能排除存在于源表中的列,也不能追加不存在于源表中的列(如计算列)。

可以使用 DataViewManager 来管理 DataSet 中所有表的视图设置。DataViewManager 提供了一种方便的方法来管理每个表的默认视图设置。在将一个控件绑定到 DataSet 的多个表时,绑定到 DataViewManager 是最佳的选择。

4.3.6　使用 DataRow 对象读取数据库

下面介绍 DataRow 对象的相关知识点。

(1) DataRow 和 DataColumn 对象是 DataTable 的主要组件。使用 DataRow 对象及其属性和方法检索、评估、插入、删除和更新 DataTable 中的值。DataRowCollection 表示 DataTable 中的实际 DataRow 对象,DataColumnCollection 中包含用于描述 DataTable 的架构的 DataColumn 对象。使用重载的 Item 属性返回或设置 DataColumn 的值。

使用 HasVersion 和 IsNull 属性确定特定行值的状态,使用 RowState 属性确定行相对于它的父级 DataTable 的状态。

(2) 若要创建新的 DataRow,可以使用 DataTable 对象的 NewRow 方法。创建新的 DataRow 之后,可使用 Add 方法将新的 DataRow 添加到 DataRowCollection 中。调用 DataTable 对象的 AcceptChanges 方法以确认是否已添加。

可通过调用 DataRowCollection 的 Remove 方法或调用 DataRow 对象的 Delete 方法,从 DataRowCollection 中删除 DataRow。Remove 方法将行从集合中移除。与此相反,Delete 标记要移除的 DataRow。在调用 AcceptChanges 方法时发生实际移除。通过调用 Delete,可在实际删除行之前以编程方式检查哪些行被标记为移除。

4.3.7　使用 DataList 控件进行数据操作

下面介绍 DataList 控件的相关知识点。

(1) Datalist 控件常用的属性如表 4-8 所示。

表 4-8　Datalist 控件常用的属性

属　性	说　明
CellPadding	存储单元格与表格边框的距离
CellSpacing	存储单元格和存储单元格边框的距离
DataKeyField	设定在数据源中为主键的字段
DataSource	设定数据控件所要使用的数据源
EditItemIndex	设定要被编辑的字段名称。本属性设置为－1 可放弃编辑

续表

属　性	说　明
GridLines	设定是否要显示网格线。本属性在 RepeatLayout 属性设置为 Table 时才有效
Items	DataListItem 的集合对象。本对象只包含和数据源连接的 Item,即不包含 Header、Footer 及 Separator 模板
RepeatColums	设定一次所要显示的字段数,默认值为 1
RepeatDirection	设定资料所要显示的方向。假设 RepeatColums 属性为 2,如果设定为 Vertical,则资料的显示为上下依序显示,显示完毕后再显示第二栏。如果设定为 Horizontal,则资料的显示为左右依序显示,显示完毕后再显示第二列。RepeatColums 设定为 1 时,本属性为 Vertical
RepeatLayout	设定所要显示资料的方式是逐行显示(Flow)还是利用表格显示(Table)。默认值是 Table
SelectedIndex	设定哪一列被选中。设定此属性时,该列会以 Selected 模板的样式来显示
SelectedItem	传回到被选中的 Item
ShowFooter	设定是否要显示注脚(Footer),值为 True 或 False
ShowHeader	设定是否要显示表头(Header),值为 True 或 False

(2) Datalist 控件所支持的模板如表 4-9 所示。

表 4-9　Datalist 控件所支持的模板

模 板 名 称	说　明
HeaderTemplate	数据表头的样式
ItemTemplate	呈现数据的样式。本模板一定要声明,不可省略
AlternatingItemTemplate	如果定义本模板,则显示时与 Item 模板交互出现
EditItem	编辑数据的模板
SelectedItem	选择项目时的模板
SeparatorTemplate	分割两笔数据的模板
FooterTemplate	数据表尾的样式

(3) Datalist 控件支持 6 个事件,如表 4-10 所示。

表 4-10　Datalist 控件所支持的事件

事 件 名 称	说　明
OnCancelCommand	当在 EditItemTemplate 中所声明的 Button 或 LinkButton 控件触发事件时,如果控件的 CommandName 属性为 Cancel 时,则触发本事件
OnDeleteCommand	当在 ItemTemplate 中所声明的 Button 或 LinkButton 控件触发事件时,如果控件的 CommandName 属性为 Delete 时,则触发本事件
OnEditCommand	当在 ItemTemplate 中所声明的 Button 或 LinkButton 控件所触发事件时,如果控件的 CommandName 属性为 Edit 时,则触发本事件

续表

事件名称	说　明
OnItemCommand	当在 ItemTemplate 中所声明的 Button 或 LinkButton 控件触发事件时，如果 CommandName 属性的内容不是 Edit、Cancel、Delete 或 Update 时即触发本事件
OnItemCreated	当 DataList 中的每一个项目被产生时触发
OnUpdateCommand	当在 EditTemplate 中所声明的 Button 或 LinkButton 控件触发事件时，如果控件的 CommandName 属性为 Update 时，则触发本属性

任务 4.4　设计网络留言板

网络留言板为用户提供发表留言、发表评论的便捷功能，已成为普通企业网站、新闻网站等类型网站的重要组成部分，本任务设计制作一个网络留言板，用到本项目中前面所介绍到的大部分知识点，通过本任务的学习，让读者掌握数据库编程常见的方法。

4.4.1　网络留言板整体设计

网络留言板的主要功能包括：普通用户发表留言功能、普通（管理员）用户浏览留言功能（分页显示）、管理员登录后台功能、管理员删除留言功。

下面进行系统功能的预览。

显示留言界面，效果如图 4-45 所示。

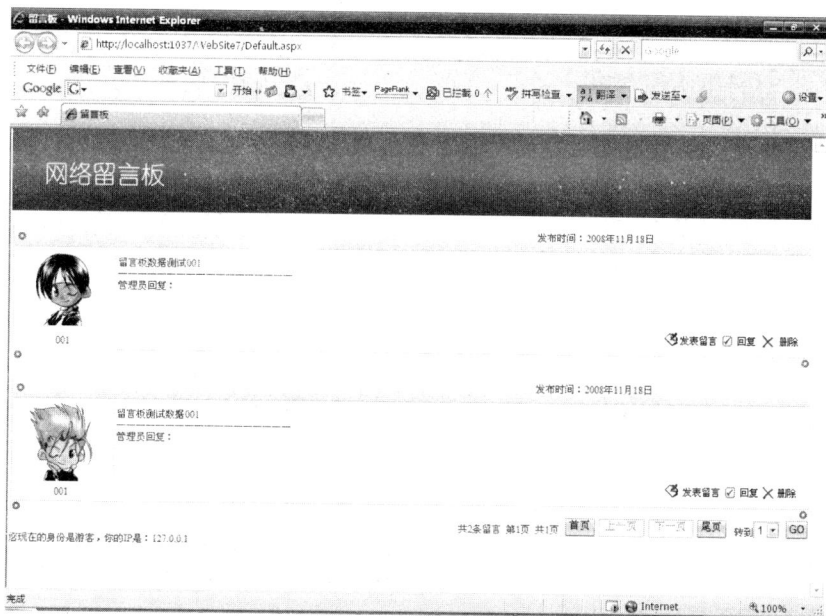

图 4-45　显示留言

添加留言界面,效果如图 4-46 所示。

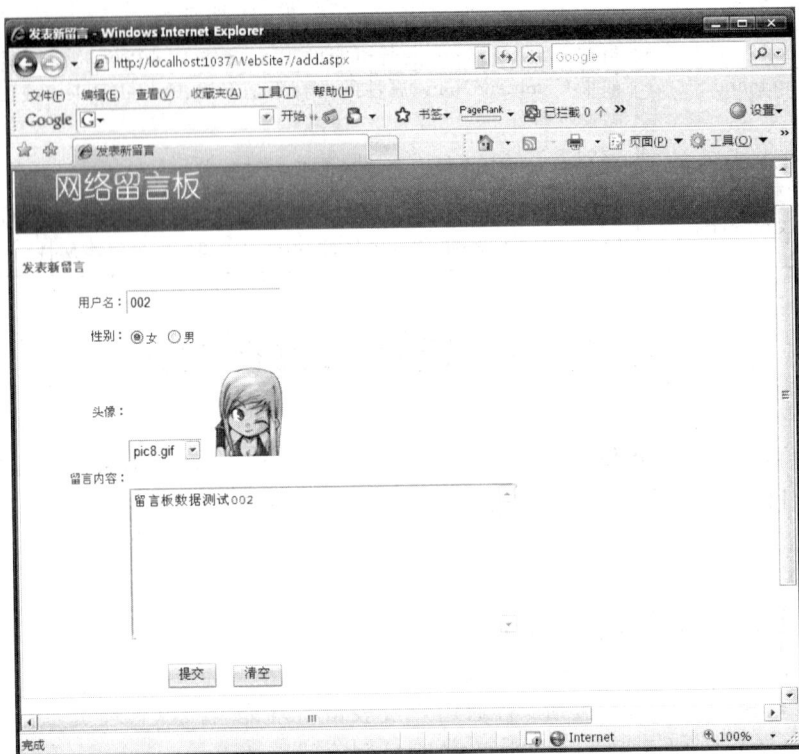

图 4-46　添加留言

提交留言成功界面,效果如图 4-47 所示。

删除留言提示界面,效果如图 4-48 所示。

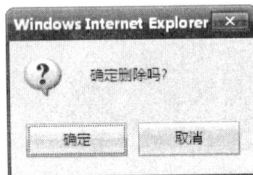

图 4-47　留言成功提示　　　　　　　　　　图 4-48　删除留言提示

删除留言提示用户登录界面,效果如图 4-49 所示。

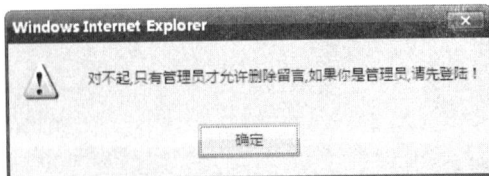

图 4-49　用户登录提示

管理员登录界面,效果如图 4-50 所示。

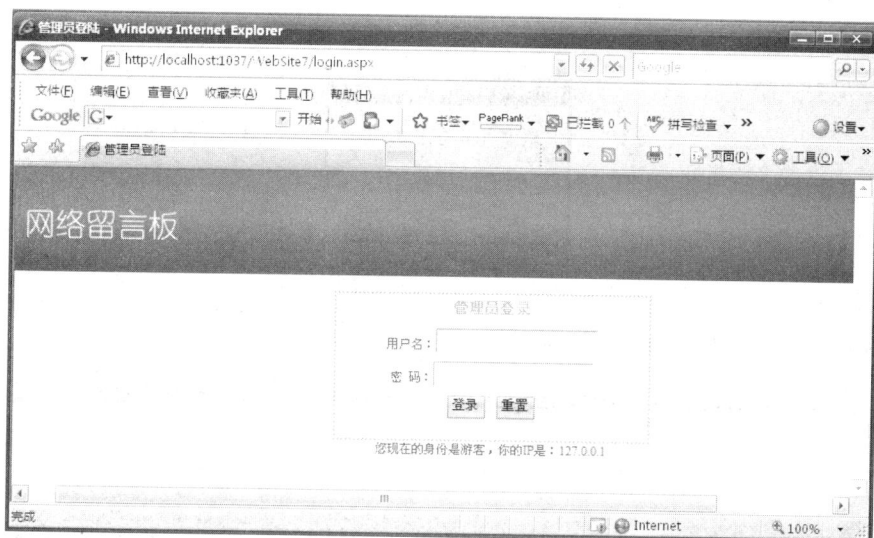

图 4-50 管理员登录界面

管理员登录成功提示,效果如图 4-51 所示。

管理员删除留言成功提示界面,效果如图 4-52 所示。

图 4-51 登录成功提示

图 4-52 删除成功提示

管理员回复留言界面,效果如图 4-53 所示。

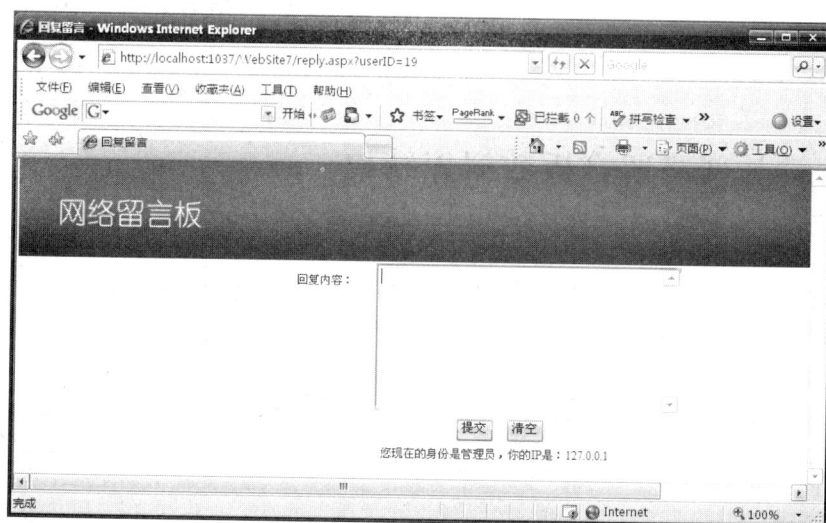

图 4-53 回复留言

管理员回复留言成功提示,效果如图 4-54 所示。

图 4-54　回复成功提示

管理员回复内容显示在留言页面中,效果如图 4-55 所示。

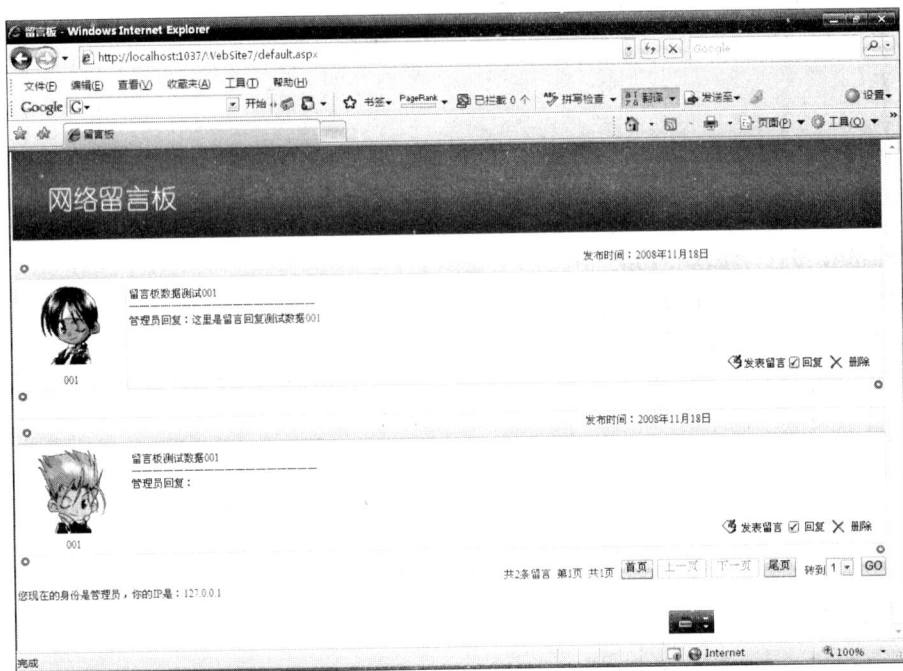

图 4-55　显示回复

4.4.2　设计网络留言板数据库结构

　　根据网络留言板的功能,数据库设计时,要有如下一些数据表:管理员用户数据表、留言数据表,在 SQL Server 数据库中创建。首先创建一个名称为 liuyanban 的数据库,然后创建名称为 yonghu 和 liuyan 的数据表,结构如表 4-11 和表 4-12 所示。

表 4-11　管理员用户数据表(admin)

列　　名	数据类型	长　　度	允许为空
ID	int	4	否
adminName	varchar	20	否
adminPwd	varchar	20	否

表 4-12　留言数据表(liuyan)

列　　名	数据类型	长　　度	允许为空
ID	int	4	否
userName	varchar	20	否
sex	varchar	10	否
content	varchar	3000	否
reply	varchar	3000	
postTime	datetime	8	
imageUrl	varchar	20	否
faceUrl	varchar	20	

4.4.3　创建公共文件 header 和 footer

打开 Visual Studio 2008 编程环境,创建一个名称为 4-4-1 的 ASP.NET 网站。首先创建两个用户自定义控件,在解决方案中右击,添加一个名称为 Control 的文件夹,右击该文件夹,创建一个名称为 header.ascx 的用户自定义控件,如图 4-56 所示。

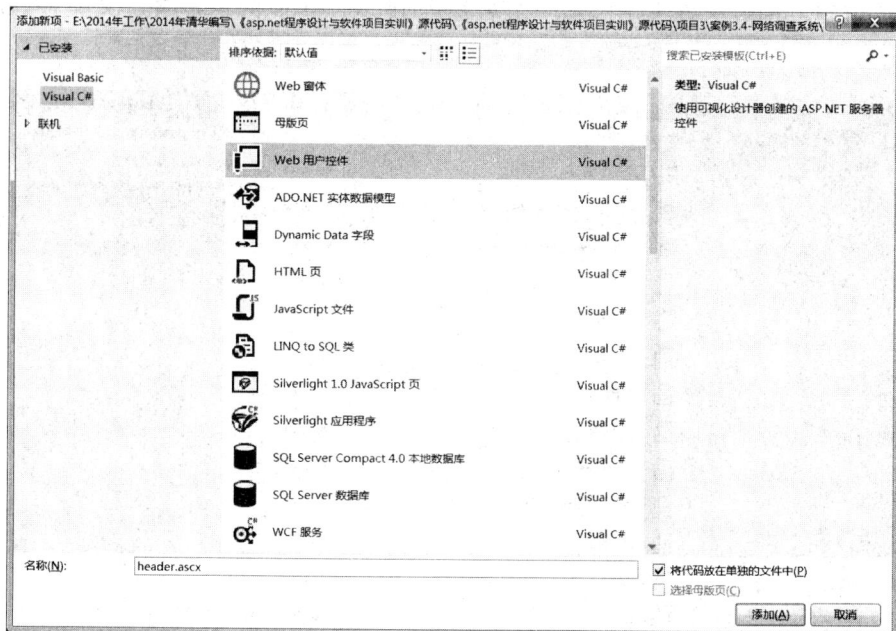

图 4-56　添加用户自定义控件

在 header.ascx 文件中插入一个图片,作为所有网页的头部信息,效果如图 4-57 所示。

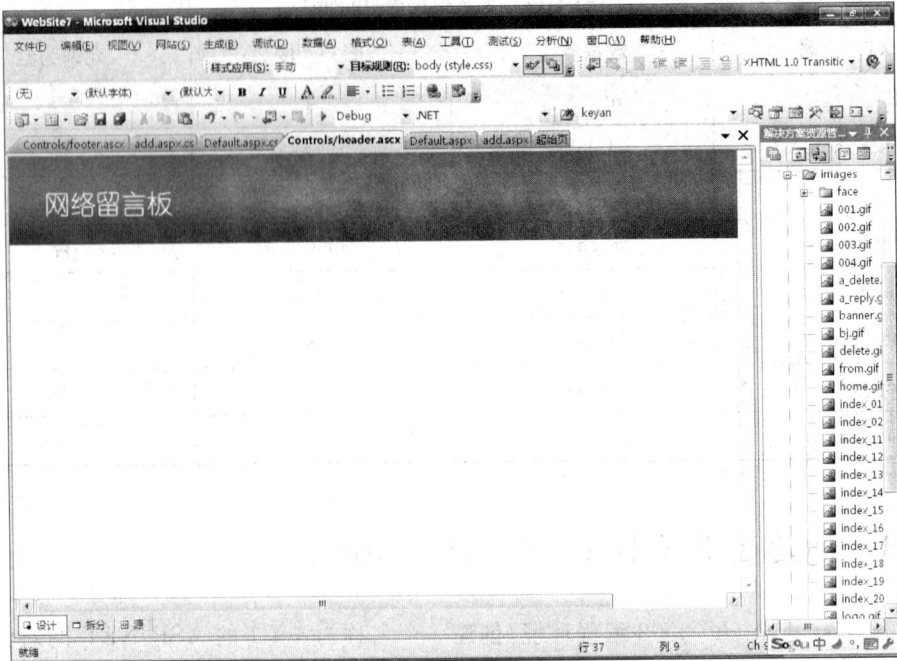

图 4-57　添加图片

同样,在 Control 文件夹中添加一个名称为 footer.ascx 的用户自定义文件,效果如图 4-58 所示。

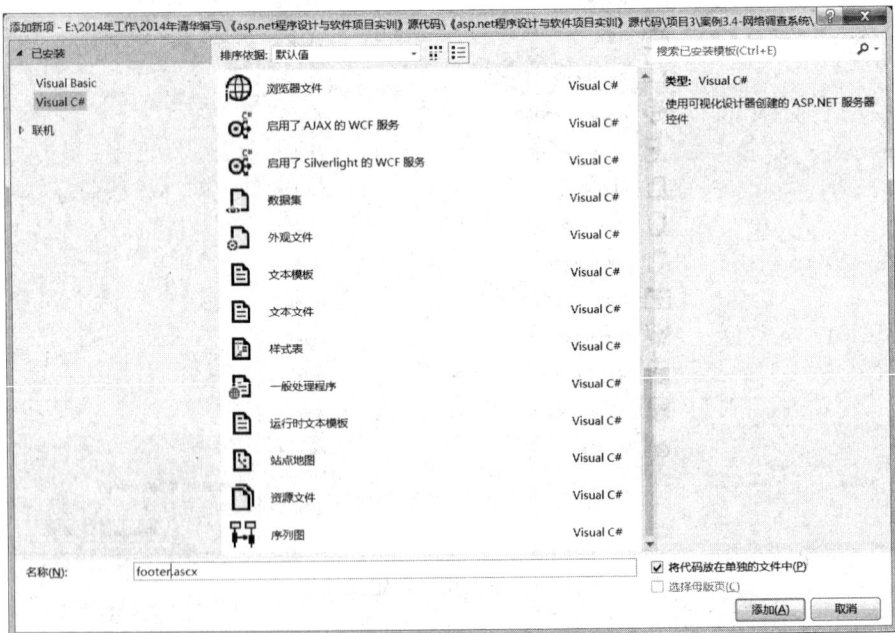

图 4-58　添加用户自定义控件

在 footer.ascx 界面中输入文本"您现在的身份是"以及"你的 IP 是："，另外添加两个 Label 控件，用于显示用户的身份信息以及用户的 IP 地址，效果如图 4-59 所示。

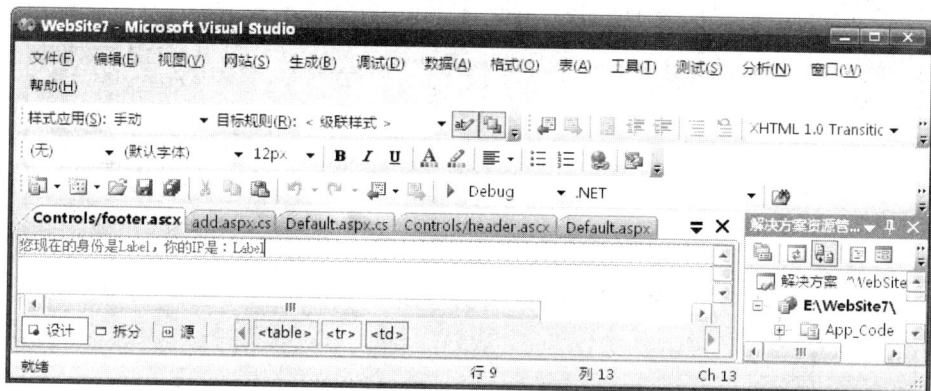

图 4-59　显示用户信息

4.4.4　设计"发表留言"模块的窗体界面

发表留言功能是留言板中重要的功能模块之一，发表留言页面的功能是将用户提交的"用户名"、"性别"、"头像"、"留言内容"等信息写入到数据库中。

右击解决方案名称，选择"添加新项"命令，添加一个名称为"add.aspx"的文件。首先在页面中做一个表格布局。依次输入文本"发表新留言"、"用户名"、"性别"、"头像"、"留言内容"，然后依次添加一个文本框控件 TextBox、两个单选按钮控件 RadioButton、一个下拉列表控件 DropDownList 和一个多行文本框控件 TextBox。最后添加两个按钮，分别作为"提交"和"清空"按钮。

布局后的效果如图 4-60 所示。

添加控件之后，设置控件的主要属性如表 4-13 所示。

表 4-13　主要控件的属性

控　件	属　性	属　性　值	说　明
TextBox	Name	txtUserName	用户名
RadioButton	Name	rbtnNv	性别为女
RadioButton	Name	rbtnNan	性别为男
DropDownList	Name	ddlPic	头像下拉菜单
	AutoPostBack	True	自动回滚
TextBox	Name	txtContent	内容文本框

进入该页面的代码文件页 add.aspx.cs 界面，在代码页面中首先添加一个全局变量：

```
string imageUrl;
```

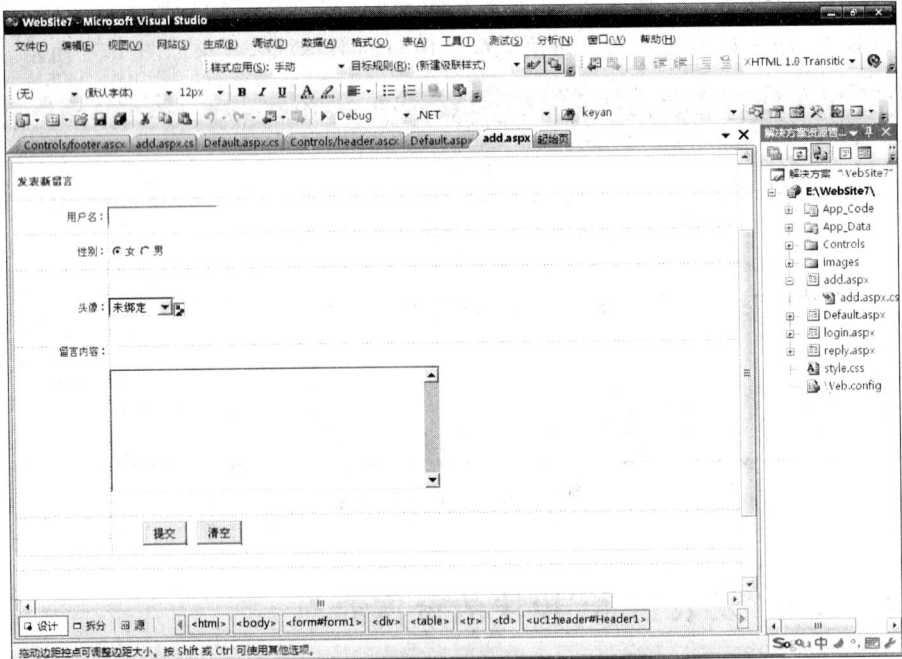

图 4-60   布局界面

在 Page_Load 事件中,添加程序如代码 4-12 所示。

代码 4-12   Page_Load 事件

```
protected void Page_Load(object sender, EventArgs e)
{
    if (!IsPostBack)
    {
        for (int i=1; i <=10; i++)
        {
            this.ddlPic.Items.Add("pic"+i.ToString()+".gif");
        }
        this.Image1.ImageUrl="images/face/"+ddlPic.SelectedValue;
    }
}
```

此段代码的作用是将图片绑定到下拉菜单中。

双击“提交”按钮,进入该按钮的单击事件,编写程序如代码 4-13 所示。

代码 4-13   “提交”按钮的单击事件

```
protected void Button1_Click(object sender, EventArgs e)
{
    string sex;
    //string postTime;            //时间为数据库更新时自动根据系统时间设置
    //string imageUrl;
    string userName=this.txtUserName.Text;
    string content=this.txtContent.Text;
```

```
    string imageUrl=ddlPic.SelectedValue;
    if (this.rbtnNv.Checked==true)
    {
        sex="女";
    }
    else
    {
        sex="男";
    }

    SqlConnection conn=DB.createCon();
    SqlCommand cmd=new SqlCommand();
    cmd.Connection=conn;
     cmd. CommandText =" insert into guest (userName, sex, content, imageUrl,
faceUrl) values('"+userName+"','"+sex+"','"+content+"','"+imageUrl+"','"
+imageUrl+"')";
    if (cmd.ExecuteNonQuery()>0)
    {
        Response.Write("<script>alert('留言成功!');location.href='default.
            aspx';</script>");
    }
    else
    {
        Response.Write("<script>alert('留言失败!');window.location=window.
            location;</script>");
    }
}
```

此段代码的功能是将留言信息提交到数据库中,如果提交成功给出成功的提示,否则给出提交失败的提示。

双击"清空"按钮,进入该按钮的事件,编写程序如代码 4-14 所示。

代码 4-14 "清空"按钮的单击事件

```
protected void Button2_Click(object sender, EventArgs e)
{
    this.txtUserName.Text="";
    this.txtContent.Text="";
}
```

该段代码的功能是将用户名和留言内容文本框清空。

在下列菜单控件的 ddlPic_SelectedIndexChanged 事件,编写程序如代码 4-15 所示。

代码 4-15 下列菜单控件的 ddlPic_SelectedIndexChanged 事件

```
protected void ddlPic_SelectedIndexChanged(object sender, EventArgs e)
{
    this.Image1.ImageUrl="images/face/"+ddlPic.SelectedValue;
}
```

该段代码的功能是,在用户选择头像编号后,能够自动显示对应的头像。

4.4.5 设计"显示留言"的窗体界面

显示留言页面是将用户的留言信息显示出来,并做分页显示。显示的信息包括:用户名、用户头像、留言发表时间、留言内容以及有没有管理员回复。

显示留言界面使用 Default.aspx 页面。首先设置合理的布局表格,在页面中添加用户控件 header.ascx 作为该页面头部。接下来添加一个 DataList 控件,用于分页显示留言信息。编辑 DataList 控件的 ItemTemplate 模板,在该模板中添加一个布局表格,用于显示留言信息的各个字段。

DataList 控件编辑之后的 HTML 源文件如代码 4-16 所示。

代码 4-16 DataList 控件的 HTML 源文件

```
< asp:DataList ID="DataList1" runat="server" Style="position: relative"
OnItemDataBound="DataList1_ItemDataBound" Width="100%">
<ItemTemplate>
<table border="0" cellpadding="0" cellspacing="0" style="border-top: #
e8e8e8 1px solid;left: 1px; width: 996px; position: relative; top: 0px; height:
32px">
<tr>
  <td style="background-image: url(images/showbj.gif); width: 21px; height:
27px; border-left: #e8e8e8 1px solid;" align="center">
    <img alt="a" src="images/001.gif" style="position: relative" /></td>
    <td align="right" colspan="2" style="border-right: #e8e8e8 1px solid;
        background-image: url (images/showbj.gif); width: 978px; height:
        27px">
    <div style="left: 2px; width: 350px; position: relative; top: 0px; height:
26px; text-align: left">  发布时间: <%#DataBinder.Eval(Container.
DataItem, "postTime", "{0:D}")%></div>
    </td>
  </tr>
</table>

<table border="0" cellpadding="0" cellspacing="0" style="left: 1px; width:
996px; position: relative; top: 0px; border-right: #e8e8e8 1px solid; border-
left: #e8e8e8 1px solid; height: 100%;">
<tr>
  <td style="width: 125px; border-right: #e8e8e8 1px solid;" align="center">
  <div style="width: 100px; position: relative; height: 100px">
  <img alt="a"   style="position: relative"
src='images/face/<%#DataBinder.Eval(Container.DataItem,"imageUrl")%>' />
    </div>
  <asp:Label ID="lblUserPic" runat="server" Style="position: relative"
Text=<%#DataBinder.Eval(Container.DataItem,"userName") %>></asp:Label>
    </td>
    <div style="left: 3px; width: 855px; position: relative; top: 0px; text-align:
```

```
left; height: 82px;">
<%#DataBinder.Eval(Container.DataItem, "content")%>
<br /> --------------------------------------------------------------<br />
管理员回复：<%#DataBinder.Eval(Container.DataItem, "reply")%>
</div>
<div style="left: 2px; width: 852px; position: relative; height: 25px; text-
align: right">
<img src="images/reply.gif" style="position: relative; top: 2px;" />
<a href="add.aspx" target="_blank">发表留言</a>
<img src="images/004.gif" style="position: relative; top: 2px;" />
  <asp:LinkButton ID="lbtnReply" runat="server"
CommandArgument='<%#DataBinder.Eval(Container.DataItem,"ID")%>'
OnCommand="lbtnReply_Command" Style="position: relative; top: 0px">
回复</asp:LinkButton>
<img alt="a"  src="images/delete.gif" style="border-top-style: none;
border- right - style: none; border - left - style: none; position: relative;
border-bottom-style: none; top: 5px;" />
<asp:LinkButton ID="lbtnDelete" runat="server"
OnCommand="lbtnDelete_Command" Style="position: relative"
CommandArgument='<%#DataBinder.Eval(Container.DataItem,"ID")%>'>
删除</asp:LinkButton> 
</div>
</td>
</tr>
</table>

<table border="0" cellspacing="0" style="border- top: #e8e8e8 1px solid;
left: 1px; width: 996px; position: relative; top: 0px; height: 13px">
  <tr>
    <td style="background-image: url(images/showbj.gif); width: 114px;
        border-left: #e8e8e8 1px solid;">
    <img alt="a" src="images/003.gif" style="position: relative" /></td>
    <td style="background-image: url(images/showbj.gif); width: 2172px">
    </td>
    <td style="background-image: url(images/showbj.gif); width: 133px;
        border-right: #e8e8e8 1px solid;" align="right">
    <img alt="a" src="images/001.gif" style="position: relative" /></td>
  </tr>
</table>

</ItemTemplate>
<SeparatorTemplate>
<br />
</SeparatorTemplate>
</asp:DataList>
```

效果如图 4-63 所示。

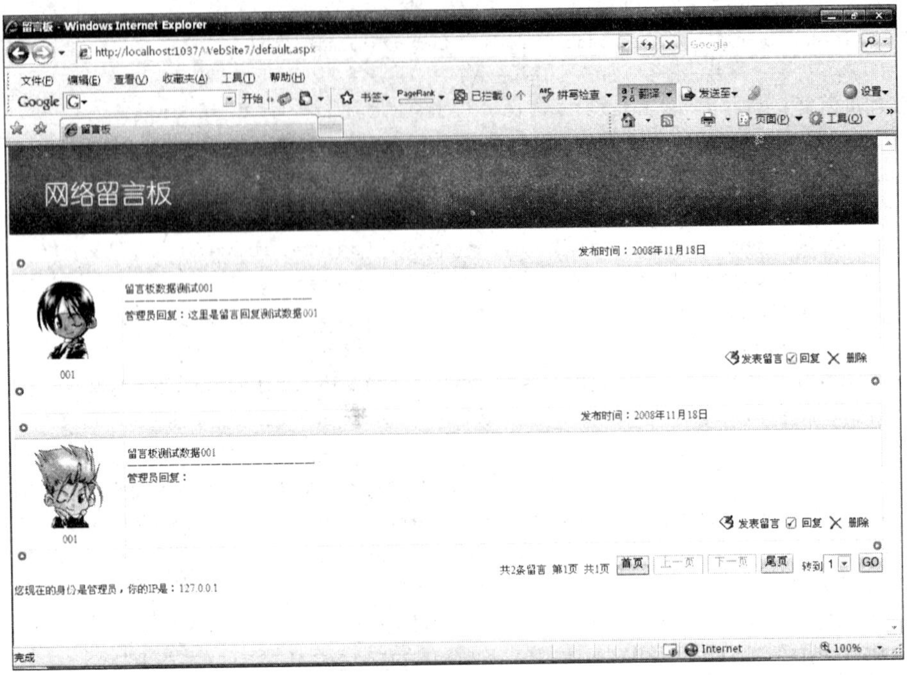

图 4-63 设计界面

在 DataList 下面,制作分页显示的按钮,HTML 源文件如代码 4-17 所示。

代码 4-17 分页显示按钮的 HTML 源文件

```
共<asp:Label ID="lblMesTotal" runat="server" Style="position: relative"
Text="Label">
</asp:Label>条留言  
第<asp:Label ID="lblPageCur" runat="server" Style="position: relative" Text
="Label">
</asp:Label>页  
共<asp:Label ID="lblPageTotal" runat="server" Style="position: relative"
Text="Label">
</asp:Label>页  
<asp:Button ID="Button3" runat="server" Style="position: relative" Text="首
页"
OnClick="Button3_Click" />
<asp:Button ID="Button1" runat="server" Style="position: relative" Text="上
一页"
OnClick="Button1_Click" />
<asp:Button ID="Button2" runat="server" Style="position: relative" Text="下
一页"
OnClick="Button2_Click" />
<asp:Button ID="Button4" runat="server" Style="position: relative" Text="尾
页"
OnClick="Button4_Click" />
  转到 <asp:DropDownList ID="DropDownList1" runat="server" Style="
position:
```

```
relative">
</asp:DropDownList> 
<asp:Button ID="Button5" runat="server" Style="position: relative" Text="
GO"
OnClick="Button5_Click" />
```

打开该页面的后台代码文件，首先定义一个全局变量，代码如下：

```
string curPage;
```

编写 Page_Load 事件的程序如代码 4-18 所示。

代码 4-18　显示留言页面的 Page_Load 事件

```
protected void Page_Load(object sender, EventArgs e)
{
    if (!IsPostBack)
    {
        this.lblPageCur.Text="1";
        dataGridBind();
    }
}
```

该段代码中调用 dataGridBind()方法对 DataList 控件进行数据绑定，编写该方法的程序如代码 4-19 所示。

代码 4-19　dataGridBind( )方法

```
public void dataGridBind()
{
    curPage=this.lblPageCur.Text;
    SqlConnection conn=DB.createCon();
    SqlCommand cmd=new SqlCommand();
    cmd.CommandText="select * from guest order by postTime desc";
    cmd.Connection=conn;
    SqlDataAdapter sda=new SqlDataAdapter();
    sda.SelectCommand=cmd;
    DataSet ds=new DataSet();
    sda.Fill(ds, "guest");
    PagedDataSource pds=new PagedDataSource();
    pds.AllowPaging=true;
    pds.PageSize=3;
    pds.DataSource=ds.Tables["guest"].DefaultView;
    pds.CurrentPageIndex=Convert.ToInt32(curPage)-1;
    this.lblPageTotal.Text=pds.PageCount.ToString();
    this.Button1.Enabled=true;
    this.Button2.Enabled=true;
    if (curPage=="1")
    {
        this.Button1.Enabled=false;
    }
    if (curPage==pds.PageCount.ToString())
```

```
    {
        this.Button2.Enabled=false;
    }
    this.DataList1.DataSource=pds;
    this.DataList1.DataBind();
    cmd.CommandText="select count(*) from guest";
    this.lblMesTotal.Text=Convert.ToString(cmd.ExecuteScalar());
    int a=pds.PageCount;
    for(int i=1;i<=a;i++)
    {
        this.DropDownList1.Items.Add(i.ToString());
    }
}
```

编写 DataList 控件的 DataList1_ItemDataBound 事件,如代码 4-20 所示。

代码 4-20   DataList1_ItemDataBound 事件

```
protected void DataList1_ItemDataBound(object sender, DataListItemEventArgs
e)
{
    LinkButton dele=(LinkButton)(e.Item.FindControl("lbtnDelete"));
    if (dele !=null)
    {
        dele.Attributes.Add("onclick","return confirm('确定删除吗?')");
    }
}
```

在 DataList 中定义了"删除"功能,编写"删除"文本超链接的事件,如代码 4-21 所示。

代码 4-21   "删除"功能

```
protected void lbtnDelete_Command(object sender, CommandEventArgs e)
{
    if(Session["admin"]!=null)
    {
        //string userID=Request.QueryString["userID"];
        string userID=e.CommandArgument.ToString();
        SqlCommand cmd=new SqlCommand();
        cmd.Connection=DB.createCon();
        cmd.CommandText="delete from guest where ID='"+userID+"'";
        if (cmd.ExecuteNonQuery()>0)
        {
            Response.Write("<script>alert('删除成功!');
            window.location=window.location;</script>");
        }
        else
        {
            Response.Write("<script>alert('删除失败!');
            window.location=window.location;</script>");
        }
    }
```

```
    else
    {
        Response.Write("<script>alert('对不起,只有管理员才允许删除留言,请先登录!');
        window.location.href='login.aspx';</script>");
    }
}
```

在 DataList 中定义了"回复"功能,编写"回复"文本超链接的事件,如代码 4-22 所示。

代码 4-22　"回复"功能

```
protected void lbtnReply_Command(object sender, CommandEventArgs e)
{
    if (Session["admin"] !=null)
    {
        //string userID=Request.QueryString["userID"];
        string userID=e.CommandArgument.ToString();
        Response.Redirect("reply.aspx?userID="+userID+"");
    }
    else
    {
        Response.Write("<script>alert('对不起,只有管理员才允许回复留言,请先登录!');
        window.location.href='login.aspx';</script>");
    }
}
```

在 DataList 控件中定义了"首页"、"下一页"、"上一页"、"尾页"和"转到"共 5 个按钮,分别编写按钮事件的程序如代码 4-23～代码 4-27 所示。

代码 4-23　按钮 1 的单击事件

```
protected void Button1_Click(object sender, EventArgs e)
{
    this.lblPageCur.Text=Convert.ToString(Convert.ToInt32(this.lblPageCur.
Text)-1);
    dataGridBind();
}
```

代码 4-24　按钮 2 的单击事件

```
protected void Button2_Click(object sender, EventArgs e)
{
    this.lblPageCur.Text=Convert.ToString(Convert.ToInt32(this.lblPageCur.
Text)+1);
    dataGridBind();
}
```

代码 4-25　按钮 3 的单击事件

```
protected void Button3_Click(object sender, EventArgs e)
{
    this.lblPageCur.Text="1";
```

```
        dataGridBind();
    }
```

代码 4-26 按钮 4 的单击事件

```
protected void Button4_Click(object sender, EventArgs e)
{
    this.lblPageCur.Text=this.lblPageTotal.Text;
    dataGridBind();
}
```

代码 4-27 按钮 5 的单击事件

```
protected void Button5_Click(object sender, EventArgs e)
{
    if (!IsPostBack)
    {
        this.lblPageCur.Text=this.DropDownList1.SelectedValue;
        dataGridBind();
    }
}
```

4.4.6 设计"管理员登录"页面

当用户单击"回复"或者删除文本时,会有提示登录的界面,系统限制只有管理员才能回复和删除留言。效果如图 4-51 所示。

当单击"确定"之后,会进入管理员登录界面,效果如图 4-52 所示。

在解决方案中右击,选择"添加新项"命令,添加一个名称为 Login. aspx 的页面。在页面中首先做一个合理的表格布局,添加用户自定义控件 header. ascx 作为该页面的头部,在下面添加用户自定义控件 Footer. ascx 作为该页面的尾部。在中间位置添加两个文本框,分别作为用户名和密码的输入框。再添加两个按钮,分别作为"登录"和"重置"按钮。

登录界面做好之后的 HTML 源文件如代码 4-28 所示。

代码 4-28 登录界面的 HTML 源文件

```
< table border ="0" cellpadding ="0" cellspacing ="0" style =" width: 50%;
position: relative;
    text-align: center">
        <tr>
            <td>
                <uc1:header ID="Header1" runat="server" />
            </td>
        </tr>
        <tr>
            <td>
                <br />
```

```html
<table border="0" cellpadding="0" cellspacing="0" style="width: 309px;
position: relative; left: 0px; top: 0px; border-right: #99ccff 2px dotted;
border-top: #99ccff 2px dotted; border-left: #99ccff 2px dotted; border-
bottom: #99ccff 2px dotted;">
        <tr>
          <td style="font-weight: bolder; font-size: 14px; color: #00ccff;
height: 29px;">
          管理员登录</td>
            </tr>
                 <tr>
            <td style="height: 32px">
用户名： <asp:TextBox ID="txtUserName" runat="server" Style="position:
relative"></asp:TextBox></td>
             </tr>
             <tr>
            <td style="height: 32px">
密   码： <asp:TextBox ID="txtPwd" runat="server" Style="position:
relative" Height="16px" TextMode="Password" Width="147px"></asp:TextBox>
</td>
            </tr>
            <tr>
            <td style="height: 32px">
<asp:Button ID="Button1" runat="server" Style="position: relative" Text="
登录" OnClick="Button1_Click" /> 
<asp:Button ID="Button2" runat="server" Style="position: relative" Text="
重置" /></td>
        </tr>
         <tr>
           <td style="height: 15px; border-top: #99ccff 2px dotted;">
           </td>
                </tr>
              </table>
          </td>
       </tr>
       <tr>
          <td>
            <uc2:footer ID="Footer1" runat="server" />
          </td>
       </tr>
    </table>
```

进入该页面的代码文件 Login. aspx. cs,编写"登录"按钮的单击事件,如代码 4-29
所示。

代码 4-29 "登录"按钮的单击事件

```csharp
protected void Button1_Click(object sender, EventArgs e)
{
    SqlConnection conn=DB.createCon();
    SqlCommand cmd=new SqlCommand();
```

```
cmd.CommandText="select count(*) from admin where adminName='"+this.
    txtUserName.Text+"' and adminPwd='"+this.txtPwd.Text+"'";
cmd.Connection=conn;
if (Convert.ToInt32(cmd.ExecuteScalar())>0)
{
    Session["admin"]="admin";
    Response.Write("<script>alert('登录成功!');
    location.href='default.aspx';</script>");
}
else
{
    Response.Write("<script>alert('登录失败,请确认您的用户名和密码!');
    location.href='login.aspx';</script>");
}
}
```

4.4.7 设计"回复留言"页面

在管理员登录之后,重新回到留言显示页面 Default.aspx,此时单击"删除"按钮可以对留言内容进行删除。单击"回复"按钮可以回复对应的留言,效果如图 4-55 所示。

首先右击解决方案,选择"添加新项"命令,添加一个名称为 Replay.aspx 的页面。在页面中添加用户控件 header.ascx 作为该页面的头部,添加用户控件 footer.aspx 作为该页面的尾部。在中间部分添加一个多行文本控件 TextBox,用于输入回复信息。最后添加两个按钮,分别作为"提交"和"清空"按钮。界面设置之后的 html 源文件如代码 4-30 所示。

代码 4-30 回复界面 HTML 源文件

```
<table border="0" cellpadding="0" cellspacing="0" style="width: 760px;
position: relative;text-align: center">
    <tr>
        <td>
            <uc1:header ID="Header1" runat="server" />
        </td>
    </tr>
    <tr>
        <td>
<table border="0" cellpadding="0" cellspacing="0" style="width: 100%;
position: relative; height: 121%">
<tr>
<td style="height: 156px">
<asp:Label ID="Label1" runat="server" Style="position: relative; left: -
17px; top: -125px;" Text="回复内容: "></asp:Label>
<asp:TextBox ID="txtReply" runat="server" Style="position: relative" Height
="141px" TextMode="MultiLine" Width="306px"></asp:TextBox></td>
</tr>
<tr>
```

```
<td style="height: 33px">
<asp:Button ID="Button1" runat="server" Style="position: relative" Text="提
交" OnClick="Button1_Click" /> 
< asp: Button  ID =" Button2 " runat =" server " Style =" left: 10px; position:
relative" Text="清空" OnClick="Button2_Click" /></td>
                    </tr>
                </table>
            </td>
        </tr>
        <tr>
            <td>
                <uc3:footer ID="Footer1" runat="server" />
            </td>
        </tr>
</table>
```

进入 Replay. aspx 页面的代码文件 Replay. aspx. cs 界面,编写"提交"按钮的事件,如
代码 4-31 所示。

代码 4-31　"提交"按钮的事件

```
protected void Button1_Click(object sender, EventArgs e)
{
        string reply=this.txtReply.Text;
        string userID=Request.QueryString["userID"].ToString();
        SqlCommand cmd=new SqlCommand();
        cmd.Connection=DB.createCon();
        cmd.CommandText="update guest set reply='"+reply+"' where ID='"+
            userID+"'";
        if (Convert.ToInt32(cmd.ExecuteNonQuery())>0)
        {
            Response.Write("<script>alert('回复成功!');
            location.href='default.aspx';</script>");
        }
        else
        {
            Response.Write("<script>alert('回复失败!');
            location.href=location.href;</script>");
        }
}
```

编写"重置"按钮的事件,如代码 4-32 所示。

代码 4-32　"重置"按钮的事件

```
protected void Button2_Click(object sender, EventArgs e)
{
    this.txtReply.Text="";
}
```

项 目 小 结

本项目主要介绍了 ASP.NET 进行数据库操作的相应技术和代码实现方法。首先介绍了 SQL Server 2008 数据库的基本操作、安装 SQL Server 2008 数据库管理系统的方法,还介绍了 SQL Server 2008 数据库操作和使用常见的 SQL 语句。介绍了创建简单控件属性的数据绑定、创建集合的数据绑定、创建表达式的数据绑定的方法。介绍了常用的 ADO.NET 对象,包括 Connection 对象、Command 对象、DataReader 对象、DataAdapter 对象、DataTable 对象、DataColumn 对象读取数据库、DataRow 对象。介绍了 DataList 控件常用的属性和方法。最后通过 ASP.NET 操作数据库的留言板典型实例的制作,介绍了 ASP.NET 操作 SQL Server 数据库的常见方法,包括查询、添加和删除数据。

项 目 拓 展

设计制作一个通信录程序,要求:用户可以输入通信录的信息,并可以将数据提交到数据库中,可以查询通信录信息,可以修改通信录信息,也可以删除通信录信息,并对用户进行登录验证,不同用户登录后,只能看到自己的通信录。

项目 5 设计制作网络文件管理器

本项目学习目标

- 掌握常见文件操作的实现方法。
- 掌握文件管理器的设计制作方法。

任务 5.1 制作简单文件上传管理系统

1. 要求和目的

要求：制作一个如图 5-1 所示的文件上传页面，能够通过浏览控件选择上传文件，单击"开始上传"按钮之后，可以将文件上传到服务器目录上，如图 5-2 和图 5-3 所示。

目的：

- 掌握 FileUpload 控件上传文件的方法。
- 掌握设置上传文件格式的方法。
- 掌握使用 Image 控件显示图片的方法。

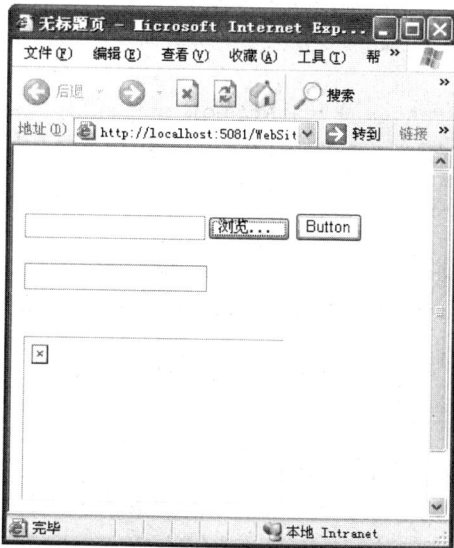

图 5-1 界面运行预览

图 5-2 文件上传提示

2. 操作步骤

（1）界面设计

建立一个名称为5-1-1的网站，在 default.aspx 页面中添加一个 FileUpload 控件，添加一个 Button 按钮控件作为"上传"按钮，并在下边添加一个 TextBox 控件，用于显示上传文件的目录。再添加一个 Image 图片显示控件，用于显示成功上传的图片。

该页面的设计界面如图5-4所示。

图 5-3　上传之后的效果

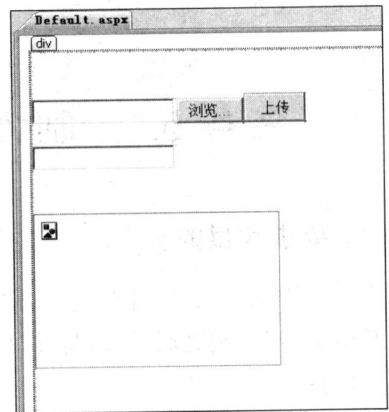

图 5-4　该页面的设计界面

（2）编写事件代码

双击"上传"按钮，进入该按钮的事件，添加程序如代码5-1所示。

代码 5-1　"上传"按钮的单击事件

```
protected void Button1_Click(object sender, EventArgs e)
{
    bool fileok=false;
    string path=Server.MapPath("00/");
    if (FileUpload1.HasFile)
    {
        string fileExtension = System. IO. Path. GetExtension (FileUpload1.
            FileName).ToLower();
        string[] allowedExtensions={ ".gif", ".png", ".jpg", ".jpeg" };
        for (int i=0; i<allowedExtensions.Length; i++)
        {
            if (fileExtension==allowedExtensions[i])
            {
                fileok=true;
            }
```

```
        }
        if (fileok)
        {
            try
            {
                FileUpload1.PostedFile.SaveAs(path+FileUpload1.FileName);
                Response.Write("<script>alert('文件上传成功!')</script>");
                Image1.ImageUrl="00/"+FileUpload1.FileName;
            }
            catch(Exception ex)
            {
                Response.Write("<script>alert('"+ex.Message+"')</script>");
            }
        }
        else
        {
            Response.Write("文件不符合格式!");
        }
    }
}
```

3. 相关知识点

（1）FileUpload 控件常见的属性如表 5-1 所示。

表 5-1 FileUpload 控件常见的属性

名　　称	说　　明
AccessKey	获取或设置使用户得以快速导航到 Web 服务器控件的访问键
AppRelativeTemplateSourceDirectory	获取或设置包含该控件的 Page 或 UserControl 对象的应用程序相对虚拟目录
Attributes	获取与控件的属性不对应的任意特性(只用于呈现)的集合
BackColor	获取或设置 Web 服务器控件的背景色
BindingContainer	获取包含该控件的数据绑定的控件
BorderColor	获取或设置 Web 控件的边框颜色
BorderStyle	获取或设置 Web 服务器控件的边框样式
BorderWidth	获取或设置 Web 服务器控件的边框宽度
ClientID	获取由 ASP.NET 生成的服务器控件标识符
Controls	获取 ControlCollection 对象,该对象表示 UI 层次结构中指定服务器控件的子控件
ControlStyle	获取 Web 服务器控件的样式。此属性主要由控件开发人员使用
ControlStyleCreated	获取一个值,该值指示是否已为 ControlStyle 属性创建了 Style 对象。此属性主要由控件开发人员使用

157

名　称	说　明
CssClass	获取或设置由 Web 服务器控件在客户端呈现的级联样式表(CSS)类
Enabled	获取或设置一个值,该值指示是否启用 Web 服务器控件
EnableTheming	获取或设置一个值,该值指示是否对此控件应用主题
EnableViewState	获取或设置一个值,该值指示服务器控件是否向发出请求的客户端保持自己的视图状态以及它所包含的任何子控件的视图状态
FileBytes	从使用 FileUpload 控件指定的文件返回一个字节数组
FileContent	获取 Stream 对象,它指向要使用 FileUpload 控件上载的文件
FileName	获取客户端上使用 FileUpload 控件上载的文件的名称

(2) FileUpload 控件常见的事件如表 5-2 所示。

表 5-2　FileUpload 控件常见的事件

名　称	说　明
DataBinding	当服务器控件绑定到数据源时发生
Disposed	当从内存释放服务器控件时发生。这是请求 ASP.NET 页时服务器控件生存期的最后阶段
Init	当服务器控件初始化时发生。初始化是控件生存期的第一步
Load	当服务器控件加载到 Page 对象中时发生
PreRender	在加载 Control 对象之后、呈现之前发生
Unload	当服务器控件从内存中卸载时发生

(3) 使用 FileUpload 控件上传图片并自动生成缩略图、自动生成带文字水印和图片的水印图。

实现过程:选择图片上传成功后,取得已经保存在服务器中的文件来生成缩略图,并且判断是否是图片类型的文件,这个判断可以在程序中修改,本程序只是判断了 image/bmp、image/gif、image/jpeg 三种类型。设计好界面后,HTML 源文件如代码 5-2 所示。

代码 5-2　upfile.aspx 界面文件的 HTML 源文件

```
<%@ Page Language="C#" AutoEventWireup="true" CodeFile="upfile.aspx.cs"
Inherits="upfile_upfile" %>
<!DOCTYPE html PUBLIC "-//W3C//DTD XHTML 1.0 Transitional//EN" "http://www.
w3.org/TR/xhtml1/DTD/xhtml1-transitional.dtd">
<html xmlns="http://www.w3.org/1999/xhtml">
<head runat="server">
    <title>无标题页</title>
</head>
<body>
    <form id="form1" runat="server">
    <div>
```

```
        <asp:FileUpload ID="FileUpload1" runat="server" />
<asp:Button ID="Button1" runat="server" OnClick="Button1_Click" Text="上传"
/><br />
        <asp:Label ID="Label1" runat="server"></asp:Label></div>
    </form>
</body>
</html>
```

该文件完整的程序如代码 5-3 所示。

代码 5-3　upfile. aspx. cs 文件

```
using System;
using System.Data;
using System.Configuration;
using System.Collections;
using System.Web;
using System.Web.Security;
using System.Web.UI;
using System.Web.UI.WebControls;
using System.Web.UI.WebControls.WebParts;
using System.Web.UI.HtmlControls;
using System.IO;
public partial class upfile_upfile : System.Web.UI.Page
{
    protected void Page_Load(object sender, EventArgs e)
    { }
    protected void Button1_Click(object sender, EventArgs e)
    {
        if (FileUpload1.HasFile)
        {
            string fileContentType=FileUpload1.PostedFile.ContentType;
            if (fileContentType=="image/bmp" || fileContentType=="image/gif"
               || fileContentType=="image/jpeg")
            {
    string name=FileUpload1.PostedFile.FileName;      //客户端文件路径
    FileInfo file=new FileInfo(name);
    string fileName=file.Name;                        //文件名称
    string fileName_s="s_"+file.Name;                 //缩略图文件名称
    string fileName_sy="sy_"+file.Name;               //水印图文件名称(文字)
    string fileName_syp="syp_"+file.Name;             //水印图文件图片(图片)
    string webFilePath=Server.MapPath("file/"+fileName);   //服务器端文件路径
    string webFilePath_s=Server.MapPath("file/"+fileName_s);
                                                      //服务器缩略图路径
    string webFilePath_sy=Server.MapPath("file/"+fileName_sy);
                                                      //服务器端带水印图路径(文字)
    string webFilePath_syp=Server.MapPath("file/"+fileName_syp);
                                                      //服务器端水印图路径(图片)
    string webFilePath_sypf=Server.MapPath("file/shuiyin.jpg");
                                                      //服务器端水印图路径(图片)
 if (!File.Exists(webFilePath))
```

```
    {
     try
     {
      FileUpload1.SaveAs(webFilePath);          //使用 SaveAs 方法保存文件
      AddShuiYinWord(webFilePath, webFilePath_sy);
      AddShuiYinPic(webFilePath, webFilePath_syp, webFilePath_sypf);
  MakeThumbnail(webFilePath, webFilePath_s, 130, 130, "Cut"); //生成缩略图方法
  Label1.Text="提示:文件""+fileName+""成功上传,并生成""+fileName_s+""缩略图,
     文件类型为: " + FileUpload1.PostedFile.ContentType +", 文件大小为: " +
     FileUpload1.PostedFile.ContentLength+"B";
     }
     catch (Exception ex)
     {
      Label1.Text="提示:文件上传失败,失败原因:"+ex.Message;
     }
     }
     else
     {
      Label1.Text="提示:文件已经存在,请重命名后上传";
     }
     }
     else
     {
      Label1.Text="提示:文件类型不符";
     }
     }
    }
    //生成缩略图
    //</summary>
    //<param name="originalImagePath">源图路径(物理路径)</param>
    //<param name="thumbnailPath">缩略图路径(物理路径)</param>
    //<param name="width">缩略图宽度</param>
    //<param name="height">缩略图高度</param>
    //<param name="mode">生成缩略图的方式</param>
     public static void MakeThumbnail (string originalImagePath, string
         thumbnailPath, int width, int height, string mode)
    {
     System.Drawing.Image originalImage = System.Drawing.Image.FromFile
         (originalImagePath);
      int towidth=width;
      int toheight=height;
      int x=0;
      int y=0;
      int ow=originalImage.Width;
      int oh=originalImage.Height;
      switch (mode)
      {
         case "HW":                            //指定高宽缩放(可能变形)
             break;
```

```
    case "W":                    //指定宽,高按比例
        toheight=originalImage.Height * width/originalImage.Width;
        break;
    case "H":                    //指定高,宽按比例
        towidth=originalImage.Width * height/originalImage.Height;
        break;
    case "Cut":                  //指定高宽裁减(不变形)
     if ((double)originalImage.Width/(double)originalImage.Height>
      (double)towidth/(double)toheight)
    {
        oh=originalImage.Height;
        ow=originalImage.Height * towidth/toheight;
        y=0;
        x=(originalImage.Width-ow)/2;
    }
    else
      {
            ow=originalImage.Width;
            oh=originalImage.Width * height/towidth;
            x=0;
            y=(originalImage.Height-oh)/2;
      }
    break;
    default:
        break;
}
//新建一个 bmp 图片
System.Drawing.Image bitmap=new System.Drawing.Bitmap(towidth, toheight);
//新建一个画板
System.Drawing.Graphics g=System.Drawing.Graphics.FromImage(bitmap);
//设置高质量插值法
g.InterpolationMode=System.Drawing.Drawing2D.InterpolationMode.High;
//高质量、低速度呈现平滑程度
g.SmoothingMode=System.Drawing.Drawing2D.SmoothingMode.HighQuality;
//清空画布并以透明背景色填充
g.Clear(System.Drawing.Color.Transparent);
//在指定位置并且按指定大小绘制原图片的指定部分
    g.DrawImage(originalImage, new System.Drawing.Rectangle(0, 0,
    towidth, toheight), new System.Drawing.Rectangle(x, y, ow, oh),
    System.Drawing.GraphicsUnit.Pixel);
try
{
    //以 jpeg 格式保存缩略图
    bitmap.Save(thumbnailPath, System.Drawing.Imaging.ImageFormat.Jpeg);
}
catch (System.Exception e)
{
    throw e;
}
```

```
        finally
        {
            originalImage.Dispose();
            bitmap.Dispose();
            g.Dispose();
        }
    }
    /**//**//**////<summary>
    //在图片上增加文字水印
    //</summary>
    //<param name="Path">原服务器图片路径</param>
    //<param name="Path_sy">生成的带文字水印的图片路径</param>
    protected void AddShuiYinWord(string Path, string Path_sy)
    {
        string addText="测试水印";
        System.Drawing.Image image=System.Drawing.Image.FromFile(Path);
        System.Drawing.Graphics g=System.Drawing.Graphics.FromImage(image);
        g.DrawImage(image, 0, 0, image.Width, image.Height);
        System.Drawing.Font f=new System.Drawing.Font("Verdana", 16);
        System.Drawing.Brush b=new
        System.Drawing.SolidBrush(System.Drawing.Color.Blue);
        g.DrawString(addText, f, b, 15, 15);
        g.Dispose();
        image.Save(Path_sy);
        image.Dispose();
    }
    /**//**//**////<summary>
    //在图片上生成图片水印
    //</summary>
    //<param name="Path">原服务器图片路径</param>
    //<param name="Path_syp">生成的带图片水印的图片路径</param>
    //<param name="Path_sypf">水印图片路径</param>
    protected void AddShuiYinPic(string Path, string Path_syp, string Path_
    sypf)
    {
        System.Drawing.Image image=System.Drawing.Image.FromFile(Path);
        System.Drawing.Image copyImage=System.Drawing.Image.FromFile(Path_sypf);
        System.Drawing.Graphics g=System.Drawing.Graphics.FromImage(image);
        g.DrawImage(copyImage, new System.Drawing.Rectangle(image.Width-
            copyImage.Width, image.Height-copyImage.Height, copyImage.Width,
            copyImage.Height), 0, 0, copyImage.Width,copyImage.Height, System.
            Drawing.GraphicsUnit.Pixel);
        g.Dispose();
        image.Save(Path_syp);
        image.Dispose();
    }
}
```

（4）ASP. NET FileUpload 上传大容量文件。利用 ASP. NET 控件中的 asp：FileUpload 控件时，有时候需要上传大容量的文件，可是默认情况下，上传文件的最大容量为 4MB。如何实现大文件的上传呢？只要在配置文件（Web. Config）中改变两个默认设置即可：httpRuntime 下的 maxRequestLength 和 requestLengthDiskThreshold，前者规定了上传的最大容量值，后者设定缓存的大小。

```
<configuration>
    <system.web>
        ...
        <httpRuntime maxRequestLength="上传文件最大值"
            requestLengthDiskThreshold="缓存大小" />
        ...
    </system.web>
</configuration>
```

（5）ASP. NET 中 FileUpload 实现多文件上传。前面的例子在用 FileUpload 的时候都只是上传单个文件。当需要同时上传几个文件时，就需要编写实现多文件同时上传的功能。

首先，在<head></head>标签中插入如下脚本，如代码 5-4 所示。

代码 5-4　脚本代码

```
<script type="text/javascript">
    function addfile()
    {
    var uploadfiles=document.getElementById("uploadfiles"),str='<INPUT
      type="file" size="50" NAME="File">';
    uploadfiles.innerHTML+=str;
    }
</script>
```

在页面主体部分插入如下代码：

```
<div>
    <p id="uploadfiles"><input type="file" size="50" name="file"></p>
    <input onclick="addfile()" type="button" value="增加">
    <asp:button id="uploadbutton" Text="开始上传" Runat="server"></asp:
button>
</div>
```

双击"开始上传"按钮，进入该按钮的单击事件，首先添加命名空间引用：

```
using System.Text.RegularExpressions;
```

在"开始上传"按钮的单击事件中，添加程序如代码 5-5 所示。

代码 5-5　"开始上传"按钮的单击事件

```
HttpFileCollection files=HttpContext.Current.Request.Files;
    //状态信息
```

```
System.Text.StringBuilder strMsg=new System.Text.StringBuilder();
for (int ifile=0; ifile<files.Count; ifile++)
{
HttpPostedFile postedfile=files[ifile];
string filename, fileExt;
filename=System.IO.Path.GetFileName(postedfile.FileName);  //获取文件名
fileExt=System.IO.Path.GetExtension(filename);      //获取文件后缀
int MaxAllowUploadFileSize= Convert.ToInt32(System.Configuration.
    ConfigurationSettings.AppSettings["MaxAllowUploadFileSize"]);
                                        //定义允许上传文件大小
if (MaxAllowUploadFileSize==0) { MaxAllowUploadFileSize=26500; }
string allowexts= System.Configuration.ConfigurationSettings.
    AppSettings["AllowUploadFileType"];
    //定义允许上传文件类型
if (allowexts=="") { allowexts="doc|docx|rar|xls|xlsx|txt"; }
Regex allowext=new Regex(allowexts);
if (postedfile.ContentLength<MaxAllowUploadFileSize &&
allowext.IsMatch(fileExt))          //检查文件大小及扩展名
{
  postedfile.SaveAs(Server.MapPath("upload\\"+filename+fileExt));
  //upload 与本页面在同一目录,可自行修改
}
else
{
  Response.Write("<script>alert('不允许上传类型"+fileExt+"或文件过大')
  </script>");
}
}
```

打开当前 ASP.NET 应用程序的 Web.Config 文件,修改如下代码:

```
<appSettings>
    <add key="MaxAllowUploadFileSize" value="256000" />
    <add key="AllowUploadFileType" value="doc|docx|rar|xls|xlsx|txt" />
</appSettings>
```

任务 5.2　制作功能完善的文件管理系统

5.2.1　系统功能总体设计

　　一个功能完善的文件管理系统具有文件上传、编辑文件名称、删除文件以及下载文件等功能。本任务将设计制作一个功能完善的文件管理系统,具有上述功能。

　　文件管理系统的设计运行效果如图 5-5 所示。

　　单击下拉列表框,会出现一些选项,如图 5-6 所示。

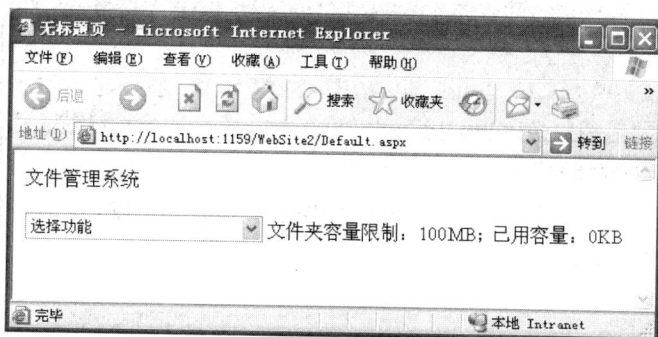

图 5-5　文件管理系统设计运行效果

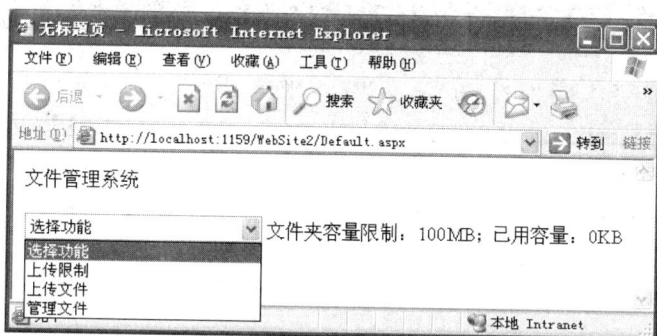

图 5-6　下拉列表框的效果

选择"上传限制"选项,将出现上传限制功能模块,效果如图 5-7 所示。

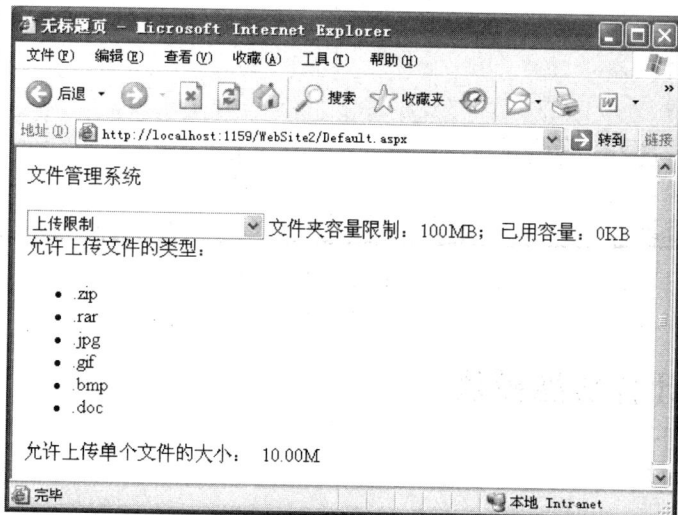

图 5-7　上传限制功能模块

选择"上传文件"选项,出现上传文件功能模块,效果如图 5-8 所示。

选择"管理文件"选项,则出现管理文件功能模块,效果如图 5-9 所示。

图 5-8 上传文件功能模块

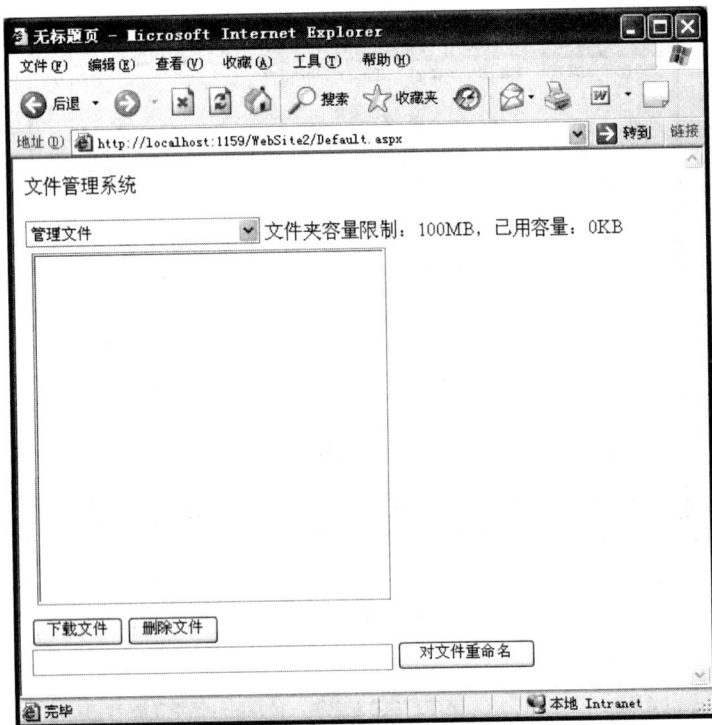

图 5-9 管理文件功能模块

5.2.2 设计各功能模块

1. 界面设计

打开 Visual Studio 2012 编程环境,创建一个名称为 5-2-1 的 ASP.NET 空网站程序,添加一个 ASP.NET 页面。在 Default.aspx 页面中,首先进行布局,输入文本"文件管理系统"。

在界面中添加一个 DropDownList 控件,设置其 Name 属性为 DropDownList1,

AutoPostBack 属性为 true。单击 Items 属性右边的"…"按钮，在弹出的对话框中，添加如图 5-10 所示的四个项，分别是：选择功能、上传限制、上传文件和管理文件，并对应地设置选项的属性值，如表 5-3 所示。

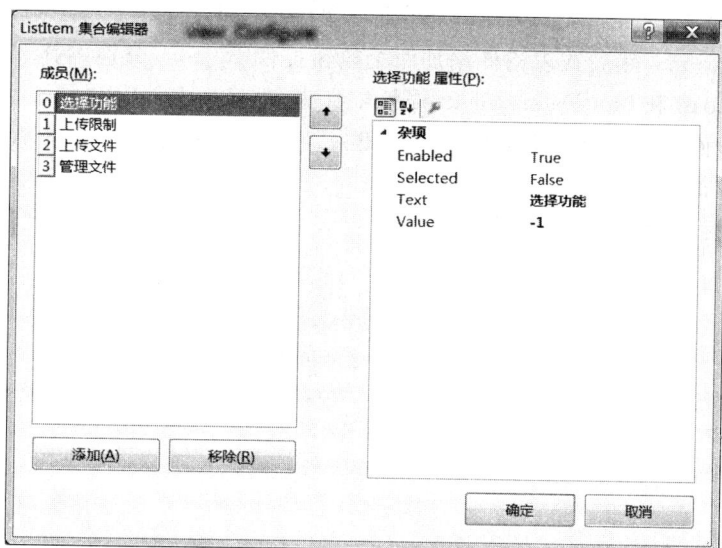

图 5-10　下拉菜单项编辑界面

表 5-3　下拉菜单项的属性值

选　项	Text 属性	Value 属性	选　项	Text 属性	Value 属性
选择功能	选择功能	−1	上传文件	上传文件	1
上传限制	上传限制	0	管理文件	管理文件	2

在界面中添加一个 MultiView 控件，使用 MultiView 控件可以让用户在同一页面中切换到不同的选项卡，从而看到相应的内容，而不用每次都重新打开一个新的窗口。设置该控件的 Name 属性为 MultiView1，ActiveViewIndex 属性为−1。

在 MultiView 控件中添加三个 View 控件，分别设置其属性如表 5-4 所示。

表 5-4　View 控件属性设置

View 控件	Name 属性
第一个，包含上传限制信息	view_Configure
第二个，包含上传控制界面	view_Upload
第三个，包含文件管理界面	view_Manage

在第一个 View 控件中添加文本"允许上传文件的类型："。添加一个 BulletedList 控件，用于以列表的形式显示上传限制文件类型。添加文本"允许上传单个文件的大小："，再添加一个 Label 标签控件，修改其 Name 属性为 lab_FileSizeLimit。

在第二个 View 控件中添加一个文件上传控件 FileUpload，修改其 Name 属性为

167

FileUpload。再添加一个按钮控件 Button,修改其 Name 属性为 btn_Upload,Text 属性为"上传文件"。

在第三个 View 控件中首先进行表格布局,在单元格中添加一个 ListBox 控件,修改其 Name 属性为 lb_FileList。在另一个单元格里添加一个标签控件 Label,修改其属性为 lbl_FileDescription。然后在表格外添加两个按钮控件 Button,分别将其 Name 属性定义为 btn_DownLoad 和 btn_Delete,Text 属性定义为:"下载文件"和"删除文件"。在按钮控件 Button 下面添加一个文本框控件 TextBox,用于显示选中的文件名称。最后添加一个按钮控件,修改其 Name 属性为 btn_Rename,Text 属性为"对文件重命名",用于对文件重命名。界面创建完成后,效果如图 5-11 所示。

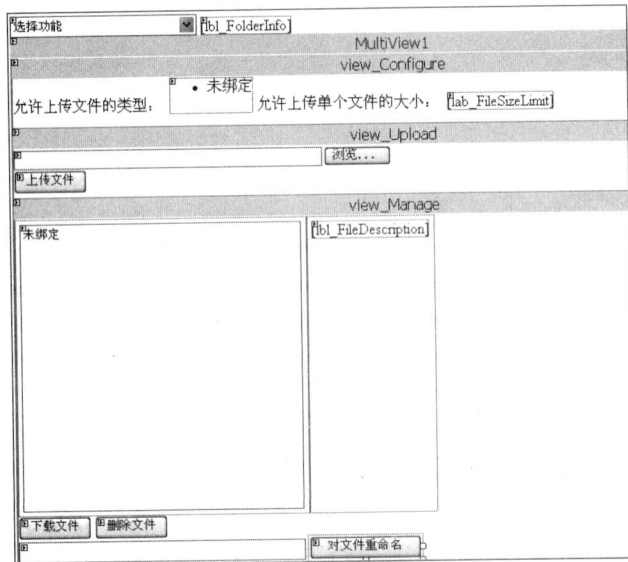

图 5-11 设计效果

对应的 HTML 源文件如代码 5-6 所示。

代码 5-6 该文件的 HTML 源文件

```
<form id="form1" runat="server">
    <div>
        文件管理系统<br />        <br />
        <asp: DropDownList ID="DropDownList1" runat="server" Width="200px"
            AutoPostBack="True" OnSelectedIndexChanged="DropDownList1_
            SelectedIndexChanged">
            <asp:ListItem Value="-1">选择功能</asp:ListItem>
            <asp:ListItem Value="0">上传限制</asp:ListItem>
            <asp:ListItem Value="1">上传文件</asp:ListItem>
            <asp:ListItem Value="2">管理文件</asp:ListItem>
        </asp:DropDownList>
        <asp:Label ID="lbl_FolderInfo" runat="server"></asp:Label><br />
        <asp:MultiView ID="MultiView1" runat="server">
            <!--上传限制界面开始-->
```

```
        <asp:View ID="view_Configure" runat="server">
            允许上传文件的类型：
            <asp:BulletedList ID="bl_TileTypeLimit" runat="server">
            </asp:BulletedList>
            允许上传单个文件的大小：
            <asp:Label ID="lab_FileSizeLimit" runat="server" Text="">
            </asp:Label>
        </asp:View>
        <asp:View ID="view_Upload" runat="server">
            <asp:FileUpload ID="FileUpload" runat="server" Width="400"/><
            br />
            <asp:Button ID="btn_Upload" runat="server" Text="上传文件"
                OnClick="btn_Upload_Click" />
        </asp:View>
        <!--管理文件开始-->
        <asp:View ID="view_Manage" runat="server">
            <table cellpadding="5" cellspacing="0" border="0">
                <tr>
                    <td>
                        <!--启用了 AutoPostBack-->
                        <asp:ListBox ID="lb_FileList" runat="server"
                        AutoPostBack="True" Height="300px" Width="
                        300px" OnSelectedIndexChanged="lb_FileList_
                        SelectedIndexChanged"></asp:ListBox></td>
                    <td valign="top">
                        <asp:Label ID="lbl_FileDescription" runat="
                        server"></asp:Label></td>
                </tr>
            </table>
            <asp:Button ID="btn_DownLoad" runat="server" Text="下载文件"
                OnClick="btn_DownLoad_Click" />
            <!--在删除前给予确认-->
            <asp:Button ID="btn_Delete" runat="server" Text="删除文件"
                OnClientClick="return confirm('确定删除文件!')"
                OnClick="btn_Delete_Click" /><br />
            <asp:TextBox ID="tb_FileNewName" runat="server"
                Width="300px"></asp:TextBox>
            <asp:Button ID="btn_Rename" runat="server" Text="对文件重命名"
                OnClick="btn_Rename_Click" />
        </asp:View>
    </asp:MultiView>
    </div>
</form>
```

2. 编写事件代码

在编写代码之前，首先进入该项目的代码文件页面 Default.aspx.cs 文件，添加文件操作的命名空间引用：

```
using System.IO;
```

在 Page_Load 事件中添加程序,如代码 5-7 所示。

代码 5-7   Page_Load 事件

```
protected void Page_Load(object sender, EventArgs e)
{
    if (!Page.IsPostBack)
    {
        //初始化文件夹信息
        InitFolderInfo();
        //初始化上传限制信息
        InitUploadLimit();
        //初始化列表框控件文件列表信息
        InitFileList();
    }
}
```

在该事件中调用了三个方法,其作用分别是初始化文件夹信息、初始化上传限制信息和初始化列表框控件文件列表信息。

编写 InitFolderInfo()方法的程序如代码 5-8 所示。

代码 5-8   InitFolderInfo()方法

```
private void InitFolderInfo()
{
    //从 config 中读取文件上传的路径
    string strFileUpladPath=
    ConfigurationManager.AppSettings["FileUplodePath"].ToString();
    //如果上传文件夹不存在,则根据 config 创建一个
    if (!Directory.Exists(Server.MapPath(strFileUpladPath)))
    {
        Directory.CreateDirectory(Server.MapPath(strFileUpladPath));
    }
    //将虚拟路径转换为物理路径
    string strFilePath=Server.MapPath(strFileUpladPath);
    //从 config 里读取文件夹容量的限制
    double iFolderSizeLimit=Convert.ToInt32(ConfigurationManager.
      AppSettings["FolderSizeLimit"]);
    //声明文件夹已经使用的容量
    double iFolderCurrentSize=0;
    //获取文件夹中的所有文件
    FileInfo[] arrFiles=new DirectoryInfo(strFilePath).GetFiles();
    //循环文件获已经使用的容量
    foreach (FileInfo fi in arrFiles)
    {
        iFolderCurrentSize+=Convert.ToInt32(fi.Length/1024);
    }
    #region 第二种获得文件夹使用大小的方法
    //DirectoryInfo dir=new DirectoryInfo(strFilePath);
```

```
//foreach (FileSystemInfo fi in dir.GetFileSystemInfos())
//{
//     FileInfo finf=new FileInfo(fi.FullName);
//     iFolderCurrentSize+=Convert.ToInt32(finf.Length/1024);
//}
#endregion
//把文件夹容量和以用文件夹容量赋值给标签
lbl_FolderInfo.Text=string.Format("文件夹容量限制：{0}MB,已用容量：{1}
KB",iFolderSizeLimit/1024, iFolderCurrentSize);
}
```

编写 InitUploadLimit()方法的程序如代码 5-9 所示。

代码 5-9　InitUploadLimit( )方法

```
private void InitUploadLimit()
{
    //从 config 中读取上传文件夹类型限制并根据逗号分割成字符串数组
    string[] arrFileTypeLimit= ConfigurationManager.
      AppSettings["FileTypeLimit"].ToString().Split(',');
    //从 config 中读取上传文件大小限制
    double iFileSizeLimit= Convert.ToInt32(ConfigurationManager.
      AppSettings["FileSizeLimit"]);
    //遍历字符串数组并把所有项加入项目编号控件
    for (int i=0; i<arrFileTypeLimit.Length; i++)
    {
        bl_TileTypeLimit.Items.Add(arrFileTypeLimit[i].ToString());
    }
    //把文件大小的限制赋值给标签
    lab_FileSizeLimit.Text=string.Format("{0:f2}M", iFileSizeLimit/1024);
}
```

编写 InitFileList()方法的程序如代码 5-10 所示。

代码 5-10　InitFileList( )方法

```
private void
{
    //从 config 中获取文件上传的路径
    string strFileUpladPath=ConfigurationManager.AppSettings
      ["FileUplodePath"].ToString();
    //将虚拟路径转换为物理路径
    string strFilePath=Server.MapPath(strFileUpladPath);
    //读取上传文件夹下所有的文件
    FileInfo[] arrFile=new DirectoryInfo(strFilePath).GetFiles();
    //把文件名逐一添加到列表框控件中
    foreach (FileInfo fi in arrFile)
    {
        lb_FileList.Items.Add(fi.Name);
    }
}
```

171

在选择下拉菜单控件 DropDownList1 的 DropDownList1_SelectedIndexChanged 事件中编写程序如代码 5-11 所示。

代码 5-11   DropDownList1_SelectedIndexChanged 事件

```
protected void DropDownList1_SelectedIndexChanged(object sender, EventArgs e)
{
    MultiView1.ActiveViewIndex=Convert.ToInt32(DropDownList1.SelectedValue);
}
```

双击"上传文件"按钮,进入该按钮的单击事件,编写程序如代码 5-12 所示。

代码 5-12   "上传文件"按钮的单击事件

```
protected void btn_Upload_Click(object sender, EventArgs e)
{
    //判断用户是否选择了文件
    if (FileUpload.HasFile)
    {
        //调用自定义方法判断文件类型否符合
        if (IsAllowableFileType())
        {
            //判断文件大小是否符合
            if (IsAllowableFileSize())
            {
                //从 web.config 中读取上传路径
                string strFileUploadPath= ConfigurationManager.
                  AppSettings["FileUplodePath"].ToString();
                //从 UploadFile 控件中读取文件名
                string strFileName=FileUpload.FileName;
                //组合成物理路径
                string strFilePhysicalPath=Server.MapPath
                  (strFileUploadPath+"/")+strFileName;
                //判断文件是否存在
                if (!File.Exists(strFilePhysicalPath))
                {
                    //保存文件
                    FileUpload.SaveAs(strFilePhysicalPath);
                    //更新列表框
                    lb_FileList.Items.Add(strFileName);
                    //更新文件夹信息
                    InitFolderInfo();
                    ShowMessageBox("上传成功!");
                }
                else
                {
                    ShowMessageBox("文件已经存在!");
                }
            }
            else
            {
```

```
            ShowMessageBox("文件大小不符合要求!");
        }
    }
    else
    {
        ShowMessageBox("类型不匹配");
    }
}
```

在上传文件过程中,调用了文件类型判断方法 IsAllowableFileType( ),编写该方法的程序如代码 5-13 所示。

代码 5-13　IsAllowableFileType( )方法

```
protected bool IsAllowableFileType()
{
    //从 web.config 读取判断文件类型的限制
    string strFileTypeLimit=ConfigurationManager.AppSettings
      ["FileTypeLimit"].ToString();
    //当前文件扩展名是否包含在这个字符串中
    if(strFileTypeLimit.IndexOf(Path.GetExtension(FileUpload.FileName).
      ToLower())>0)
        return true;
    else
        return false;
}
```

在上传文件过程中,调用了判断文件大小的方法 IsAllowableFileSize( ),编写该方法的程序如代码 5-14 所示。

代码 5-14　IsAllowableFileSize( )方法

```
private bool IsAllowableFileSize()
{
    //从 web.config 读取判断文件大小的限制
    double iFileSizeLimit= Convert.ToInt32(ConfigurationManager.
      AppSettings["FileSizeLimit"]) * 1024;
    //判断文件是否超出了限制
    if (iFileSizeLimit>FileUpload.PostedFile.ContentLength)
    {
        return true;
    }
    else
    {
        return false;
    }
}
```

选择列表框的 lb_FileList_SelectedIndexChanged 事件,编写程序如代码 5-15 所示。

173

代码 5-15 **lb_FileList_SelectedIndexChanged 事件**

```
protected void lb_FileList_SelectedIndexChanged(object sender, EventArgs e)
{
    //从 config 中读取文件上传路径
    string strFileUpladPath=ConfigurationManager.
      AppSettings["FileUplodePath"].ToString();
    //从列表框中读取选择的文件名
    string strFileName=lb_FileList.SelectedValue;
    //组合成物理路径
    string strFilePhysicalPath=Server.MapPath(strFileUpladPath+"/")+
      strFileName;
    //根据物理路径实例化文件信息类
    FileInfo fi=new FileInfo(strFilePhysicalPath);
    //获得文件大小和创建日期并赋值给标签
    lbl_FileDescription.Text=string.Format("文件大小：{0}字节<br><br>上传时
      间：{1}<br>", fi.Length, fi.CreationTime);
    //把文件名赋值给重命名文本框
    tb_FileNewName.Text=strFileName;
}
```

双击"下载文件"按钮,进入该按钮的单击事件,编写程序如代码 5-16 所示。

代码 5-16 **"下载文件"按钮的单击事件**

```
protected void btn_DownLoad_Click(object sender, EventArgs e)
{
    //从 web.config 读取文件上传路径
    string strFileUploadPath=ConfigurationManager.
      AppSettings["FileUplodePath"].ToLower();
    //从列表框中读取选择的文件
    string strFileName=lb_FileList.SelectedValue;
    //组合成物理路径
    string FullFileName=Server.MapPath(strFileUploadPath+"/")+
      strFileName;
    FileInfo DownloadFile=new FileInfo(FullFileName);
    Response.Clear();
    Response.ClearHeaders();
    Response.Buffer=false;
    Response.ContentType="application/octet-stream ";
    Response.AppendHeader("Content-Disposition ", "attachment;
    filename="+HttpUtility.UrlEncode(DownloadFile.FullName,
      System.Text.Encoding.UTF8));
    Response.AppendHeader("Content-Length ", DownloadFile.Length.
      ToString());
    Response.WriteFile(DownloadFile.FullName);
    Response.Flush();
    Response.End();
}
```

双击"删除文件"按钮,进入该按钮的单击事件,编写程序如代码 5-17 所示。

代码 5-17　"删除文件"按钮的单击事件

```
protected void btn_Delete_Click(object sender, EventArgs e)
{
    //从 config 中读取文件的上传的路径
    string strFileUpladPath= ConfigurationManager.
      AppSettings["FileUplodePath"].ToString();
    //从列表框中读取选择的文件名
    string strFileName=lb_FileList.SelectedValue;
    //组合成物理路径
    string strFilePhysicalPath=Server.MapPath(strFileUpladPath+"/")+
      strFileName;
    //删除文件
    System.IO.File.Delete(strFilePhysicalPath);
    //更新文件列表框控件
    lb_FileList.Items.Remove(lb_FileList.Items.FindByText(strFileName));
    //更新文件夹信息
    InitFolderInfo();
    //更新文件描述信息
    tb_FileNewName.Text="";
    //更新重命名文本框
    lbl_FileDescription.Text="";
    //调用自定义消息提示
    ShowMessageBox("删除成功!");
}
```

双击"对文件重命名"按钮,进入该按钮的单击事件,编写程序如代码 5-18 所示。

代码 5-18　"对文件重命名"按钮的单击事件

```
protected void btn_Rename_Click(object sender, EventArgs e)
{
    //从 web.config 中读取文件上传路径
    string strFileUpladPath=ConfigurationManager.
      AppSettings["FileUplodePath"].ToString();
    //从列表框中控件中读取选择的文件名
    string strFileName=lb_FileList.SelectedValue;
    //重命名文本框或者选择的文件名
    string strFileNewName=tb_FileNewName.Text;
    //组合成物理路径
    string strFilePhysicalPath=Server.MapPath(strFileUpladPath+"/")+
      strFileName;
    //组合成新物理路径
    string strFileNewPhysicalPath=Server.MapPath(strFileUpladPath+"/")+
      strFileNewName;
    //文件重命名,即获取新地址覆盖旧地址的过程
    System.IO.File.Move(strFilePhysicalPath, strFileNewPhysicalPath);
    //找到文件列表的匹配项
    ListItem li=lb_FileList.Items.FindByText(strFileName);
    //修改文字
```

```
li.Text=strFileNewName;
//修改值
li.Value=strFileNewName;
//显示提示信息
ShowMessageBox("文件覆盖成功!");
}
```

其中在多个事件中调用了"显示提示"的 ShowMessageBox()方法,该方法的程序如代码 5-19 所示。

代码 5-19   ShowMessageBox()方法

```
protected void ShowMessageBox(string strMessage)
{
    Response. Write (string. Format ( " < script > alert (' {0} ') </script >",
strMessage));
}
```

3. 编译、运行并测试程序

运行程序后,从下拉列表中选择"上传文件"选项,进入上传文件功能模块,效果如图 5-12 所示。

图 5-12   上传文件功能模块

单击"浏览"按钮,选择需要上传的文件,如果大小和格式都符合要求,则会上传到服务器上,同时会有上传文件成功的提示,如图 5-13 所示。

如果上传的文件类型不符合要求或者文件大小不符合要求,则会弹出另外的提示信息,如图 5-14 所示。

图 5-13   上传文件成功后的提示

图 5-14   类型不匹配提示

176

选择"管理文件"选项,则进入管理文件功能模块,效果如图 5-15 所示。

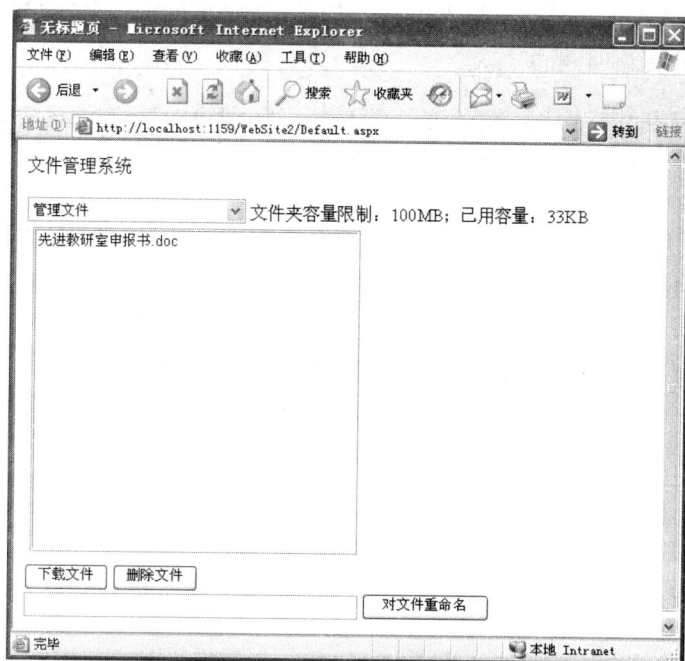

图 5-15　管理文件功能模块

刚才上传成功的文件将显示在 ListBox 列表控件中,并且上面也会显示出已用容量。在列表框中选择其中的文件名称,右边会显示出文件大小以及上传时间等信息,如图 5-16 所示。

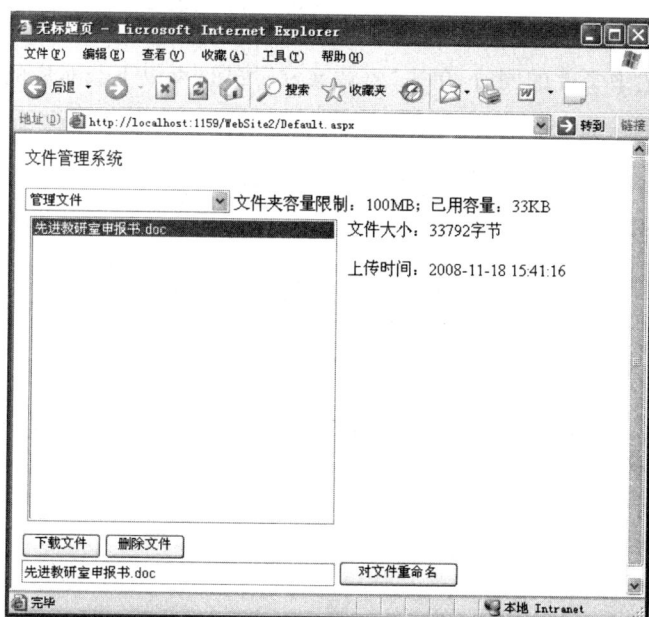

图 5-16　显示文件大小及上传事件等

另外,下面的列表框也会显示文件的名称,在列表框中修改原来的文件名"先进教研室申报书.doc"为"先进教研室申报书 11.doc",单击"对文件重命名"按钮,就会对文件名称进行重命名,效果如图 5-17 所示。

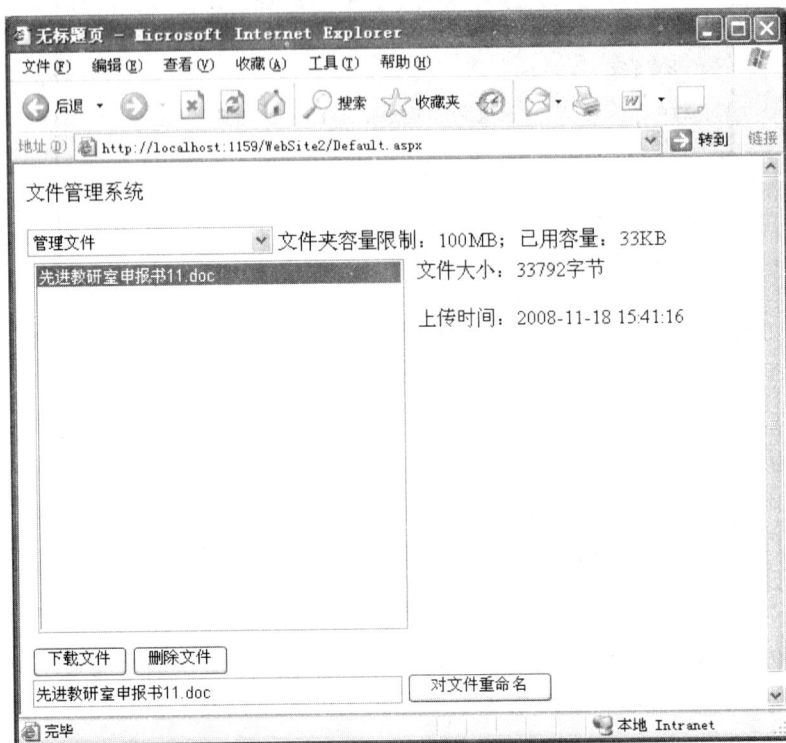

图 5-17　对文件名称进行重命名

在列表框中选中文件的同时,单击"下载文件"按钮,可以下载对应的文件,单击"删除文件"按钮,可以删除选中的文件,效果如图 5-18 所示。

图 5-18　删除成功提示

删除文件成功后,列表框中将清除已删除的文件,文件夹容量信息也随之修改,效果如图 5-19 所示。

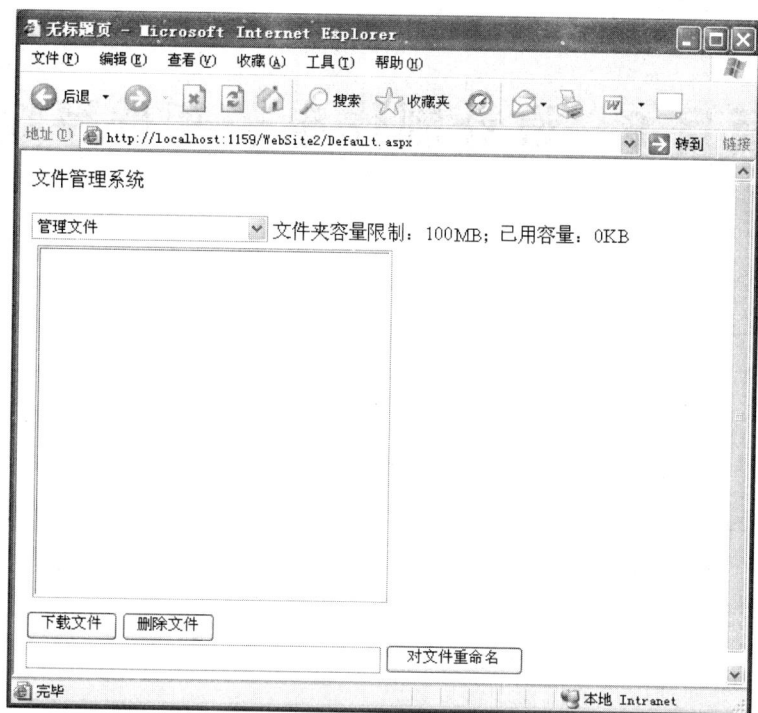

图 5-19 删除后效果

项 目 小 结

本项目先介绍了常见文件操作的实现方法;又介绍了简单文件上传管理系统的设计实现方法;最后介绍了制作功能完善的文件管理系统的实现方法。

项 目 拓 展

设计制作一个文件管理器,能够对不同用户分配不同的存储空间,用户登录后可以上传、下载和管理自己的文件,用户之间相互不影响。

项目6   设计制作电子邮件系统

本项目学习目标

- 掌握 ASP. NET 接收电子邮件的方法。
- 掌握 ASP. NET 发送电子邮件的方法。

电子邮件是 Internet 的一个基本服务。通过电子邮件,用户可以方便快速地交换信息、查询信息。用户还可以加入有关的信息公告,讨论问题并交换意见,获取有关信息。用户从信息服务器上查询资料时,可以向指定的电子邮箱发送含有一系列信息查询命令的电子邮件,信息服务器将自动读取、分析收到的电子邮件中的命令,并将检索结果以电子邮件的形式发回到用户的信箱中。

任务 6.1   熟悉电子邮件系统的功能

TCP/IP 协议族提供两个电子邮件传输协议:MTP(Mail Transfer Protocol,邮件传输协议)和 SMTP(Simple Mail Transfer Protocol,简单邮件传输协议)。

简单邮件传输协议 SMTP 是 Internet 上传输电子邮件的标准协议,用于提交和传送电子邮件,规定了主机之间传输电子邮件的标准交换格式和邮件在链路层上的传输机制。SMTP 通常用于把电子邮件从客户机传输到服务器,SMTP 使用 TCP 25 端口建立连接。POP3 协议(Post Office Protocol,邮局协议。3 代表第三个版本),每个具有邮箱的计算机系统都必须运行邮件服务器程序来接收电子邮件,并将邮件放入正确的邮箱。TCP/IP 专门设计了一个提供对电子邮件信箱进行远程存取的协议,它允许用户的邮箱位于某个运行邮件服务器程序的计算机,即邮件服务器上,并允许用户从他的个人计算机上对邮箱的内容进行存取,这个协议就是邮局协议 POP。

任务 6.2   制作接收电子邮件功能模块

1. 要求和目的

要求:设计如图 6-1 所示的界面,要求用户输入服务器 IP 地址、登录邮箱名和密码,然后单击"读取邮件"按钮,能够实现读取用户的邮件。

目的:

- 掌握使用 Jmail 接收邮件的方法。
- 掌握使用 POP3 协议接收邮件的方法。

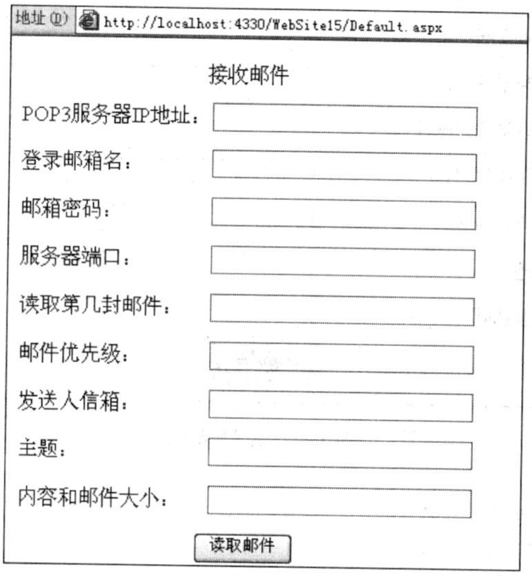

图 6-1 运行界面预览

2. 操作步骤

(1) 界面设计

新建一个网站,默认主页名为 Default.aspx。

在页面中添加 10 个 TextBox(文本框),分别用于获取 POP3 服务器 IP 地址、登录邮箱名、邮箱密码、服务器端口、读取第几封邮件、邮件优先级、发送人信箱、主题、内容和邮件大小。

在页面中添加一个 Button 按钮用于激发事件和显示信息。该页面的设计界面如图 6-2 所示。

(2) 编写事件代码

首先添加对 Jmail 组件的引用。注意,使用 Jmail 组件之前要在本地计算机上进行注册,例如 Jmail 组件存放的位置是 C:\Jmail\Jmail.dll,则单击"开始"→"运行"命令,在打开的对话框中执行 Regsvr32 C:\Jmail\Jmail.dll 命令,就完成了对 Jmail 组件的注册。

单击"读取邮件"按钮,程序根据用户名和密码进行登录,如果登录成功,则对服务器中的邮件进行读取。"读取邮件"按钮的 Click 事件如代码 6-1 所示。

代码 6-1 "读取邮件"按钮的 Click 事件

```
protected void Button1_Click(object sender, EventArgs e)
{
    jmail.POP3Class popMail=new jmail.POP3Class();
    jmail.Message mailMessage;
```

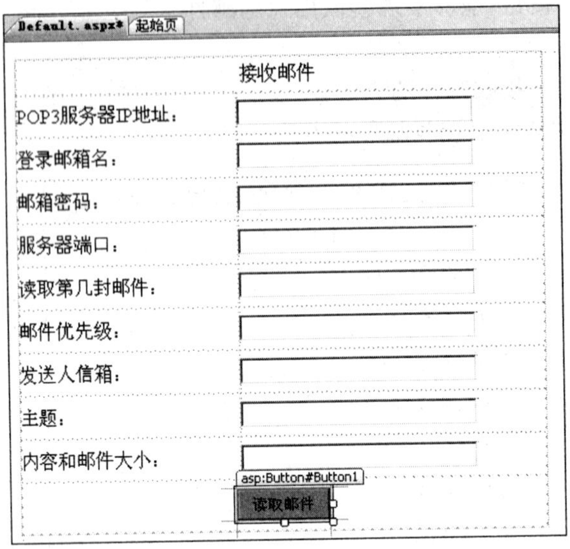

图 6-2　设计界面

```
jmail.Attachments atts;
jmail.Attachment att;
try
{
popMail.Connect(TxtPopUser.Text.Trim(), TxtPopPwd.Text.Trim(),
TxtPopServer.Text.Trim(), Convert.ToInt32(TxtPopPort.Text.Trim()));
    if (popMail.Count>0)
    {
        if (Convert.ToInt32(TextBox1.Text)<=popMail.Count)
        {

        mailMessage=popMail.Messages[Convert.ToInt32(TextBox1.Text)];
            atts=mailMessage.Attachments;
            mailMessage.Charset="GB2312";
            mailMessage.Encoding="Base64";
            mailMessage.ISOEncodeHeaders=false;
              txtpriority.Text=mailMessage.Priority.ToString();
            txtSendMail.Text=mailMessage.From;
            txtSubject.Text=mailMessage.Subject;
            txtBody.Text=mailMessage.Body;
            txtSize.Text=mailMessage.Size.ToString();
        }
        else
        {
            Response.Write("超出邮件数范围");
        }
        att=null;
        atts=null;
    }
    else
```

```
        {
            Response.Write("没有新邮件");
        }
        popMail.Disconnect();
        popMail=null;
    }
    catch
    {
        Response.Write("请检查邮件服务器的设置是否正确");
    }
}
```

3. 相关知识点

（1）POP3 协议概述。

POP3 是适用于 C/S 结构的脱机模型的电子邮件协议,目前已发展到第三版。它规定怎样将个人计算机连接到 Internet 的邮件服务器上并下载电子邮件的协议。它是因特网电子邮件的第一个离线协议标准,POP3 允许用户从服务器上把邮件存储到本地主机（即自己的计算机)上,同时删除保存在邮件服务器上的邮件,而 POP3 服务器则是遵循POP3 协议的接收邮件服务器,用来接收电子邮件。

（2）下面是另外一段用于接收邮件的代码,如代码 6-2 所示。

代码 6-2　接收邮件

```
using System.Data.SqlClient;
using faxapp.dataconn;
using faxapp.common;
using System.Net.Sockets;
using jmail;
using System.IO;

private void ReciveByJmail()
{
    //建立收邮件对象
    jmail.POP3Class popMail=new POP3Class();
    //建立邮件信息接口
    jmail.Message mailMessage;
    //建立附件集接口
    jmail.Attachments atts;
    //建立附件接口
    jmail.Attachment att;
    try
    {
    popMail.Connect(TxtPopUser.Text.Trim(),TxtPopPwd.Text.Trim(),
        TxtPopServer.Text.Trim(),Convert.ToInt32(TxtPopPort.Text.Trim()));
    //如果收到邮件
    if(0<popMail.Count)
        {
```

```
//根据取到的邮件数量依次取得每封邮件
for(int i=1;i <=popMail.Count;i++)
{
    //取得一条邮件信息
    mailMessage=popMail.Messages[i];
    //取得该邮件的附件集合
    atts=mailMessage.Attachments;
    //设置邮件的编码方式
    mailMessage.Charset="GB2312";
    //设置邮件的附件编码方式
    mailMessage.Encoding="Base64";
    //确定是否将信头编码成 iso-8859-1 字符集
    mailMessage.ISOEncodeHeaders=false;
    //邮件优先级
    txtpriority.Text=mailMessage.Priority.ToString();
    //邮件发送人的信箱地址
    txtSendMail.Text=mailMessage.From;
    //邮件的发送人
    txtSender.Text=mailMessage.FromName;
    //邮件主题
    txtSubject.Text=mailMessage.Subject;
    //邮件内容
    txtBody.Text=mailMessage.Body;
    //邮件大小
    txtSize.Text=mailMessage.Size.ToString();
    for(int j=0;j<atts.Count;j++)
    {
        //取得附件
        att=atts[j];
        //附件名称
        string attname=att.Name;
        //上传到服务器
        att.SaveToFile("e:\\attFile\\"+attname);
    }
}
panMailInfo.Visible=true;
att=null;
atts=null;
}
else
{
    Response.Write("没有新邮件!");
}
popMail.DeleteMessages();
popMail.Disconnect();
popMail=null;
}
catch
```

```
        {
            Response.Write("Warning!请检查邮件服务器的设置是否正确!");
        }
    }
```

（3）另外一种使用 Jmail 接收邮件的方法如代码 6-3 所示。

代码 6-3 jmail 接收邮件的方法

```
using System.Data.SqlClient;
using faxapp.dataconn;
using faxapp.common;
using System.Net.Sockets;
using jmail;
using System.IO;
public void ReceiveMails()
{
    jmail.Message Msg=new jmail.Message();
    jmail.POP3 jpop=new jmail.POP3();
    jmail.Attachments atts;
    jmail.Attachment att;
    //Mime m=new Mime();
    //username 为用户名,该方法通过用户名获取该用户的 POP 设置,即用户的 POP 用户名、
        密码、POP 服务器地址以及端口号这四个参数,这四个参数是连接 POP 服务器的必
        用参数
    //SqlDataReader dataReader=this.ExtGetSetting(Username);
    //if (dataReader.Read())
    //{
    //    if (dataReader["PopServer"].ToString() !="" &&
    //      dataReader["PopUsername"].ToString() !="")
    //    {
            //连接 POP 服务器
            MailAddress= System.Configuration.ConfigurationManager.
              AppSettings.Get("MailAddress");
            MailFrom= System.Configuration.ConfigurationManager.
              AppSettings.Get("MailFrom");
            POPAddress= System.Configuration.ConfigurationManager.
              AppSettings.Get("POPAddress");
            STMPAddress= System.Configuration.ConfigurationManager.
              AppSettings.Get("STMPAddress");
            MailUsername= System.Configuration.ConfigurationManager.
              AppSettings.Get("MailUsername");
            MailPass= System.Configuration.ConfigurationManager.
              AppSettings.Get("MailPass");
            Mailpassword=System.Configuration.ConfigurationManager.
            AppSettings.Get("Mailpassword");
            string mailPopPort= System.Configuration.
              ConfigurationManager.AppSettings.Get("MailPopPort");
            MailPopPort=Convert.ToInt32(mailPopPort);
            jpop.Connect(MailUsername, Mailpassword, POPAddress, MailPopPort);
```

```
//如果服务器上有邮件
if (jpop.Count >=1)
{
    for (int i=1; i <=jpop.Count; i++)
    {
        Msg=jpop.Messages[i];
        atts=Msg.Attachments;
        //取数据库中邮件信息中的最大发送时间,即最近接收到的一封邮件的时间
        DataTable data=this.GetDataTable ("select max(accepttime) from acceptfax
          where sendtag='1'");
        //对服务器上的邮件的发送时间和数据库最近一封邮件的时间进行比较,如果大那么证
          明该邮件还未被收取,是一封新邮件,这样避免重复收取邮件并入库
        if (Msg.Date>Convert.ToDateTime(data.Rows[0][4].ToString()))
        {
                //将这封新邮件的信息保存到数据库
        //this.SaveExtMail (Msg, Username, dataReader["Email"].
            ToString(), jpop.GetMessageUID(i));
        this.SaveExtMail (Msg.FromName, Msg.Subject, Msg.Body, Msg.Date.
          ToLongDateString());
        //获取附件并上传到服务器,再将信息存入数据库
            if (atts.Count >=1)
            {
                for (int k=0; k<atts.Count; k++)
                {
                    att=atts[k];//获得附件
                    string attname=att.Name;
                    try
                    {
                        Random TempNameInt=new Random();
                        string NewMailDirName= TempNameInt.Next (100000000).
                        ToString();
                        //生成随机文件的后缀名
                        string strSaveDir="\AttachFiles\";
                        //取得文件名(包括路径)里最后一个"."的索引
                        int intExt=attname.LastIndexOf(".");
                        //取得文件扩展名
                        string strExt=attname.Substring(intExt);
                        //取得文件名(不包括路径)
                        Random objRand=new Random();
                        System.DateTime date=DateTime.Now;
                        //生成随机文件名
                          string str=attname.Substring(1, attname.
                          LastIndexOf(".")-1);
                          string saveName=System.DateTime.Now.Minute.
                          ToString()+ System.DateTime.Now.Second.
                          ToString()+System.DateTime.Now.Millisecond.
                          ToString()+ Convert.ToString(objRand.
                          Next(99) * 97+100);
                          string strNewName = str +" ( " + saveName +")" +
```

```
                          strExt;        //取新名字,防止重复
                             Directory.CreateDirectory(System.Web.HttpContext.
                             Current.Server.MapPath(".")+ "\AttachFiles\"
                             +strNewName);string mailPath=strSaveDir+
                             strNewName;
                             att.SaveToFile(System.Web.HttpContext.Current.
                             Server.MapPath(".")+mailPath);
                             //获取该封邮件在数据库的 ID,以便和附件信息相对应,
                                取邮件表中的最大 ID 即可
                             int mailID=this.GetMailID();
                             //将附件信息存入数据库
                             this.AttExtSend(mailID, attname, att.Size,
                          mailPath, Msg.From);
                          }
                          catch (Exception ex)
                          {
                             throw new Exception(ex.Message);
                          }
                       }
                    }
                 }
              }
           }
        //删除服务器上的邮件
        jpop.DeleteMessages();
        //断开连接
        jpop.Disconnect();
        //      }
        //}
     }
     //取数据库中的邮件在某个条件下的某条信息
     public DataTable GetDataTable(string sqlstr)
     {
        SqlConnection conn=sqlconn.CreateConn();
        SqlDataAdapter da=new SqlDataAdapter(sqlstr , conn);
        DataSet ds=new DataSet();
        da.Fill(ds);
        DataTable dt=ds.Tables[0];
        dt.AcceptChanges();
        conn.Close();
        return dt;
     }
     //将新邮件的信息保存到数据库的 acceptfax 表中
     public void SaveExtMail(string FromName, string Subject, string Body, string
     Date)
     {
        //--------------------更新到数据库中--------------------
        SqlConnection conn=sqlconn.CreateConn();
        SqlDataAdapter da=new SqlDataAdapter("select * from acceptfax", conn);
```

```
            DataSet ds=new DataSet();
            da.Fill(ds);
            DataTable dt=ds.Tables[0];
            DataRow dr=dt.NewRow();
            dr["faxno"]=FromName;
            dr["title"]=Subject;
            dr["content"]=Body;
            dr["accepttime"]=Date;
            dt.Rows.Add(dr);
            SqlCommandBuilder cmdBuilder=new SqlCommandBuilder(da);
            da.Update(dt);
            dt.AcceptChanges();
            conn.Close();
    }
    //获取该邮件的在数据库中的 ID 号,以便与和附件相对应
    public int GetMailID()
    ...{
            //取数据库中邮件信息中的最大发送时间,即最近接收到的一封邮件的时间,并得到该邮
                件的 sid 号
            DataTable data=this.GetDataTable("select max(accepttime)
                from acceptfax where sendtag='1'");
            int result=Convert.ToInt32(data.Rows[0][0].ToString());
            return result;
    }
    //把每个附件的内容更新并存入数据库
public void AttExtSend(int mailID, string attname, int Size, string mailpath,
string format)
    {
            //--------------------更新到数据库中--------------------
            SqlConnection conn=sqlconn.CreateConn();
        SqlDataAdapter da=new SqlDataAdapter("select * from attachmentInfo", conn);
            DataSet ds=new DataSet();
            da.Fill(ds);
            DataTable dt=ds.Tables[0];
            DataRow dr=dt.NewRow();
            dr["mailID"]=mailID;
            dr["attname"]=attname;
            dr["attsize"]=Size;
            dr["mailpath"]=mailpath;
            dr["format"]=format;
            dt.Rows.Add(dr);
            SqlCommandBuilder cmdBuilder=new SqlCommandBuilder(da);
            da.Update(dt);
            dt.AcceptChanges();
            conn.Close();
    }
```

(4) 利用 jmail 类发送邮件的代码,如代码 6-4 所示。

代码 6-4 利用 jmail 类发送邮件

```
private void SendMailByJmail()
{
//建立发邮件类
```

```
jmail.MessageClass oJmailMessage=new jmail.MessageClass();
//字符集
oJmailMessage.Charset="GB2312";
//附件的编码格式
oJmailMessage.Encoding="BASE64";
oJmailMessage.ContentType="text/html";
//是否将信头编码成 ISO-8859-1 字符集
oJmailMessage.ISOEncodeHeaders=false;
//优先级
oJmailMessage.Priority=Convert.ToByte(1);
//发送人邮件地址
oJmailMessage.From=TxtEmail.Text.Trim();
//发送人姓名
oJmailMessage.FromName=TxtName.Text.Trim();
//邮件主题
oJmailMessage.Subject=txtSubject.Text.Trim();
//身份验证的用户名
oJmailMessage.MailServerUserName=TxtSmtpUser.Text.Trim();
//用户密码
oJmailMessage.MailServerPassWord=TxtSmtpPwd.Text.Trim();
//添加一个收件人,抄送人和密送人的添加和该方法是一样的,只是分别使用
        AddRecipientCC 和 RecipientBCC 两个属性
//要是需要添加多个收件人,则重复下面的语句即可。添加多个抄送和密送人的方法一样
oJmailMessage.AddRecipient(txtReciver.Text.Trim(),"","");
if("" !=upFile.PostedFile.FileName)
{
    string attpath=upFile.PostedFile.FileName;
    oJmailMessage.AddAttachment(@attpath,true,attpath.Substring
        (attpath.LastIndexOf(".")+1,3));    //添加附件
}
//邮件内容
oJmailMessage.Body=txtContent.Text.Trim();
if(oJmailMessage.Send(TxtSmtServer.Text.Trim(),false))
{
    Response.Write("发送成功!");
}
else
{
    Response.Write("发送失败,请检查邮件服务器的设置!");
}
oJmailMessage=null;
}
```

任务 6.3　制作发送电子邮件功能模块

1. 要求和目的

要求：建立一个如图 6-3 所示的界面,通过该界面实现电子邮件的发送,包括发送人、收件人、抄送人、暗送人、主题、附件、内容、格式等。

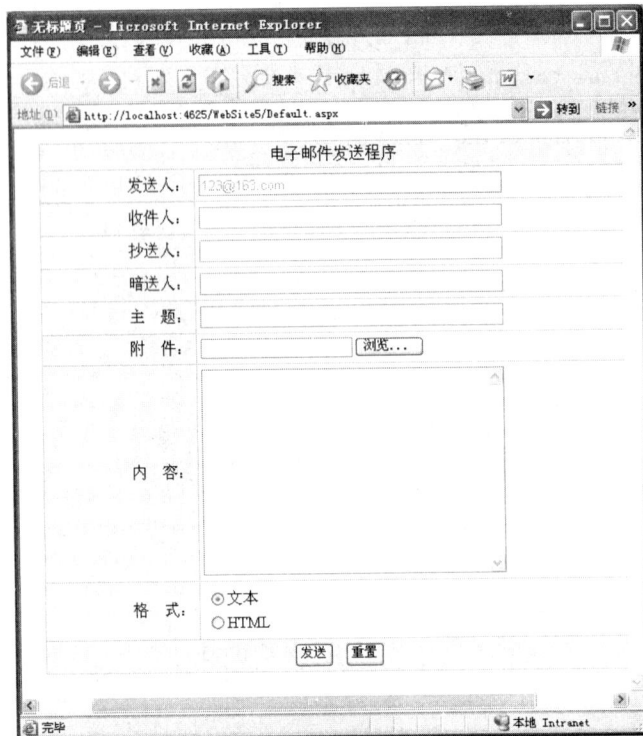

图 6-3　界面运行效果预览

目的：
- 掌握用 SendMail 方法发送邮件的方法。
- 掌握 MailMessage 类的使用方法。

2. 操作步骤

（1）界面设计

首先做一个合理的布局表格,在界面上依次添加 5 个单行文本框控件 TextBox,再拖入一个 FileUpload 控件和一个 TextBox 多行文本框控件,在格式位置添加两个 RadioButton 按钮,最后添加两个 Button 按钮。

（2）编写事件代码

在编程界面中双击页面的空白处,进入 Page_Load 事件,添加代码 6-5。

代码 6-5　Page_Load 事件

```
if (!IsPostBack)
{
    format.Items.Add(new ListItem("文本", "0"));
    format.Items.Add(new ListItem("HTML", "1"));
        format.Items[0].Selected=true;
        fromMail.Text="123@163.com"; //发送方邮件
        fromMail.Enabled=false;
}
```

该段代码的作用是设置界面中各文本框的初始值。

在编程界面中,双击"发送"按钮,进入该按钮的单击事件 send_Click,添加代码 6-6。

代码 6-6　"发送"按钮的单击事件

```
bool flag=SendMail(fromMail.Text, toMail.Text, ccMail.Text, bccMail.Text,
subject.Text, body.Text, format.SelectedValue);
if (flag==true)
{
    Response.Write("<script>alert('发送成功!');</script>");
}
else
{
    Response.Write("<script>alert('发送失败!');</script>");
}
```

同时,添加 SendMail 方法,如代码 6-7 所示。

代码 6-7　SendMail 方法

```
private bool SendMail(string fromMail, string toMail, string ccMail, string
bccMail, string subject, string body, string sendMode)
{
    try
    {
        MailMessage myMail=new MailMessage();
        myMail.From=fromMail;
        myMail.To=fromMail;
        myMail.Cc=ccMail;
        myMail.Bcc=bccMail;
        myMail.Subject=subject;
        myMail.Body=body;
        myMail.BodyFormat=sendMode=="0" ? MailFormat.Text : MailFormat.Html;
        //附件
        string ServerFileName="";
        if (this.upfile.PostedFile.ContentLength !=0)
        {
            string upFileName=this.upfile.PostedFile.FileName;
            string[] strTemp=upFileName.Split('.');
            string upFileExp=strTemp[strTemp.Length-1].ToString();
            ServerFileName=Server.MapPath(DateTime.Now.ToString
                ("yyyyMMddhhmmss")+"."+upFileExp);
            this.upfile.PostedFile.SaveAs(ServerFileName);
            myMail.Attachments.Add(new MailAttachment(ServerFileName));
        }
myMail.Fields.Add("http://schemas.microsoft.com/cdo/configuration/
smtpauthenticate", 1);
myMail.Fields.Add("http://schemas.microsoft.com/cdo/configuration/
sendusername", "123");        //发送方邮件账号
myMail.Fields.Add("http://schemas.microsoft.com/cdo/configuration/
sendpassword", "123");        //发送方邮件密码
```

```
SmtpMail.SmtpServer="smtp."+fromMail.Substring(fromMail.IndexOf("@")+1);
SmtpMail.Send(myMail);
return true;
}
catch
{
    return false;
}
}
```

3. 相关知识点

（1）电子邮件系统概述

早期 Internet 所用的电子邮件软件是许多 Internet 主机所用 UNIX 操作系统下的程序，如 MAIL、ELM 及 PINE 等。最近出现了新一代的程序，如流行的 EUDORA 程序。不同的程序使用的命令和用法会稍有不同，但地址格式是统一的。Internet 的电子邮件系统遵循简单邮件传送协议，即 SMTP 协议标准。

首先，客户端利用客户端软件使用 SMTP 协议将要发送的邮件发送到本地的邮件服务器中，然后本地服务器再查看接收到的邮件的目标地址，如果目标地址在远端，则本地邮件服务器就将该邮件发往下一个邮件服务器或直接发往目标邮件服务器。如果客户端想要查看其邮件内容，则必须使用 POP 协议来接收才可以看到邮件。

（2）MailMessage 类

表示可以使用 SmtpClient 类发送的电子邮件。此类在.NET Framework 2.0 版本中是新增的。MailMessage 类的命名空间是 System.Net.Mail。MailMessage 类的实例用于构造使用 SmtpClient 类传输到 SMTP 服务器以便传递的电子邮件。

若要指定电子邮件的发件人、收件人和内容，可以使用 MailMessage 类的关联属性。MailMessage 类的属性如表 6-1 所示。

表 6-1　MailMessage 类的属性

邮件部分	属　性	邮件部分	属　性
发件人	From	附件	Attachments
收件人	To	主题	Subject
抄送(CC)	CC	邮件正文	Body
密件抄送(BCC)	Bcc		

（3）SmtpMail 类

提供用于使用 Windows 2000 的协作数据对象（CDOSYS）消息组件来发送消息的属性和方法。邮件可以通过 Microsoft Windows 2000 中内置的 SMTP 邮件服务或任意 SMTP 服务器来传送。

可将下面的示例编译到用于通过命令行发送电子邮件的控制台应用程序。如果将该示例编译成名为 MailMessage.exe 的文件，请使用此可执行文件发送电子邮件，如代

192

码 6-8 所示。

代码 6-8　发送电子邮件

```
using System;
using System.Web.Mail;
namespace SendMail
{
   class usage
   {
      public void DisplayUsage()
      {
         Console.WriteLine("Usage SendMail.exe <to><from><subject><body>");
         Console.WriteLine("<to>the addresses of the email recipients");
         Console.WriteLine("<from>your email address");
         Console.WriteLine("<subject>subject of your email");
         Console.WriteLine("<body>the text of the email");
         Console.WriteLine("Example:");
         Console.WriteLine("SendMail.exe SomeOne@Contoso.com;SomeOther@
            Contoso.com Me@contoso.com Hi hello");
      }
   }
   class Start
   {
      //The main entry point for the application.
      [STAThread]
      static void Main(string[] args)
      {
         try
         {
            try
            {
               MailMessage Message=new MailMessage();
               Message.To=args[0];
               Message.From=args[1];
               Message.Subject=args[2];
               Message.Body=args[3];
               try
               {
                  SmtpMail.SmtpServer="your mail server name goes here";
                  SmtpMail.Send(Message);
               }
               catch(System.Web.HttpException ehttp)
               {
                  Console.WriteLine("{0}", ehttp.Message);
                  Console.WriteLine("Here is the full error message output");
                  Console.Write("{0}", ehttp.ToString());
               }
            }
            catch(IndexOutOfRangeException)
```

```
        {
            usage use=new usage();
            use.DisplayUsage();
        }
    }
    catch(System.Exception e)
    {
        Console.WriteLine("Unknown Exception occurred {0}", e.Message);
        Console.WriteLine("Here is the Full Message output");
        Console.WriteLine("{0}", e.ToString());
    }
  }
 }
}
```

(4) 发送电子邮件

这是许多需要用户注册的网站的通用功能,通过正则表达式我们可以过滤掉不符合电子邮件格式的输入,但是仍没有办法确保用户填写的电子邮件地址一定是他本人真实有效的电子邮件地址。通常验证电子邮件的真实有效的办法是:当用户填写的注册资料经过网站初步格式验证之后,用户并不能利用此账号登录,系统会向用户注册时填写的电子邮件地址发送一封电子邮件,邮件中给出一个超链接,只有当用户单击了这个超链接之后才能登录到网站,如果用户填写的电子邮件地址不是真实有效的或者不是他本人的,就不会收到这封电子邮件,这样仍然不能登录,这一步一般称为电子邮件激活。

系统自动发送电子邮件的程序如代码 6-9 所示。

代码 6-9 系统自动发送电子邮件的程序

```
using System;
using System.Net.Mail;
using System.Net;
public class SendMail2
{
    public SendMail2()
    {
    }
    //<summary>
    //发送邮件
    //</summary>
    //<param name="to">收件人邮件地址</param>
    //<param name="from">发件人邮件地址</param>
    //<param name="subject">邮件主题</param>
    //<param name="body">邮件内容</param>
    //<param name="username">登录 SMTP 主机时用到的用户名,注意是邮件地址@以前的
        部分</param>
    //<param name="password">登录 SMTP 主机时用到的用户密码</param>
    //<param name="SMTPHost">发送邮件用到的 SMTP 主机</param>
    public void Send (string to, string from, string subject, string body,
    string userName, string password, string smtpHost)
```

```
    {
        MailAddress from=new MailAddress(from);
        MailAddress to=new MailAddress(to);
        MailMessage message=new MailMessage(from, to);
        message.Subject=subject;          //设置邮件主题
        message.IsBodyHtml=true;          //设置邮件正文为 HTML 格式
        message.Body=body;                //设置邮件内容
        SmtpClient client=new SmtpClient(smtpHost);
        //设置发送邮件时的身份验证方式
        //注意如果发件人地址是 abc@def.com,则用户名是 abc 而不是 abc@def.com
        client.Credentials=new NetworkCredential(userName, password);
        client.Send(message);
    }
}
```

项 目 小 结

　　本项目介绍了电子邮件系统的设计与实现方法,介绍了接收电子邮件的基本原理和使用 ASP. NET 接收电子邮件的实现方法。介绍了发送电子邮件的基本原理和使用 ASP. NET 发送电子邮件的实现方法。

项 目 拓 展

　　设计制作一个完整的电子邮件系统,包括发送电子邮件和接收电子邮件功能。

项目 7 设计制作学生信息管理系统

本项目学习目标

- 掌握常见数据库操作的实现方法。
- 掌握代码之间相互调用的设计方法。

任务 7.1 系统功能概述

学生信息管理系统是常见的一个应用系统。随着计算机网络的发展和高校管理计算机水平的不断提高，学生信息管理也逐渐地实现了数字化和智能化。学生信息管理系统将大大提高学生信息的管理效率，实现数据共享、网络查询和网络管理等便利。

本项目设计的学生信息管理系统主要包括以下功能模块：学生信息录入模块、学生信息管理模块（编辑、删除）、学生信息查询模块、用户登录模块、用户信息管理模块、用户权限设置模块、学生成绩录入模块、学生成绩管理模块、专业信息管理模块等。

任务 7.2 数据库设计

本系统使用的数据库管理系统为 SQL Server 2008，下面给出该系统的数据库结构设计。

7.2.1 数据库需求分析

本系统为学生信息管理系统，数据库中存储的信息包括：学生信息、用户信息、院系表信息、管理员信息、课程信息、成绩信息等。

7.2.2 数据库结构设计

打开对象资源管理器，如图 7-1 所示。

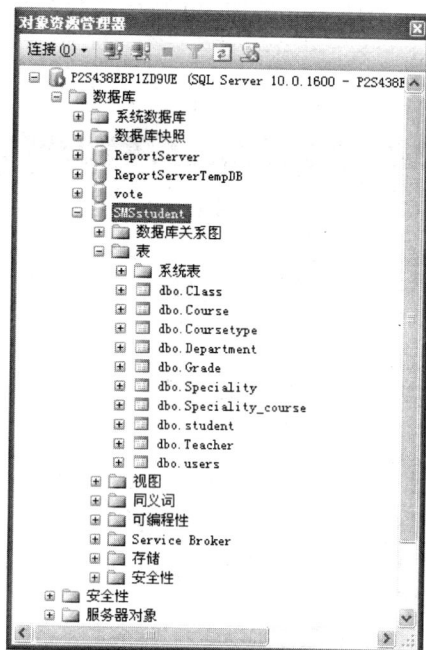

图 7-1　对象资源管理器

　　右击数据库,选择"新建数据库"命令,在"数据库名称"文本框中输入 SMSstudent,建立学生信息数据表,如图 7-2 所示。

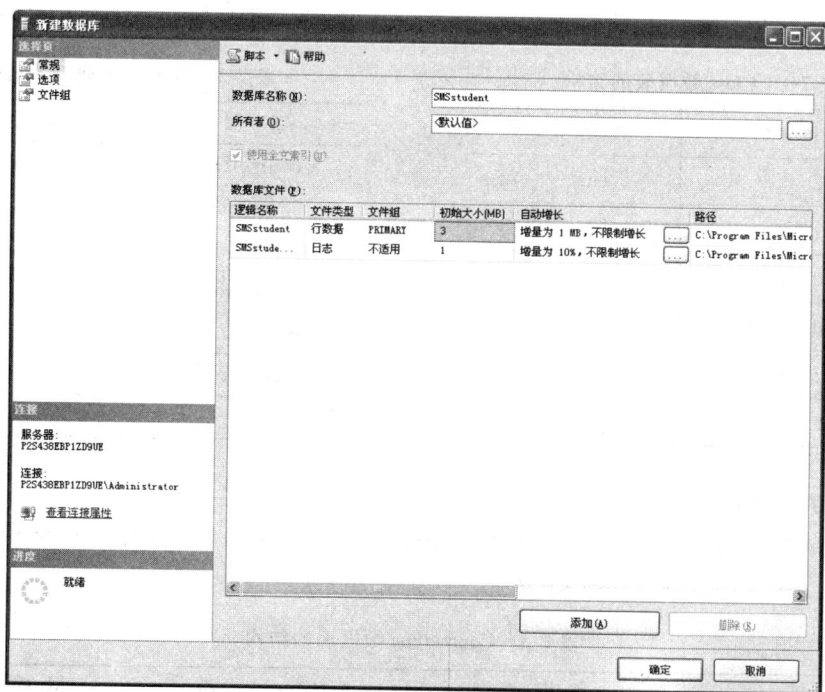

图 7-2　新建数据库

在 SMSstudent 数据库中新建一个名称为 Class 的数据表,用于存放班级数据信息,数据表的结构如表 7-1 所示。

创建界面如图 7-3 所示。

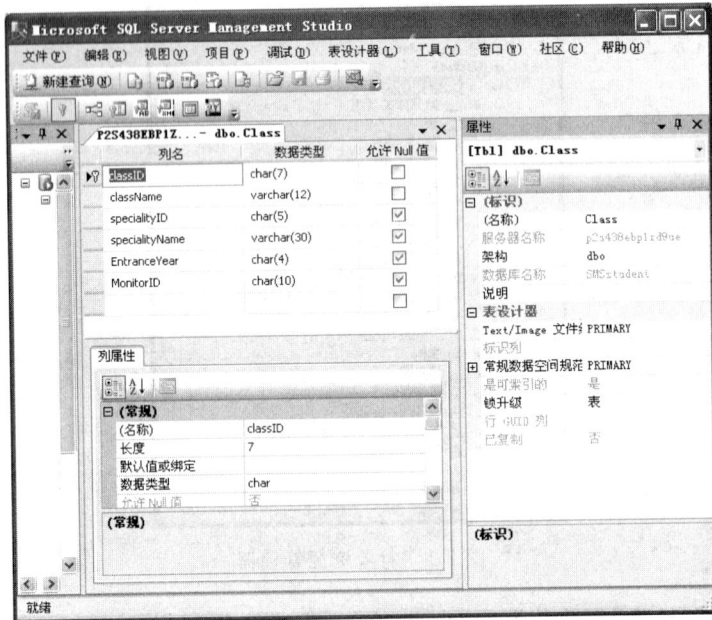

图 7-3　Class 数据表

新建一个名称为 Course 的数据表,用于存放课程信息,其结构如表 7-2 所示。

表 7-1　Class 数据表的结构

字 段 名	数 据 类 型
classID	char
className	varchar
specialityID	char
specialityName	varchar
EntranceYear	char
MonitorID	char

表 7-2　Course 数据表的结构

字 段 名	数 据 类 型
courseID	char
coursename	varchar
coursetypeID	varchar
totalperiod	tinyint
weekperiod	tinyint
credithour	tinyint
remark	varchar

创建界面如图 7-4 所示。

新建一个名称为 Coursetype 的数据表,用于存放课程类型信息,其结构如表 7-3 所示。

表 7-3　Coursetype 数据表的结构

字 段 名	数 据 类 型	字 段 名	数 据 类 型
coursetypeID	varchar	typename	varchar

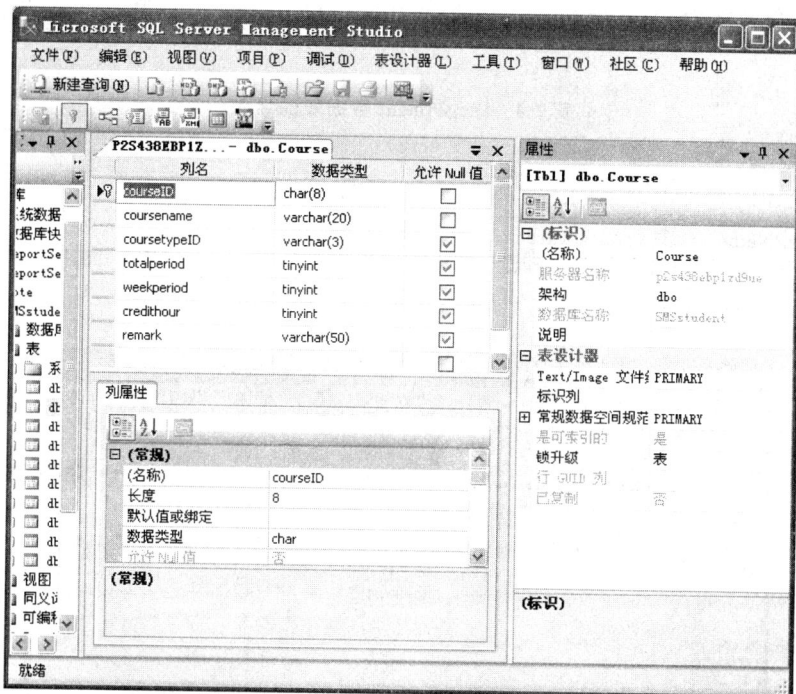

图 7-4 Course 数据表

创建界面如图 7-5 所示。

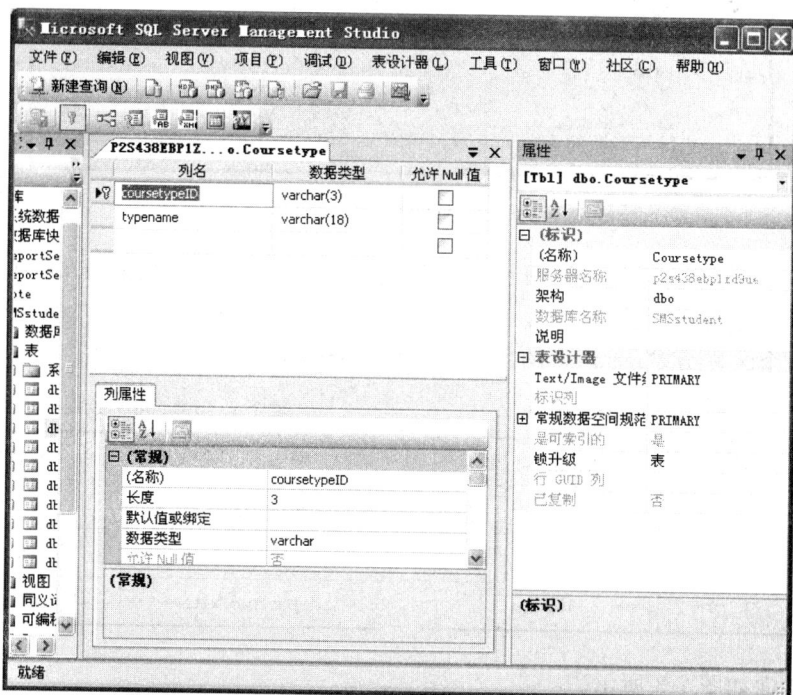

图 7-5 Coursetype 数据表

新建一个名称为 Department 的数据表,用于存放系部信息,数据表的结构如表 7-4 所示。

表 7-4 Department 数据表的结构

字　段　名	数　据　类　型	字　段　名	数　据　类　型
DepartmentID	char	DepartmentHead	char
DepartmentName	varchar		

创建界面如图 7-6 所示。

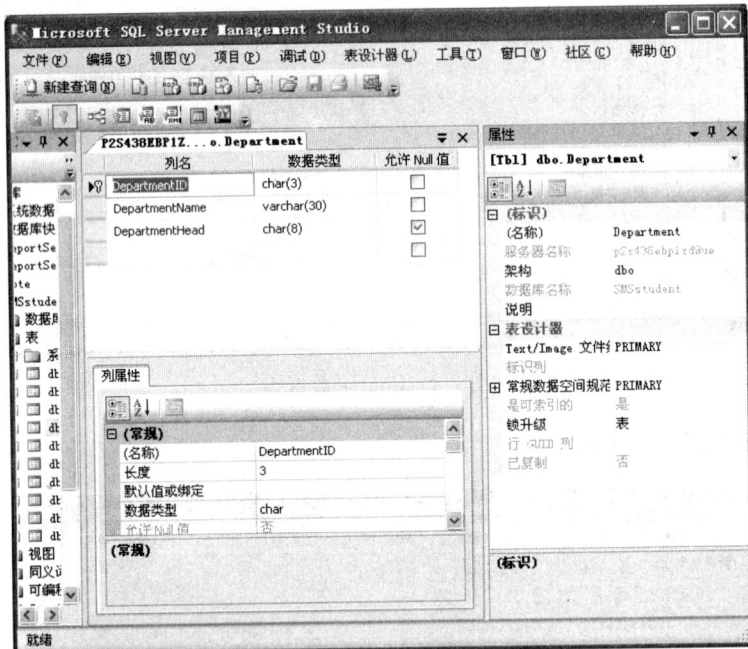

图 7-6 Department 数据表

新建一个名称为 Grade 的,用于存放年级信息。数据表的结构如表 7-5 所示。
创建界面如图 7-7 所示。
新建一个名称为 Speciality 的数据表。数据表的结构如表 7-6 所示。

表 7-5 Grade 数据表的结构

字　段　名	数　据　类　型
studentID	char
courseID	char
grade	tinyint

表 7-6 Speciality 数据表的结构

字　段　名	数　据　类　型
specialityID	char
specialityName	varchar
departmentID	char

创建界面如图 7-8 所示。
新建一个名称为 Speciality_course 的数据表。数据表的结构如表 7-7 所示。

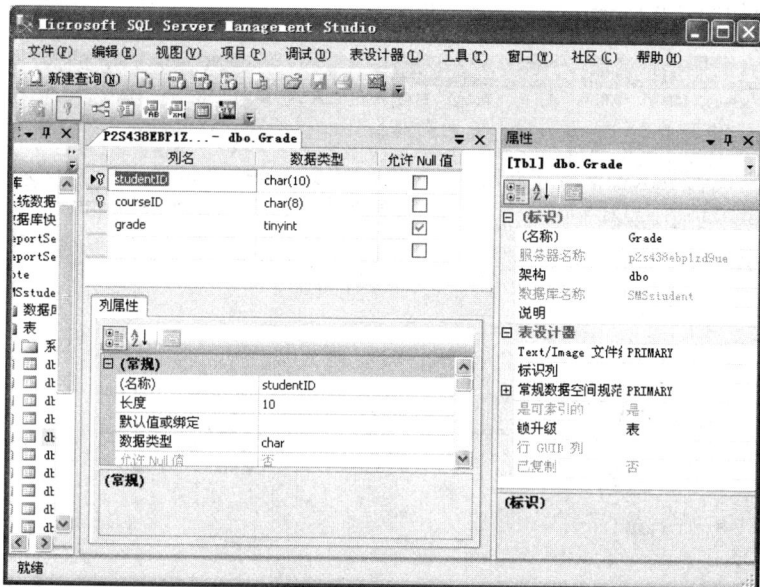

图 7-7　Grade 数据表

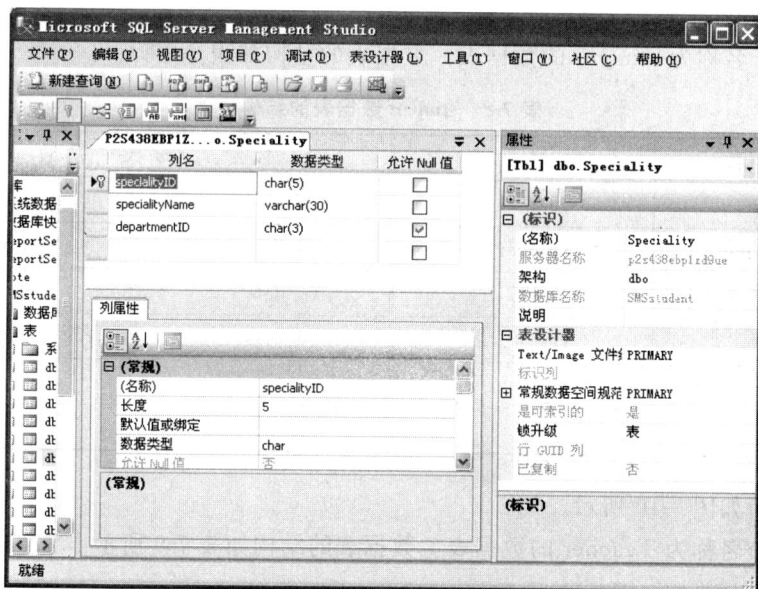

图 7-8　Speciality 数据表

表 7-7　Speciality_course 数据表的结构

字　段　名	数　据　类　型	字　段　名	数　据　类　型
specialityID	char	term	tinyint
courseID	char		

创建界面如图 7-9 所示。

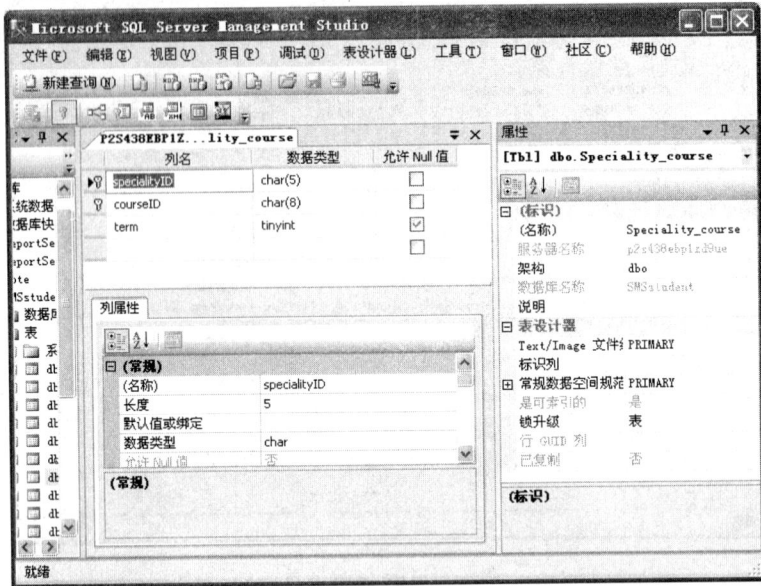

图 7-9　Speciality_course 数据表

新建一个名称为 student 的数据表。数据表的结构如表 7-8 所示。

表 7-8　student 数据表的结构

字　段　名	数　据　类　型	字　段　名	数　据　类　型
studentID	char	telephone	varchar
studentName	varchar	credithour	tinyint
nation	char	ru_date	char
sex	char	address	varchar
birthday	datetime	pwd	varchar
classID	char	remark	varchar

创建界面如图 7-10 所示。

新建一个名称为 Teacher 的数据表。数据表的结构如表 7-9 所示。

表 7-9　Teacher 数据表的结构

字　段　名	数　据　类　型	字　段　名	数　据　类　型
teacherID	char	telephone	char
teacherName	varchar	homeAddr	varchar
departmentID	char	pwd	varchar
sex	char	remark	varchar
technicalPost	char		

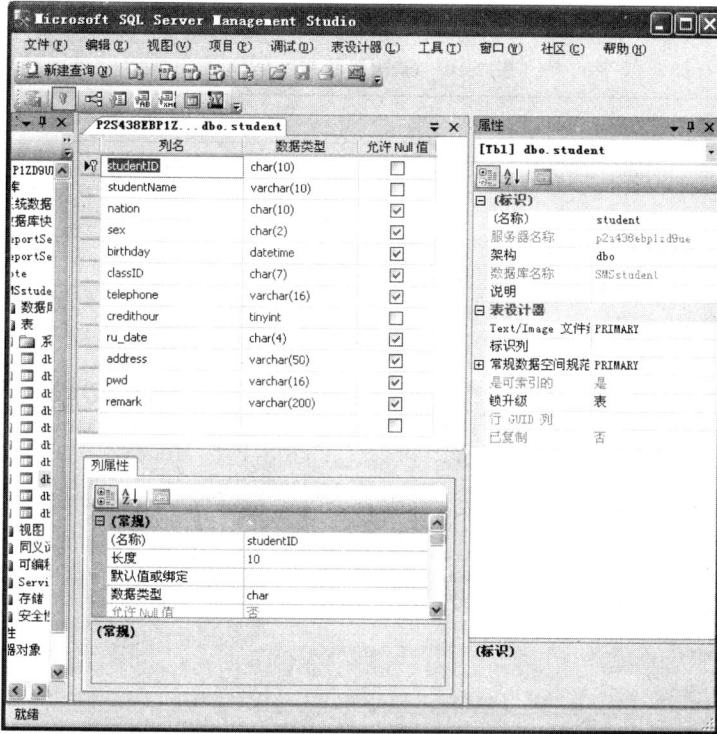

图 7-10 student 数据表

创建界面如图 7-11 所示。

图 7-11 Teacher 数据表

新建一个名称为 users 的数据表。数据表的结构如表 7-10 所示。

表 7-10 users 数据表的结构

字　段　名	数据类型
username	char
mypassword	varchar
usertype	varchar

创建界面如图 7-12 所示。

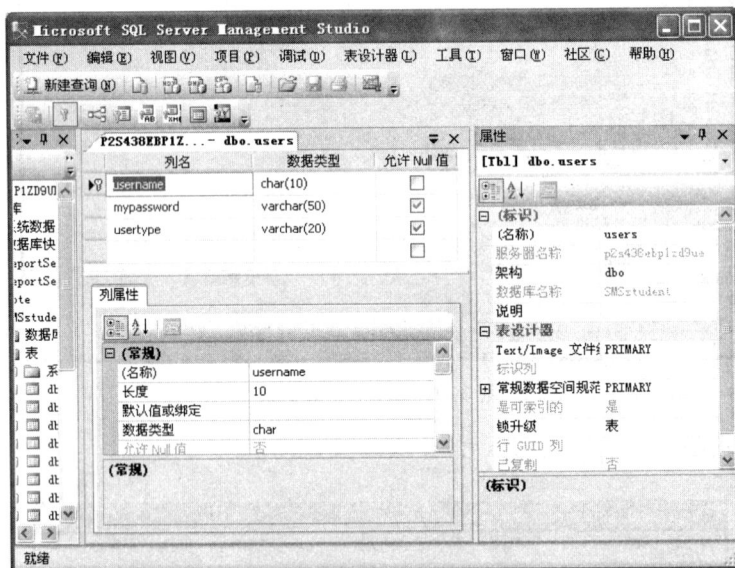

图 7-12 users 数据表

任务 7.3 设计学生信息管理系统功能模块

7.3.1 项目文件结构

本项目采用代码分层结构。本项目所包含的页面如下。

(1) 添加班级信息页面 addclass.aspx。

(2) 添加课程信息页面 addcourse.aspx。

(3) 添加课程类型页面 addcoursetype.aspx。

(4) 添加系部信息页面 addDepartment.aspx。

(5) 添加成绩信息页面 addgrade.aspx。

(6) 添加用户信息页面 addlogoin.aspx。

（7）添加专业信息页面 addspeciality. aspx。

（8）添加学生信息页面 addstu. aspx。

（9）添加教师信息页面 addteacher. aspx。

（10）班级信息管理页面 class. aspx。

（11）课程信息管理页面 course. aspx。

（12）课程类型管理页面 coursetype. aspx。

（13）管理主页面 crm_admin_main. htm。

（14）显示系部信息页面 department. aspx。

（15）修改学生信息页面 editstu. aspx。

（16）学生成绩信息管理页面 grade. aspx。

（17）管理主页面左侧菜单栏页面 left. aspx。

（18）主登录页面 logoin. aspx。

（19）专业信息管理页面 speciality. aspx。

（20）学生信息管理页面 student. aspx。

（21）教师信息管理页面 teacher. aspx。

（22）显示教师详细信息页面 teacherlist. aspx。

（23）配置文件 web. config。

（24）导航文件 web. sitemap。

工程文件图如图 7-13 所示。

在创建各个功能页面之前，首先修改 Web. Config 配置文件，因为每个与数据库相关的界面都需要用到数据库连接。在 Web. Config 文件中添加程序如代码 7-1 所示。

代码 7-1   在 Web. Config 中添加程序

```
<appSettings>
    <add key="SMS_dbconn" value="server=.;Pooling
    = true; Min Pool Size = 10; Max Pool Size = 200;
    packet size=4096;data source= (local);initial
    catalog=SMSstudent;
    Integrated Security=SSPI;" />
    <add key="CrystalImageCleaner-AutoStart"
    value="true" />
    <add key="CrystalImageCleaner-Sleep"
    value="60000" />
    <add key="CrystalImageCleaner-Age" value="120000" />
</appSettings>
```

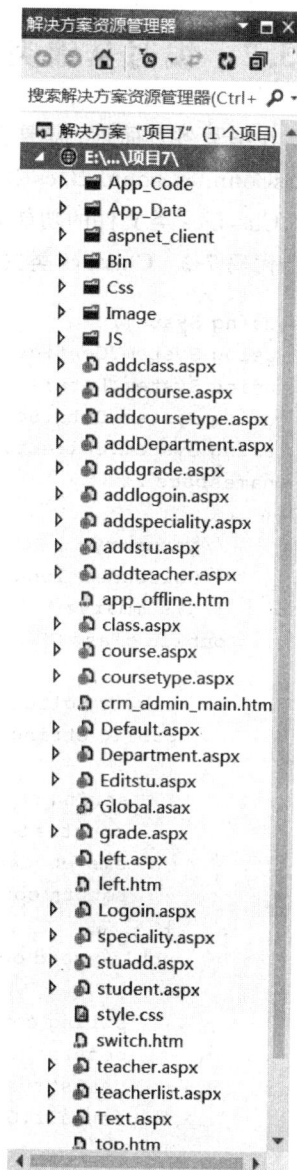

图 7-13   工程文件图

本项目中使用<ConnectionString>来定义连接数据库的连接字符串，用户需要根据自己创建数据库的情况进行配置。

205

7.3.2 编写基础类文件代码

在编写各页面前,需要在 App_Code 文件夹中添加三个类文件,分别是 Class.cs、ClassConn.cs、connDB.cs 和 data.cs。

Class.cs 类文件的功能是设置与数据库相关的操作,如代码 7-2 所示。

代码 7-2　Class.cs 类文件

```csharp
using System;
using System.Configuration;
using System.Data;
using System.Data.SqlClient;
using System.Collections;
namespace zz
{
    //<summary>
    //SqlConnection 的摘要说明
    //</summary>
    public class CConnection
    {
        public SqlConnection connstr;              //连接字符串
        public string getconnstr()                 //获取连接字符串
        {
            string constr;
            constr=System.Configuration.ConfigurationManager.AppSettings["
            sms_dbconn"];
            return constr;
        }
        public void open()                         //打开数据库
        {
            string constr;
            constr=getconnstr();
            connstr=new SqlConnection(constr);
            connstr.Open();
        }
        public void close()                        //关闭数据库
        {
            connstr.Dispose();
            connstr.Close();
        }
        public void execsql(string sql)            //执行 SQL 语句
        {
            open();
            SqlCommand cmd=new SqlCommand(sql, connstr);
            cmd.ExecuteNonQuery();
            close();
        }
        public DataSet dataset(string sql)         //返回 DataSet 对象
```

```
    {
        open();
        SqlDataAdapter rs=new SqlDataAdapter(sql, connstr);
        DataSet ds=new DataSet();
        rs.Fill(ds);
        return ds;
    }
    public DataView dataview(string sql)              //返回 DataView 对象
    {
        DataSet ds=new DataSet();
        ds=dataset(sql);
        DataView dv=new DataView(ds.Tables[0]);
        return dv;
    }
    public SqlDataReader datareader(string sql)   //返回 DataReader 对象
    {
        open();
        SqlCommand cmd=new SqlCommand(sql, connstr);
        SqlDataReader dr=cmd.ExecuteReader();
        return dr;
    }
    }
}
```

ClassConn. cs 类文件的功能是实现对 SQL 数据库的各种操作，如代码 7-3 所示。

代码 7-3　ClassConn. cs 类文件

```
using System;
using System.Data;
using System.Data.SqlClient;
using System.Configuration;
namespace WeYyzyq.DBUtility
{
    //<summary>
    //数据库操作基类
    //实现对 SQL 数据库的各种操作
    //</summary>
    public class SqlDataBase
    {
        //获取 Web.Config 数据库连接字符串
        private readonly string SqlConnectionString=ConfigurationManager.
        ConnectionStrings["SMS_dbconn"].ConnectionString;
        private SqlConnection cn;              //创建 SQL 连接
        private SqlDataAdapter sda;            //创建 SQL 数据适配器
        private SqlDataReader sdr;             //创建 SQL 数据读取器
        private SqlCommand cmd;                //创建 SQL 命令对象
        private SqlParameter param;            //创建 SQL 参数
        private DataSet ds;                    //创建数据集
        private DataView dv;                   //创建视图
        //<summary>
```

```
//打开数据库连接
//</summary>
public void Open()
{
    #region
    cn=new SqlConnection(SqlConnectionString);
    cn.Open();
    #endregion
}
//<summary>
//关闭数据库连接
//</summary>
public void Close()
{
    #region
    if (cn !=null)
    {
        cn.Close();
        cn.Dispose();
    }
    #endregion
}
//<summary>
//返回 DataSet 数据集
//</summary>
//<param name="strSql">SQL 语句</param>
public DataSet GetDs(string strSql)
{
    #region
    Open();
    sda=new SqlDataAdapter(strSql, cn);
    ds=new DataSet();
    sda.Fill(ds);
    Close();
    return ds;
    #endregion
}
//<summary>
//添加 DataSet 表
//</summary>
//<param name="ds">DataSet 对象</param>
//<param name="strSql">SQL 语句</param>
//<param name="strTableName">表名</param>
public void GetDs(DataSet ds, string strSql, string strTableName)
{
    #region
    Open();
    sda=new SqlDataAdapter(strSql, cn);
    sda.Fill(ds, strTableName);
```

```
            Close();
            #endregion
    }
    //<summary>
    //返回 DataView 数据视图
    //</summary>
    //<param name="strSql">SQL 语句</param>
    public DataView GetDv(string strSql)
    {
        #region
        dv=GetDs(strSql).Tables[0].DefaultView;
        return dv;
        #endregion
    }
    //<summary>
    //获得 DataTable 对象
    //</summary>
    //<param name="strSql">SQL 语句</param>
    //<returns></returns>
    public DataTable GetTable(string strSql)
    {
        #region
        return GetDs(strSql).Tables[0];
        #endregion
    }
    //<summary>
    //获得 SqlDataReader 对象。使用完须关闭 DataReader,并关闭数据库连接
    //</summary>
    //<param name="strSql">SQL 语句</param>
    //<returns></returns>
    public SqlDataReader GetDataReader(string strSql)
    {
        #region
        Open();
        cmd=new SqlCommand(strSql, cn);
        sdr=cmd.ExecuteReader(System.Data.CommandBehavior.CloseConnection);
        return sdr;
        #endregion
    }
    //<summary>
    //执行 SQL 语句
    //</summary>
    //<param name="strSql"></param>
    public void RunSql(string strSql)
    {
        #region
        Open();
        cmd=new SqlCommand(strSql, cn);
        cmd.ExecuteNonQuery();
```

```
        Close();
        #endregion
    }
//<summary>
//执行 SQL 语句,并返回第一行第一列的结果
//</summary>
//<param name="strSql">SQL 语句</param>
//<returns></returns>
public string RunSqlReturn(string strSql)
{
    #region
    string strReturn="";
    Open();
    try
    {
        cmd=new SqlCommand(strSql, cn);
        strReturn=cmd.ExecuteScalar().ToString();
    }
    catch { }
    Close();
    return strReturn;
    #endregion
}
//<summary>
//执行存储过程
//</summary>
//<param name="procName">存储过程的名称</param>
//<returns>返回存储过程的返回值</returns>
public int RunProc(string procName)
{
    #region
    cmd=CreateCommand(procName, null);
    cmd.ExecuteNonQuery();
    Close();
    return (int)cmd.Parameters["ReturnValue"].Value;
    #endregion
}
//<summary>
//执行存储过程
//</summary>
//<param name="procName">存储过程名称</param>
//<param name="prams">存储过程所需参数</param>
//<returns>返回存储过程的返回值</returns>
public int RunProc(string procName, SqlParameter[] prams)
{
    #region
    cmd=CreateCommand(procName, prams);
    cmd.ExecuteNonQuery();
    Close();
```

```
        return (int)cmd.Parameters["ReturnValue"].Value;
        #endregion
    }
    public void RunProc(string procName, SqlDataReader dataReader)
    {
        #region
        cmd=CreateCommand(procName, null);
        dataReader= cmd.ExecuteReader(System.Data.CommandBehavior.
        CloseConnection);
        #endregion
    }
    public void RunProc(string procName, SqlParameter[] prams,
    SqlDataReader dataReader)
    {
        #region
        cmd=CreateCommand(procName, prams);
        dataReader= cmd.ExecuteReader(System.Data.CommandBehavior.
        CloseConnection);
        #endregion
    }
    private SqlCommand CreateCommand(string procName, SqlParameter[] prams)
    {
        #region
        //确认打开连接
        Open();
        cmd=new SqlCommand(procName, cn);
        cmd.CommandType=CommandType.StoredProcedure;
        //依次把参数传入存储过程
        if (prams !=null)
        {
            foreach (SqlParameter parameter in prams)
                cmd.Parameters.Add(parameter);
        }
        //加入返回参数
        cmd.Parameters.Add(
            new SqlParameter("ReturnValue", SqlDbType.Int, 4,
            ParameterDirection.ReturnValue, false, 0, 0,
            string.Empty, DataRowVersion.Default, null));
        return cmd;
        #endregion
    }
public SqlParameter MakeInParam(string ParamName, SqlDbType DbType, int
Size, object Value)
    {
        #region
    return MakeParam(ParamName, DbType, Size, ParameterDirection.Input, Value);
        #endregion
    }
public SqlParameter MakeOutParam(string ParamName, SqlDbType DbType, int
```

```
Size)
    {
        #region
return MakeParam (ParamName, DbType, Size, ParameterDirection.Output,
null);
        #endregion
    }
    public SqlParameter MakeParam(string ParamName, SqlDbType DbType,
    Int32 Size, ParameterDirection Direction, object Value)
    {
        #region
        if (Size>0)
            param=new SqlParameter(ParamName, DbType, Size);
        else
            param=new SqlParameter(ParamName, DbType);
        param.Direction=Direction;
        if (!(Direction==ParameterDirection.Output && Value==null))
            param.Value=Value;
        return param;
        #endregion
    }
  }
}
```

connDB.cs 类文件的功能是建立与数据库的连接,如代码 7-4 所示。

代码 7-4　connDB.cs 类文件

```
using System;
using System.Data;
using System.Data.SqlClient;
using System.Configuration;
namespace myResult
{
    //<summary>
    //connDB 的摘要说明
    //</summary>
    public class connDB
    {
        public connDB()
        {
            //
            //TODO: 在此处添加构造函数逻辑
            //
        }
        //<summary>
        //建立数据连接
        //</summary>
        //<returns></returns>
        public static SqlConnection createConn()
        {
```

```
            string sms_connstr= System.Configuration.ConfigurationManager.
            AppSettings["sms_dbconn"];
            //string str_conn= System.Configuration.ConfigurationManager.
            AppSettings["connectionString"];
            SqlConnection conn=new SqlConnection(sms_connstr);
            return conn;
        }
        #endregion
    }
}
```

data.cs 类文件的主要功能是执行 SQL 语句,如代码 7-5 所示。

代码 7-5　data.cs 类文件

```
using System;
using System.Data;
using System.Data.SqlClient;
namespace myResult
{
    //<summary>
    //Data 的摘要说明
    //</summary>
    public class data
    {
        public data()
        {
            //
            //TODO:在此处添加构造函数逻辑
            //
        }
        public static int ExecuteSel(string str_sel)
        {
            SqlConnection conn=connDB.createConn();
            conn.Open();
            SqlCommand myCmd=new SqlCommand(str_sel,conn);
            int count=Convert.ToInt16(myCmd.ExecuteScalar());
            return count;
        }
        #endregion
    }
}
```

7.3.3　各页面的详细设计

1. 用户登录界面

用户登录页面 Login.aspx 的主要功能是系统根据用户选择的身份对用户输入的用户名和密码以及用户选择的身份进行判断,如果合法,则进入相应的操作页面;如果不合法,给出提示,并要求用户重新登录。Login.aspx 的界面如图 7-14 所示。

用户登录界面的操作步骤如下。

(1) 根据需要做一个布局表格,并设置表格的宽度、高度、单元格布局、背景颜色、表格边框的宽度及颜色等属性。

(2) 在对应单元格中分别输入"登录"、"用户姓名"、"用户密码"。

图 7-14　用户登录界面的设计

(3) 在对应单元格中分别添加如下控件:用于接收输入用户名的文本框控件 TextBox,用于接受输入密码的文本框控件 TextBox 以及用于提交验证的按钮控件 Button。

主要控件的 HTML 源文件如代码 7-6 所示。

代码 7-6　主要控件的 HTML 源文件

```html
<table id="form" border="0" cellpadding="0" cellspacing="0" style="width:
230px; height: 100px;margin-top:20px;">
<tr>
            <td colspan="3" align="center">
        <asp:Label ID="Label1" runat="server" Text="登录 " Font-Size="Small"
Height="1px" Width="223px" BackColor="#FEC402"></asp:Label></td>
    </tr>
     <tr>
            <td style="width: 76px; height: 20px;">
            <asp:Label ID="Label2" runat="server" Text="用户姓名: "
            Font-Size="Small"></asp:Label></td>
            <td colspan="2" style="width: 145px; height: 20px">
            <asp:TextBox ID="username" runat="server" Width="120px"
            Font-Size="small"></asp:TextBox></td>
    </tr>
     <tr>
            <td style="width: 76px; height: 20px;">
            <asp:Label ID="Label3" runat="server" Text="用户密码: "
            Font-Size="Small" Width="65px"></asp:Label></td>
            <td colspan="2" style="width: 145px; height: 13px">
            <asp:TextBox ID="mypassword" runat="server"
            Width="120px" TextMode="Password"></asp:TextBox></td>
    </tr>
     <tr>
            <td colspan="3" align="center" style="height: 20px;">
        <asp:Button ID="Button1" runat="server" Height=
        "20px" OnClick="Button1_Click" Text="登录" />
            <asp:Button ID="Button2" runat="server" Height="20px"
            Text="取消" /></td>
    </tr>
        </table>
    <asp:Label ID="message" runat="server" Width="229px"> * </asp:Label>
```

当用户单击"登录"按钮时,其单击事件完成用户的验证和登录系统的工作。首先确定要验证的 SQL 语句,然后从相应的数据表中进行查询,如果能够查询到记录,则将用户输入的密码与该数据库中对应用户的密码进行匹配,如果相同,则根据用户的身份进入相应的操作页面,该过程如图 7-15 所示。

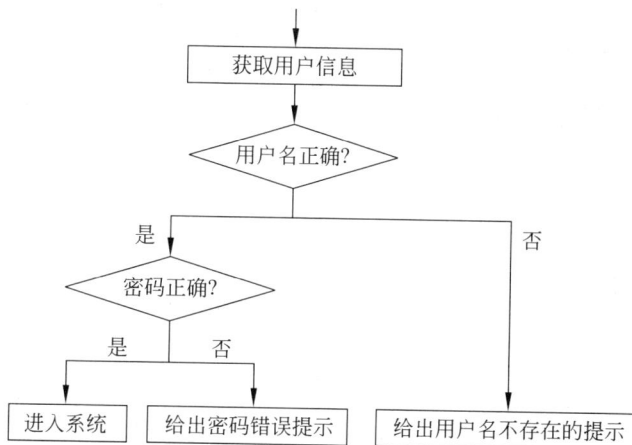

图 7-15 登录界面工作流程

进入该页面的代码文件,首先定义全部变量:

```
SqlConnection sms_conn;
public int PageCount, PageSize, RecordCount, CurrentPage;
```

编写 Page_Load 事件的程序,如代码 7-7 所示。

代码 7-7 Page_Load 事件

```
protected void Page_Load(object sender, EventArgs e)
{
    string sms_connstr= System.Configuration.ConfigurationManager.
    AppSettings["sms_dbconn"];
    //建立连接
    sms_conn=new SqlConnection(sms_connstr);
}
```

"登录"按钮的单击事件,如代码 7-8 所示。

代码 7-8 "登录"按钮的单击事件

```
protected void Button1_Click(object sender, EventArgs e)
{
    string str_pwd=this.mypassword.Text.Trim().Replace("'", "''");
    string sqlstr="select usertype from Users where username='"+username.
    Text+"'and mypassword=@password";
    SqlCommand cmd=new SqlCommand(sqlstr,sms_conn);
    cmd.Parameters.Add(new SqlParameter("@password", SqlDbType.VarChar,50));
    cmd.Parameters["@password"].Value=System.Web.Security.
```

215

```
FormsAuthentication.HashPasswordForStoringInConfigFile(str_pwd, "MD5").
    ToString();        //对密码加密
sms_conn.Open();
SqlDataReader dr=cmd.ExecuteReader();
if (dr.Read()==true)
{
    Session["user"]=this.username.Text.Trim(); //管理员用户,Session进行传值
    Session["type"]=dr["userType"].ToString().Trim();  //管理员类型
    FormsAuthentication.RedirectFromLoginPage(username.Text, false);
    sms_conn.Close();
}
else
{
    sms_conn.Close();
    message.Text="您必须输入有效的用户名和密码!";
}
}
```

当用户输入用户名、密码并单击"登录"按钮之后,触发这段代码。首先取得用户姓名和密码,然后编写 SQL 语句,查询相应数据库,并与数据库中的用户名和密码进行匹配,如果相同,则进入相应的操作页面,反之则提示重新登录。

在用户成功登录之后,首先进入管理主界面,如图 7-16 所示。

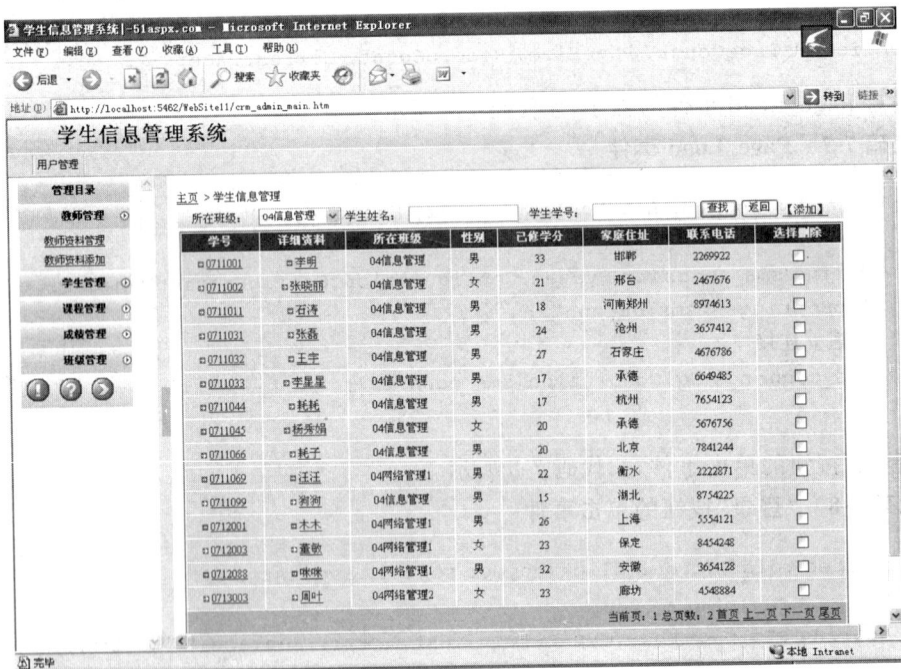

图 7-16　管理主界面

在管理主界面的左侧为管理目录,详细内容如图 7-17 所示。

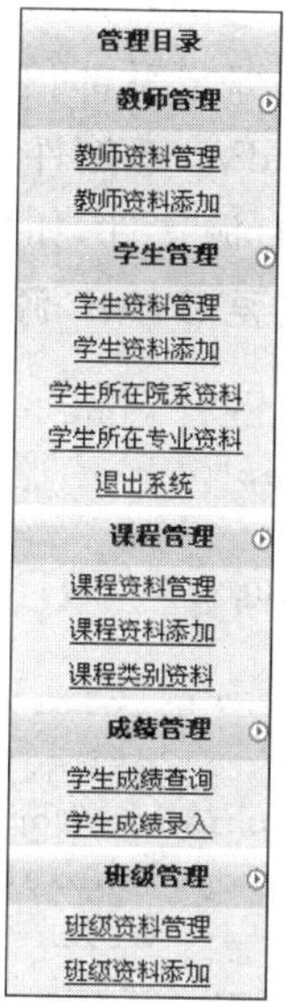

图 7-17　管理目录详细内容

2. 教师信息管理页面 teacher.aspx 的设计实现

单击左侧的"教师资料管理"超链接，打开教师信息管理页面 teacher.aspx，效果如图 7-18 所示。

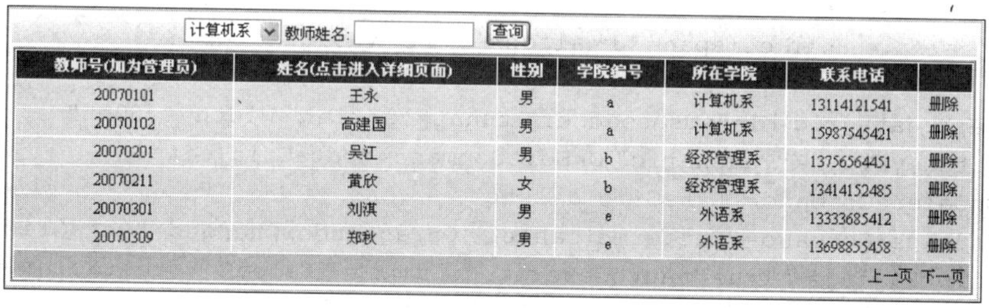

图 7-18　教师信息管理预览

教师信息管理页面的设计界面，如图 7-19 所示。

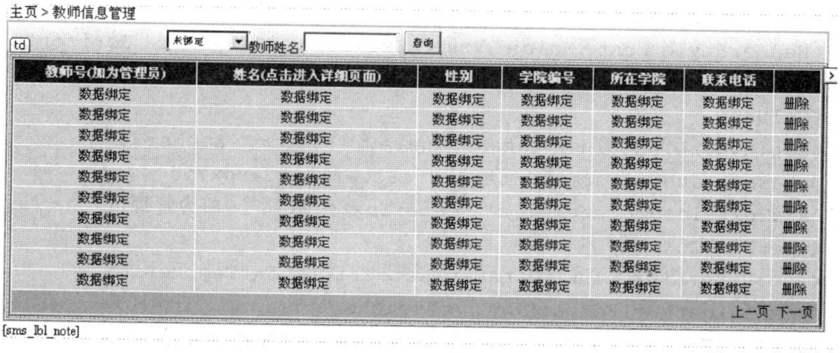

图 7-19　教师信息管理设计界面

217

该页面的设计步骤：首先做一个合理的布局表格。在最上面添加一个导航控件。在表格中先添加一个下拉菜单控件，用于绑定系部信息，再添加一个 TextBox 控件用于输入查询的教师姓名。最后添加一个 GridView 控件，用于绑定教师信息。

设计好之后，该界面的主要 HTML 源文件，如代码 7-9 所示。

代码 7-9　教师信息管理界面的主要 HTML 源文件

```
<asp:SiteMapPath ID="SiteMapPath1" runat="server" Font-Size="Small"
SiteMapProvider="defaultSiteMap">
    </asp:SiteMapPath>
    <table style="width: 760px;">
        <tr>
            <td align="center" bgcolor="#ffffff" colspan="3"
                style="width: 552px; height: 1px; background-image:
                url(Image/top_files/Topback.GIF);">
                 <asp:DropDownList ID="DropDownList1"
                    runat="server" Width="77px" Font-Size="X-Small">
                </asp:DropDownList>
<asp:Label ID="Label2" runat="server" Text="教师姓名:"></asp:Label>
<asp:TextBox ID="TextBox1" runat="server" Width="89px" Font-Size="X-Small">
</asp:TextBox>
                 
<asp:Button ID="Button1" runat="server" Text="查询" OnClick="Button1_Click"
Font-Size="X-Small" />
            </tr>
        <tr>
            <td colspan="3" align="left" valign="top"
                style="width: 600px; ">
<asp:datagrid id="sms_teacher" runat="server" Width="760px"
DataKeyField="Teacherid" OnEditCommand="DataGrid_edit"
OnDeleteCommand="DataGrid_delete"
OnCancelCommand="DataGrid_cancel" OnPageIndexChanged="DataGrid_Page"
AllowPaging="True" AutoGenerateColumns="False" BorderColor="White"
BorderWidth="2px" BackColor="White" CellPadding="3" GridLines="None"
BorderStyle="Ridge" CellSpacing="1">
  <FooterStyle BackColor="#C6C3C6" ForeColor="Black" />
  <SelectedItemStyle ForeColor="GhostWhite" BackColor="DarkSlateBlue">
  </SelectedItemStyle>
  <HeaderStyle Font-Bold="True" BackColor="#4A3C8C" HorizontalAlign="
Center"  ForeColor="#E7E7FF"></HeaderStyle>
  <Columns>
  <asp:HyperLinkColumn DataNavigateUrlField="Teacherid"
DataNavigateUrlFormatString="teacherlist.aspx?id={0}"
DataTextField="Teacherid" HeaderText="教师号(加为管理员)"></asp:
HyperLinkColumn>
  <asp:HyperLinkColumn DataNavigateUrlField="Teacherid"
DataNavigateUrlFormatString="teacherlist.aspx?id={0}"
DataTextField="Teachername" HeaderText="姓名(单击进入详细页面)">
  </asp:HyperLinkColumn>
```

```
<asp:BoundColumn DataField="sex" HeaderText="性别"></asp:
BoundColumn>
<asp:BoundColumn DataField="DepartmentID" HeaderText="学院编号">
</asp:BoundColumn>
<asp:BoundColumn DataField="Departmentname" HeaderText="所在学院">
</asp:BoundColumn>
<asp:BoundColumn DataField="telephone" HeaderText="联系电话"></asp:
    BoundColumn>
<asp:ButtonColumn Text="删除" CommandName="Delete"></asp:ButtonColumn>
                        </Columns>
<PagerStyle NextPageText=" 下一页" Font-Size="12pt" PrevPageText="上一页"
HorizontalAlign="Right"ForeColor="Black" BackColor="#C6C3C6">
</PagerStyle>
<ItemStyle Font-Size="Small" HorizontalAlign="Center" BackColor="
    #DEDFDE" ForeColor="Black" />
</asp:datagrid>
            </td>
        </tr>
        </table>
<asp:Label ID="sms_lbl_note" runat="server" Width="718px"></asp:Label>
```

进入该页面的代码文件,编写全局变量如下:

```
SqlConnection sms_conn;
string sms_sqlstr,sms_sqlstr2;
```

编写 Page_Load 事件的程序,如代码 7-10 所示。

代码 7-10　Page_Load 事件

```
private void Page_Load(object sender, System.EventArgs e)
{
    //在此处放置用户代码以初始化页面
    string sms_connstr=System.Configuration.ConfigurationManager.
        AppSettings["sms_dbconn"];
    sms_conn=new SqlConnection(sms_connstr);
    if (!IsPostBack)
        SMS_BindGrid();
}
```

在代码 7-10 中调用了 SMS_BindGrid()方法来绑定下拉菜单项,编写该事件的程序,如代码 7-11 所示。

代码 7-11　SMS_BindGrid( )方法

```
public void SMS_BindGrid()
{
sms_sqlstr="select teacherid,teachername,department.departmentid,
department.departmentname,sex,telephone from teacher,department where
teacher.departmentid=department.departmentid";
    SqlDataAdapter sms_da=new SqlDataAdapter(sms_sqlstr, sms_conn);
    DataSet sms_ds=new DataSet();
```

219

```
        sms_da.Fill(sms_ds,"T");
        sms_teacher.DataSource=sms_ds;
        sms_teacher.DataBind();
        sms_sqlstr2="select * from department";
        SqlDataAdapter sms_da2=new SqlDataAdapter(sms_sqlstr2, sms_conn);
        DataSet sms_ds2=new DataSet();
        sms_da2.Fill(sms_ds2, "T");
        DropDownList1.DataSource=sms_ds2.Tables["T"];
        DropDownList1.DataTextField="departmentname";
        DropDownList1.DataValueField="departmentname";
        DropDownList1.DataBind();
}
```

编写 GridView 控件的 PageIndexChanged 事件,如代码 7-12 所示。

代码 7-12　PageIndexChanged 事件

```
public void DataGrid_Page(object sender, DataGridPageChangedEventArgs e)
{
    sms_teacher.CurrentPageIndex=e.NewPageIndex;
    SMS_BindGrid();
}
```

编写 GridView 控件的 EditCommand 事件,如代码 7-13 所示。

代码 7-13　EditCommand 事件

```
public void DataGrid_edit(object sender, DataGridCommandEventArgs e)
{
    sms_teacher.EditItemIndex=(int)e.Item.ItemIndex;
    SMS_BindGrid();
}
```

编写 GridView 控件的 DeleteCommand 事件,如代码 7-14 所示。

代码 7-14　DeleteCommand 事件

```
public void DataGrid_delete(object sender, DataGridCommandEventArgs e)
{
    string sms_sqlstr="delete from teacher where Teacherid=@teacher_id";
    SqlCommand sms_comm=new SqlCommand(sms_sqlstr, sms_conn);
    sms_comm.Parameters.Add(new SqlParameter("@teacher_id", SqlDbType.Char,
        8));
    sms_comm.Parameters["@teacher_id"].Value= sms_teacher.DataKeys[(int)e.
        Item.ItemIndex];
    sms_comm.Connection.Open();
    try
    {
        sms_comm.ExecuteNonQuery();
        sms_lbl_note.Text="删除成功";
    }
    catch (SqlException)
    {
```

```
        sms_lbl_note.Text="删除失败";
        sms_lbl_note.Style["color"]="red";
    }
    sms_comm.Connection.Close();
    SMS_BindGrid();
}
```

编写 GridView 控件的 CancelCommand 事件,如代码 7-15 所示。

代码 7-15　CancelCommand 事件

```
public void DataGrid_cancel(object sender, DataGridCommandEventArgs e)
{
    sms_teacher.EditItemIndex=-1;
    SMS_BindGrid();
}
```

在页面中双击"查询"按钮,进入该按钮的单击事件,编写程序如代码 7-16 所示。

代码 7-16　"查询"按钮的单击事件

```
protected void Button1_Click(object sender, EventArgs e)
{
    SqlCommand sms_comm=new SqlCommand("Employess_Sel", sms_conn);
    sms_comm.CommandType=CommandType.StoredProcedure;
    sms_comm.CommandText="Employess_Sel";
    sms_comm.Connection=sms_conn;
    SqlDataAdapter sms_da=new SqlDataAdapter(sms_comm);
    sms_da.SelectCommand.Parameters.Add("@lastname", SqlDbType.NVarChar);
    sms_da.SelectCommand.Parameters.Add("@department", SqlDbType.VarChar,30);
    sms_da.SelectCommand.Parameters["@lastname"].Value=this.TextBox1.Text.
    Trim().Replace("'", "''");
    sms_da.SelectCommand.Parameters["@department"].Value=this.
    DropDownList1.SelectedValue.ToString();;
    DataSet sms_ds=new DataSet();
    sms_da.Fill(sms_ds);
    sms_teacher.DataSource=sms_ds;
    sms_teacher.DataBind();
}
```

3. 教师资料添加 addteacher.aspx 的设计实现

单击左侧管理目录的"教师资料添加"超链接,将打开教师信息添加页面 addteacher.
aspx,效果如图 7-20 所示。

设计步骤:首先做个布局表格,在对应的位置输入文本。在教师号位置添加一个
TextBox 控件,用于输入教师号。在教师姓名位置添加一个 TextBox 控件,用于输入教
师姓名。在性别位置添加 RadioButtonList 控件,用于选择性别。在所在院系位置添加
一个 DropDownList 控件,用于绑定所在院系。在职称位置添加一个 DropDownList 控件
作为职称选项。在联系电话位置添加一个 TextBox 控件,用于输入电话号码。在家庭住

址位置添加一个 TextBox 控件,用于输入家庭住址。在密码位置添加一个 TextBox 控件,用于输入用户密码。在备注位置添加一个多行文本 TextBox 控件,用于输入备注。最后添加两个 Button 按钮控件和一个 Label 控件。

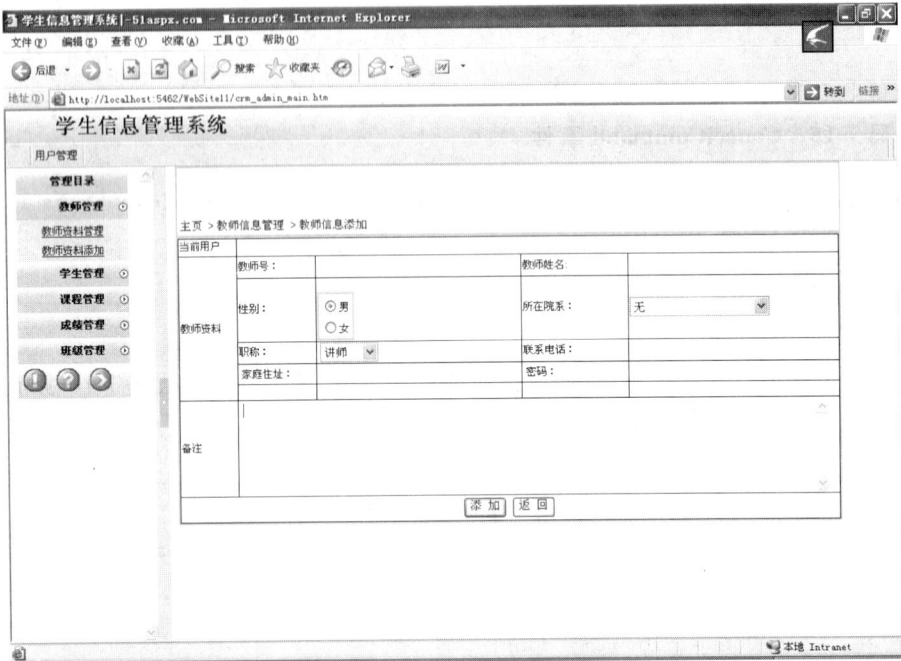

图 7-20　教师资料的添加

该页面的功能是将教师信息添加到数据库里。设计界面如图 7-21 所示。

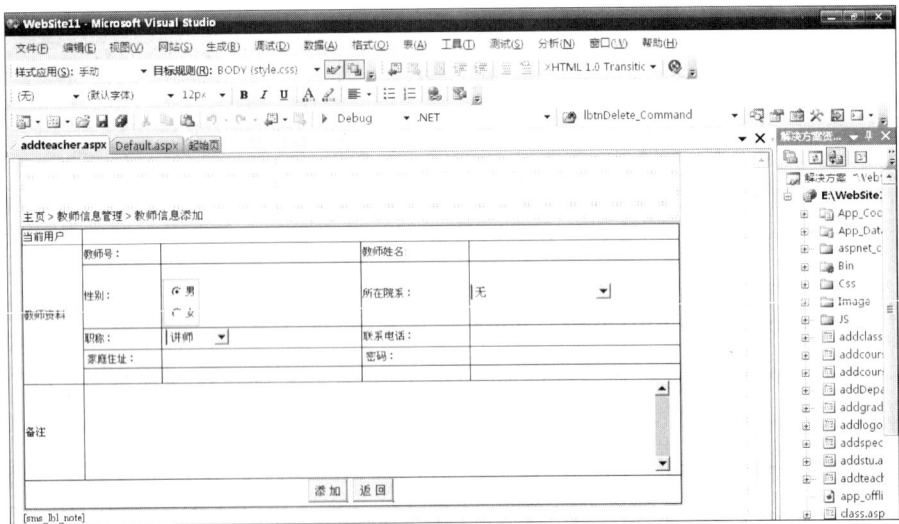

图 7-21　进行教师资料添加的设计界面

设置好之后主要控件的 HTML 源文件如代码 7-17 所示。

代码 7-17 教师资料添加界面的主要 HTML 源文件

```html
<div>
<div>
<table border="0" cellspacing="1" width="760px">
                <tr>
                    <td style="width: 236px; height: 1px">
                         </td>
                    <td style="width: 224px; height: 1px">
                         </td>
                    <td style="width: 142px; height: 1px">
                         </td>
                </tr>
                <tr>
                    <td style="width: 236px; height: 35px">
                         
                    </td>
                    <td style="width: 224px; height: 35px">
                         </td>
                    <td style="width: 142px; height: 35px">
                    </td>
                </tr>
                <tr>
                    <td style="width: 236px">
    <asp:SiteMapPath ID="SiteMapPath1" runat="server" Font-Size="Small"
    SiteMapProvider="defaultSiteMap">
                        </asp:SiteMapPath>
                    </td>
                    <td style="width: 224px">
                    </td>
                    <td style="width: 142px">
                    </td>
                </tr>
            </table>
        </div>
        <div>
            <table bgcolor="#000000" border="0" cellspacing="1" width=
            "760">
                <tr>
                    <td bgcolor="#ffffff" style="height: 17px" width="9%">
                        当前用户</td>
<td bgcolor="#ffffff" colspan="4" style="height: 17px" width="91%">
                              
                    </td>
                </tr>
                <tr>
<td bgcolor="#ffffff" rowspan="5">教师资料</td>
                    <td bgcolor="#ffffff" style="width: 65px; height: 22px">
<asp:Label ID="Label1" runat="server" Text="教师号: " Width="62px"></asp:
```

223

```
Label></td>
<td bgcolor="#ffffff" style="width: 166px; height: 22px">
<asp:TextBox ID="TextBox1" runat="server" CssClass="text" Width="97px"></asp:TextBox></td>
<td bgcolor="#ffffff" style="width: 86px; height: 22px">
<asp:Label ID="Label2" runat="server" Text="教师姓名:"></asp:Label></td>
                    <td bgcolor="#ffffff" style="width: 173px; height: 22px">
<asp:TextBox ID="TextBox2" runat="server" CssClass="text"></asp:TextBox>
</td>
                </tr>
                <tr>
                    <td bgcolor="#ffffff" style="width: 65px; height: 20px">
<asp:Label ID="Label3" runat="server" Text="性别: "></asp:Label></td>
                    <td bgcolor="#ffffff" style="width: 166px; height: 20px">
<asp:RadioButtonList ID="RadioButtonList1" runat="server">
                        <asp:ListItem Selected="True">男</asp:ListItem>
                            <asp:ListItem>女</asp:ListItem>
                        </asp:RadioButtonList></td>
                    <td bgcolor="#ffffff" style="width: 86px; height: 20px">
<asp:Label ID="Label5" runat="server" Text="所在院系: "></asp:Label></td>
                        < td bgcolor = "#ffffff" style ="width: 173px; height:
20px">
<asp:DropDownList ID="DropDownList3" runat="server" Width="160px" CssClass
="text">
<asp:ListItem>无</asp:ListItem>
<asp:ListItem Value="a">计算机系</asp:ListItem>
<asp:ListItem Value="b">经济管理系</asp:ListItem>
<asp:ListItem Value="e">外语系</asp:ListItem>
</asp:DropDownList>
                         
                    </td>
                </tr>
                <tr>
                    <td bgcolor="#ffffff" style="width: 65px; height: 22px">
<asp:Label ID="Label4" runat="server" Text="职称: "></asp:Label></td>
                    <td bgcolor="#ffffff" style="width: 166px; height: 22px">
<asp:DropDownList ID="DropDownList2" runat="server" CssClass="text">
                        <asp:ListItem>讲师</asp:ListItem>
                            <asp:ListItem>教授</asp:ListItem>
                            <asp:ListItem>副教授</asp:ListItem>
                            <asp:ListItem>助教</asp:ListItem>
                            <asp:ListItem>辅导员</asp:ListItem>
                            <asp:ListItem>一般</asp:ListItem>
                        </asp:DropDownList></td>
<td bgcolor="#ffffff" style="width: 86px; height: 22px">
<asp:Label ID="Label6" runat="server" Text="联系电话: "></asp:Label></td>
<td bgcolor="#ffffff" style="width: 173px; height: 22px">
<asp:TextBox ID="TextBox8" runat="server" CssClass="text"></asp:TextBox>
</td>
```

```
                </tr>
                <tr>
<td bgcolor="#ffffff" style="width: 65px; height: 18px">
<asp:Label ID="Label10" runat="server" Text="家庭住址: "></asp:Label></td>
<td bgcolor="#ffffff" style="width: 166px; height: 18px">
<asp:TextBox ID="TextBox7" runat="server" CssClass="text"></asp:TextBox>
</td>
<td bgcolor="#ffffff" style="width: 86px; height: 18px">
<asp:Label ID="Label7" runat="server" Text="密码: "></asp:Label></td>
<td bgcolor="#ffffff" style="width: 173px; height: 18px">
<asp:TextBox ID="TextBox9" runat="server" CssClass="text"></asp:TextBox>
</td>
                </tr>
                <tr>
                    <td bgcolor="#ffffff" style="width: 65px; height: 17px">
                    </td>
                    <td bgcolor="#ffffff" style="width: 166px; height: 17px">
                    </td>
                    <td bgcolor="#ffffff" style="width: 86px; height: 17px">
                    </td>
                    <td bgcolor="#ffffff" style="width: 173px; height: 17px">
                    </td>
                </tr>
                <tr>
                    <td bgcolor="#ffffff" style="height: 69px">
                        备注</td>
<td bgcolor="#ffffff" colspan="4" style="height: 69px">
<span style="width: 3px; height: 21px">   <asp:TextBox ID="TextBox6"
runat="server" CssClass="text" Height="102px" TextMode="MultiLine" Width="
669px"></asp:TextBox></span></td>
                </tr>
                <tr>
<td align="center" bgcolor="#ffffff" colspan="5" style="height: 26px">
<asp:Button ID="Button1" runat="server" OnClick="Button1_Click" Text="添 加"
/> 
<asp:Button ID="Button3" runat="server" OnClick="Button3_Click" Text="返 回"
/>
</td>
</tr>
</table>
</div>
</div>
<asp:Label ID="sms_lbl_note" runat="server" Width="223px" CssClass="text">
</asp:Label>
```

进入该界面的代码文件,首先添加全局变量:

```
string sms_sqlstr;
```

编写 Page_Load 事件的程序,如代码 7-18 所示。

代码 7-18   Page_Load 事件

```
private void Page_Load(object sender, System.EventArgs e)
{
    //在此处放置用户代码以初始化页面
    string sms_connstr=ConfigurationSettings.AppSettings["SMS_dbconn"];
    sms_conn=new SqlConnection(sms_connstr);
}
```

双击"添加"按钮,进入该按钮的单击事件,编写程序如代码 7-19 所示。

代码 7-19   "添加"按钮的单击事件

```
protected void Button1_Click(object sender, EventArgs e)
{
string sms_sqlstr="insert into teacher
(Teachername,sex,technicalpost,telephone,homeaddr,pwd,remark,departmentid,
teacherid) values ('"+TextBox2.Text+"','"+RadioButtonList1.SelectedItem.
Text+"','"+DropDownList2.SelectedItem.Text+"','"+TextBox8.Text+"','"+
TextBox7.Text+"','"+TextBox9.Text+"','"+TextBox6.Text+"','"+
DropDownList3.SelectedValue.ToString()+"','"+TextBox1.Text+"')";
        SqlCommand sms_comm=new SqlCommand(sms_sqlstr, sms_conn);
        sms_comm.Connection.Open();
        try
        {
          sms_comm.ExecuteNonQuery();
          Response.Redirect("teacher.aspx");
        }
        catch (SqlException)
        {
          sms_lbl_note.Text="编辑失败";
          sms_lbl_note.Style["color"]="red";
        }
        sms_comm.Connection.Close();
}
```

双击"返回"按钮,进入该按钮的单击事件,编写程序如代码 7-20 所示。

代码 7-20   "返回"按钮的单击事件

```
protected void Button3_Click(object sender, EventArgs e)
{
    Response.Redirect("teacher.aspx");
}
```

4. 学生信息管理界面的设计

单击"学生管理"将展开该部分的管理目录,单击其中的"学生资料管理"超链接,将打开学生信息管理页面 student.aspx,如图 7-22 所示。

设计步骤:首先做一个合理的布局表格。在所在班级位置添加一个 DropDownList 下拉菜单;在学生姓名位置添加一个 TextBox 控件;在学生学号位置添加一个 TextBox

控件。然后添加两个 Button 按钮控件，分别作为"查找"和"返回"按钮。在下面添加一个 GridView 控件，用于绑定学生信息。

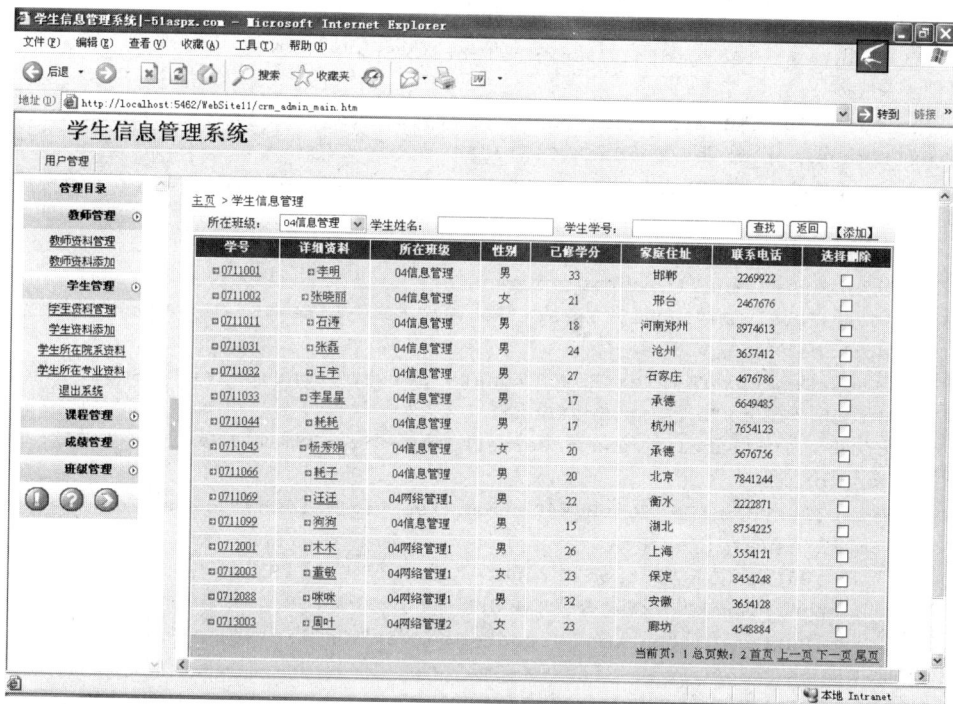

图 7-22　学生信息管理页面

该页面的功能是用于显示学生信息，并对学生信息进行删除操作。该页面的设计界面如图 7-23 所示。

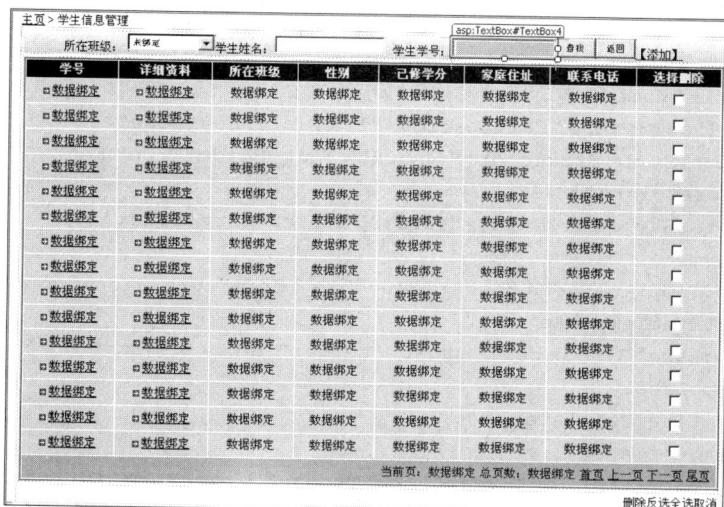

图 7-23　学生信息管理设计界面

界面设计好之后，主要控件的 HTML 源文件，如代码 7-21 所示。

227

代码 7-21　学生信息管理界面的主要 HTML 源文件

```
< asp: SiteMapPath  ID =" SiteMapPath1" runat =" server" SiteMapProvider ="
defaultSiteMap" Font-Size="Small"></asp:SiteMapPath>
    <table style="width: 760px; height: 205px">
    <tr>
    <td align="center" colspan="4" style="height: 9px; background-image:
url(Image/top_files/Topback.GIF);">
    <asp:Label ID="Label4" runat="server" Font-Size="Small" Text="所在班级: ">
</asp:Label>
    <asp:DropDownList ID="DropDownList1" runat="server" Font-Size="X-
Small" Width="94px"></asp:DropDownList>
    <asp:Label ID="Label5" runat="server" Font-Size="Small" Text="学生姓名: ">
</asp:Label>
    <asp:TextBox ID="TextBox3" runat="server" Font-Size="X-Small"
    Width="120px"></asp:TextBox>
<asp:Label ID="Label6" runat="server" Font-Size="Small" Text="学生学号: ">
    </asp:Label>
    <asp:TextBox ID="TextBox4" runat="server" Width="112px" Font-Size="X-
Small"></asp:TextBox>
    <asp:Button ID="Button1" runat="server" Font-Size="X-Small" OnClick=
"Button1_Click"Text="查找" Width="43px" />
    <asp:Button ID="Button2" runat="server" OnClick="Button2_Click" Text="
返回" Width="43px" Font-Size="X-Small" />
    <asp:LinkButton ID="LinkButton5" runat="server" OnClick="LinkButton5_
Click" Text="添加" Font-Size="Small"></asp:LinkButton></td>
    </tr>
    <tr style="font-size: 12pt">
    <td colspan="4" rowspan="1" style="height: 220px">
    <asp:GridView ID="sms_student" runat="server" AllowPaging="True"
    AutoGenerateColumns="False" DataKeyNames="studentID" HorizontalAlign
="Center" OnPageIndexChanging="Data_Page" Width="760px" PageSize="15"
BackColor="White" BorderColor="White" BorderStyle="Ridge" BorderWidth="
2px" CellPadding="3" CellSpacing="1" GridLines="None">
    <HeaderStyle BackColor="#4A3C8C" Font-Bold="True" Font-Size="Small"
        ForeColor="#E7E7FF" />
    <FooterStyle BackColor="#C6C3C6" ForeColor="Black" />
    <Columns>
    <asp:TemplateField HeaderText="学号" SortExpression="courseid">
    <EditItemTemplate>
    <asp:Label ID="Label3" runat="server" Text='<%#Eval("studentid") %>'>
    </asp:Label>
    </EditItemTemplate>
    <ItemTemplate>
    <asp:HyperLink ID="HyperLink1" runat="server" ImageUrl="~/Image/e.jpg"
NavigateUrl='<%#Eval("studentid", "Editstu.aspx?id={0}") %>'Text="编辑">
</asp:HyperLink>
    <asp:HyperLink ID="HyperLink2" runat="server" NavigateUrl='<%#Eval("
studentid", "Editstu.aspx?id={0}") %>'Text='<%#Bind("studentid") %>'></
```

```
asp:HyperLink>
    <asp:Label ID="Label3" runat="server" Text='<%#Bind("studentid") %>'
Visible="false"></asp:Label>
    </ItemTemplate>
    </asp:TemplateField>
    <asp:TemplateField HeaderText="详细资料">
    <ItemTemplate>
    <asp:HyperLink ID="HyperLink3" runat="server" ImageUrl="~/Image/e.jpg"
NavigateUrl='<%#Eval("studentid", "Editstu.aspx?id={0}") %>'Text="编辑">
</asp:HyperLink>
    <asp:HyperLink ID="HyperLink4" runat="server" NavigateUrl='<%#Eval("
studentid", "Editstu.aspx?id={0}") %>' Text='<%#Bind("studentname") %>'></
asp:HyperLink>
    </ItemTemplate>
    </asp:TemplateField>
    <asp:TemplateField HeaderText="所在班级">
    <EditItemTemplate>
    <asp:TextBox ID="TextBox1" runat="server" Text='<%#Bind("classname")%>'>
</asp:TextBox>
    </EditItemTemplate>
    <ItemTemplate>
    <asp:Label ID="Label1" runat="server" Text='<%#Bind("classname") %>'>
</asp:Label>
    </ItemTemplate>
    </asp:TemplateField>
    <asp:TemplateField HeaderText="性别">
    <EditItemTemplate>
    <asp:TextBox ID="TextBox2" runat="server" Text='<%#Bind("sex") %>'></
asp:TextBox>
    </EditItemTemplate>
    <ItemTemplate>
    <asp:Label ID="Label2" runat="server" Text='<%#Bind("sex") %>'></asp:
Label>
    </ItemTemplate>
    </asp:TemplateField>
    <asp:TemplateField HeaderText="已修学分">
    <EditItemTemplate>
    <asp:TextBox ID="cre" runat="server" Text='<%#Bind("credithour") %>'>
</asp:TextBox>
    </EditItemTemplate>
    <ItemTemplate>
    <asp:Label ID="crelabel" runat="server" Text='<%#Bind("credithour") %>'><
/asp:Label>
    </ItemTemplate>
    </asp:TemplateField>
    <asp:TemplateField HeaderText="家庭住址">
    <ItemTemplate>
    <asp:Label ID="addlabel" runat="server" Text='<%#Bind("address") %>'>
</asp:Label>
```

```
    </ItemTemplate>
    </asp:TemplateField>
    <asp:TemplateField HeaderText="联系电话">
    <EditItemTemplate>
    <asp:TextBox ID="tele" runat="server" Text='<%#Bind("telephone") %>'>
</asp:TextBox>
    </EditItemTemplate>
    <ItemTemplate>
    <asp:Label ID="telelabel" runat="server" Text='<%#Bind("telephone") %>'><
/asp:Label>
    </ItemTemplate>
    </asp:TemplateField>
    <asp:TemplateField HeaderText="选择删除">
    <ItemTemplate>
    <asp:CheckBox ID="chkSelect" runat="server" />
    </ItemTemplate>
    </asp:TemplateField>
    </Columns>
    <RowStyle Font-Size="Small" HorizontalAlign="Center" BackColor="#
DEDFDE"  ForeColor="Black" />
    <SelectedRowStyle BackColor="#9471DE" BorderColor="#C0C0FF" Font-Bold
="True" ForeColor="White" />
    <PagerStyle HorizontalAlign="Right" BackColor="#C6C3C6" ForeColor="
Black" />
    <PagerTemplate>
    <table>
    <tr>
    <td>
    <asp:Label ID="LabelCurrentPage" runat="server" Font-Size="Small">当
前页:<%#((GridView)Container.NamingContainer).PageIndex+1 %></asp:Label>
    </td>
    <td>
    <asp:Label ID="LabelPageCount" runat="server" Font-Size="Small">总页
数:<%#((GridView)Container.NamingContainer).PageCount %></asp:Label></
td>
    <td>
    <asp:LinkButton ID="LinkButtonFirstPage" runat="server"
CommandArgument=" First" CommandName=" Page" Enable=" <% # ((GridView)
Container.NamingContainer).PageIndex !=0 %>" Font-Size="Small">首页</asp:
LinkButton></td>
    <td>
    <asp:LinkButton ID="LinkButtonPreviousPage" runat="server" Command-
Argument="Prev" CommandName=" Page" Enable=" <% # ((GridView) Container.
NamingContainer).PageIndex !=0 %>" Font-Size="Small">上一页</asp:LinkButton>
    </td>
    <td>
    <asp:LinkButton ID="LinkButtonNextPage" runat="server"
CommandArgument=" Next" CommandName=" Page" Enable=" <% # ((GridView)
Container. NamingContainer ). PageIndex  !  =  (( GridView )  Container.
```

```
NamingContainer).PageCount-1 %>"Font-Size="Small">下一页</asp:LinkButton>
</td>
    <td>
    < asp: LinkButton ID =" LinkButtonLastPage" runat =" server" Command-
Argument =" Last" CommandName =" Page" Enable =" <% # ((GridView) Container.
NamingContainer). PageIndex ! = ((GridView) Container. NamingContainer).
PageCount-1 %>"Font-Size="Small">尾页</asp:LinkButton></td>
    </tr>
    </table>
    </PagerTemplate>
    </asp:GridView>
    </td>
    </tr>
    <tr style="font-size: 12pt">
    <td align="right" colspan="4">
    < asp: LinkButton ID="LinkButton3" runat="server" Font-Size="Small"
OnClick="LinkButton3_Click">删除</asp:LinkButton>
    < asp: LinkButton ID="LinkButton2" runat="server" Font-Size="Small"
OnClick="LinkButton2_Click">反选</asp:LinkButton>
    < asp: LinkButton ID="LinkButton1" runat="server" Font-Size="Small"
OnClick="LinkButton1_Click">全选</asp:LinkButton>
    < asp: LinkButtonID="LinkButton4" runat="server" Font-Size="Small"
OnClick="LinkButton4_Click">取消</asp:LinkButton></td>
    </tr>
    <tr style="font-size: 12pt">
    <td colspan="3" style="width: 801px; height: 10px">
    <asp:Label ID="sms_lbl_note" runat="server" Text="......"></asp:Label>
    < asp:Label ID="Label14" runat="server" Visible="False" Font-Size="
Small"></asp:Label></td>
    <td colspan="1" style="width: 3px; height: 10px">
    </td>
    </tr>
</table>
```

进入该页面的代码文件，首先定义全局变量：

```
SqlConnection sms_conn;
string sms_sqlstr, sms_sqlstr2, str;
```

编写 Page_Load 事件的程序，如代码 7-22 所示。

代码 7-22　Page_Load 事件

```
protected void Page_Load(object sender, EventArgs e)
{
string sms_connstr=
System.Configuration.ConfigurationManager.AppSettings["sms_dbconn"];
    //建立连接
    sms_conn=new SqlConnection(sms_connstr);
    if (!IsPostBack)
        SMS_BindGrid();
}
```

代码 7-22 调用了 SMS_BindGrid()方法,编写该方法的程序,如代码 7-23 所示。

代码 7-23　SMS_BindGrid()方法

```
public void SMS_BindGrid()
{
    sms_conn.Open();
    string sms_sqlstr="select * from [student],[class] where student.classid
=class.classid";
    SqlDataAdapter sms_adp=new SqlDataAdapter(sms_sqlstr, sms_conn);
    DataSet sms_ds=new DataSet();
    sms_adp.Fill(sms_ds);
    sms_conn.Close();
    sms_student.DataSource=sms_ds;
    sms_student.DataBind();
    sms_ds.Clear();
    sms_ds.Dispose();
    sms_conn.Open();
    sms_sqlstr2="select * from class";
    SqlDataAdapter sms_da2=new SqlDataAdapter(sms_sqlstr2, sms_conn);
    DataSet sms_ds2=new DataSet();
    sms_da2.Fill(sms_ds2, "T");
    sms_conn.Close();
    DropDownList1.DataSource=sms_ds2.Tables["T"];
    DropDownList1.DataTextField="classname";
    DropDownList1.DataValueField="classname";
    DropDownList1.DataBind();
    sms_ds2.Clear();
    sms_ds2.Dispose();
}
```

编写 GridView 控件的 PageIndexChanging 事件的程序,如代码 7-24 所示。

代码 7-24　PageIndexChanging 事件

```
public void Data_Page(object sender, GridViewPageEventArgs e)
{
    try
    {
        sms_student.PageIndex=e.NewPageIndex;
        SMS_BindGrid();
    }
    catch { }
}
```

双击"查找"按钮,进入该按钮的单击事件,编写程序如代码 7-25 所示。

代码 7-25　"查找"按钮的单击事件

```
protected void Button1_Click(object sender, EventArgs e)
{
    sms_conn.Open();
    SqlCommand sms_comm=new SqlCommand("Student_Sel", sms_conn);
```

```
sms_comm.CommandType=CommandType.StoredProcedure;
sms_comm.CommandText="Student_Sel";
sms_comm.Connection=sms_conn;
SqlDataAdapter sms_da=new SqlDataAdapter(sms_comm);
sms_da.SelectCommand.Parameters.Add("@lastname", SqlDbType.NVarChar);
sms_da.SelectCommand.Parameters.Add("@department", SqlDbType.VarChar, 30);
sms_da.SelectCommand.Parameters.Add("@studentid", SqlDbType.VarChar, 10);
sms_da.SelectCommand.Parameters["@lastname"].Value=
this.TextBox3.Text.Trim().Replace("'", "''");
sms_da.SelectCommand.Parameters["@department"].Value=
this.DropDownList1.SelectedValue.ToString();
sms_da.SelectCommand.Parameters["@studentid"].Value=
this.TextBox4.Text.Trim().Replace("'", "''");
DataSet sms_ds=new DataSet();
sms_da.Fill(sms_ds);
sms_conn.Close();
sms_student.DataSource=sms_ds;
sms_student.DataBind();
}
```

5. 学生信息的添加

单击"学生资料添加"超链接,将打开学生信息添加页面 addstu.aspx,如图 7-24
所示。

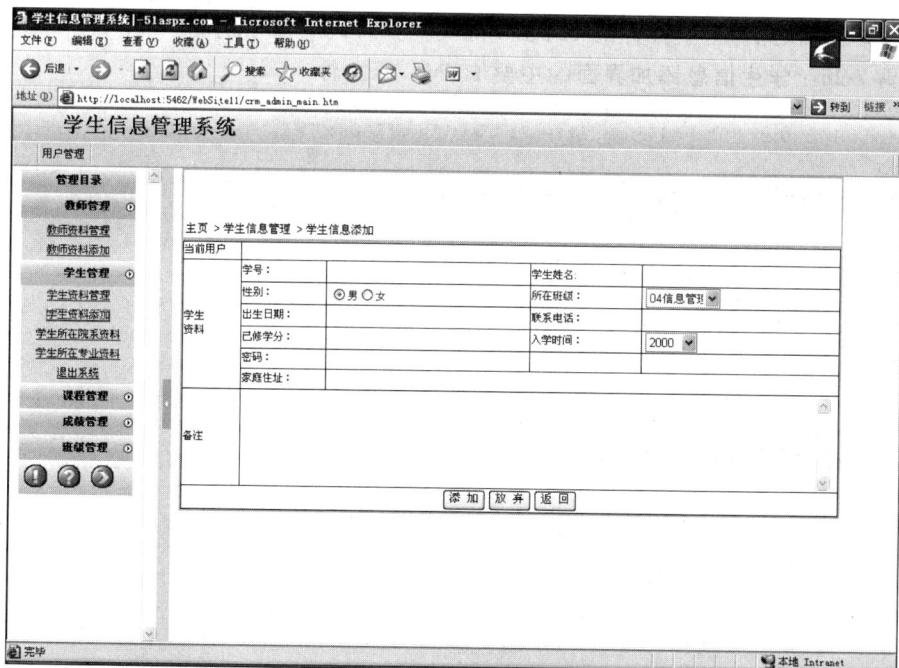

图 7-24 学生信息添加页面

该页面的功能是将学生信息添加到数据库。该页面的设计界面如图 7-25 所示。

设计步骤：首先做一个布局表格，在"学号"位置添加一个 TextBox 控件，在"学生姓名"位置添加一个 TextBox 控件，在"性别"位置添加一个 RadioButtonList 控件，在"所在班级"位置添加一个 DropDownList 控件，在"出生日期"位置添加一个 TextBox 控件，在"联系电话"位置添加一个 TextBox 控件，在"已修学分"位置添加一个 TextBox 控件，在"入学时间"位置添加一个 DropDownList 控件，在"密码"位置添加一个 TextBox 控件，在"家庭住址"位置添加一个 TextBox 控件，在"备注"位置添加一个 TextBox 控件，最后添加三个 Button 按钮控件。

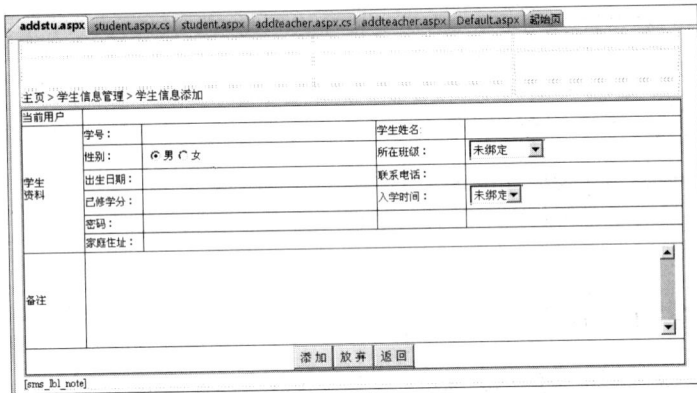

图 7-25　学生信息添加的设计界面

设计好界面之后，主要控件的 HTML 源文件如代码 7-26 所示。

代码 7-26　学生信息添加界面的主要 HTML 源文件

```
<table border="0" cellspacing="1" width="760px">
<tr>
<td style="width: 334px; height: 1px">
</td>
<td style="width: 224px; height: 1px">
</td>
<td style="height: 1px">
</td>
</tr>
<tr>
<td style="width: 334px; height: 35px">
                </td>
                <td style="width: 224px; height: 35px">
                     </td>
                <td style="height: 35px">
                </td>
        </tr>
        <tr>
            <td style="width: 334px">
<asp: SiteMapPath ID =" SiteMapPath1" runat =" server" Font - Size =" Small"
SiteMapProvider="defaultSiteMap"></asp:SiteMapPath>
```

```
                </td>
                <td style="width: 224px">
                </td>
                <td>
                </td>
            </tr>
        </table>
    </div>
    <div>
        <table bgcolor="#000000" border="0" cellspacing="1" width="760">
            <tr>
                <td bgcolor="#ffffff" style="height: 17px" width="9%">
                    当前用户</td>
 <td bgcolor="#ffffff" colspan="4" style="height: 17px" width="91%">
                </td>
            </tr>
            <tr>
                <td bgcolor="#ffffff" rowspan="6">
                    学生<br />
</td>
<td bgcolor="#ffffff" style="width: 65px; height: 22px">
<asp:Label ID="Label1" runat="server" Text="学号: " Width="62px"></asp:
Label></td>
<td bgcolor="#ffffff" style="width: 160px; height: 22px">
<asp:TextBox ID="TextBox1" runat="server" CssClass="text" Width="90px"></
asp:TextBox></td>
<td bgcolor="#ffffff" style="width: 86px; height: 22px">
<asp:Label ID="Label2" runat="server" Text="学生姓名:"></asp:Label></td>
<td bgcolor="#ffffff" style="width: 159px; height: 22px">
<asp:TextBox ID="TextBox2" runat="server" CssClass="text"></asp:TextBox>
</td>
</tr>
<tr>
<td bgcolor="#ffffff" style="width: 65px; height: 22px">
<asp:Label ID="Label3" runat="server" Text="性别: "></asp:Label></td>
<td bgcolor="#ffffff" style="width: 160px; height: 22px">
<asp:RadioButtonList ID="RadioButtonList1" runat="server" RepeatDirection
="Horizontal" RepeatLayout="Flow" Width="74px">
<asp:ListItem Selected="True">男</asp:ListItem>
<asp:ListItem>女</asp:ListItem>
</asp:RadioButtonList></td>
<td bgcolor="#ffffff" style="width: 86px; height: 22px">
<asp:Label ID="Label5" runat="server" Text="所在班级: "></asp:Label></td>
<td bgcolor="#ffffff" style="width: 159px; height: 22px">
<asp:DropDownList ID="DropDownList1" runat="server" Width="85px">
</asp:DropDownList></td>
            </tr>
            <tr>
<td bgcolor="#ffffff" style="width: 65px; height: 22px">
```

235

```
<asp:Label ID="Label4" runat="server" Text="出生日期: "></asp:Label></td>
<td bgcolor="#ffffff" style="width: 160px; height: 22px">
<asp:TextBox ID="TextBox5" runat="server" CssClass="text" Width="142px"></
asp:TextBox></td>
<td bgcolor="#ffffff" style="width: 86px; height: 22px">
<asp:Label ID="Label6" runat="server" Text="联系电话: "></asp:Label></td>
<td bgcolor="#ffffff" style="width: 159px; height: 22px">
<asp:TextBox ID="TextBox8" runat="server" CssClass="text"></asp:TextBox>
</td>
</tr>
<tr>
<td bgcolor="#ffffff" style="width: 65px; height: 18px">
<asp:Label ID="Label8" runat="server" Text="已修学分: "></asp:Label></td>
<td bgcolor="#ffffff" style="width: 160px; height: 18px">
<asp:TextBox ID="TextBox7" runat="server" CssClass="text" Width="146px"></
asp:TextBox></td>
<td bgcolor="#ffffff" style="width: 86px; height: 18px">
<asp:Label ID="Label9" runat="server" Text="入学时间: "></asp:Label></td>
<td bgcolor="#ffffff" style="width: 159px; height: 18px">
<asp:DropDownList ID="DropDownList2" runat="server" Width="59px">
</asp:DropDownList></td>
        </tr>
        <tr>
<td bgcolor="#ffffff" style="width: 65px; height: 10px">
<asp:Label ID="Label7" runat="server" Text="密码: "></asp:Label></td>
<td bgcolor="#ffffff" style="width: 160px; height: 10px">
< asp: TextBox ID=" TextBox11" runat=" server" CssClass="text" TextMode="
Password" Width="145px"></asp:TextBox></td>
<td bgcolor="#ffffff" style="width: 86px; height: 10px">
        </td>
        <td bgcolor="#ffffff" style="width: 159px; height: 10px">
        </td>
    </tr>
    <tr>
<td bgcolor="#ffffff" style="width: 65px; height: 17px">
<asp:Label ID="Label10" runat="server" Text="家庭住址: "></asp:Label></td>
<td bgcolor="#ffffff" colspan="3" style="height: 17px">
<asp:TextBox ID="TextBox10" runat="server" CssClass="text" Width="574px"><
/asp:TextBox></td>
        </tr>
        <tr>
            <td bgcolor="#ffffff" style="height: 69px">
                备注</td>
<td bgcolor="#ffffff" colspan="4" style="height: 69px">
<span style="width: 3px; height: 21px"> <asp:TextBox ID="TextBox6"
runat="server" CssClass="text" Height="102px" TextMode="MultiLine" Width="
672px"></asp:TextBox></span></td>
        </tr>
        <tr>
```

```
                    <td align="center" bgcolor="#ffffff" colspan="5">
<asp:Button ID="Button1" runat="server" OnClick="Button1_Click" Text="添加" />
<asp:Button ID="Button6" runat="server" OnClick="Button6_Click" Text="放弃" />
<asp:Button ID="Button3" runat="server" OnClick="Button3_Click" Text="返回" />
</td>
</tr>
</table>
</div>
<asp:Label ID="sms_lbl_note" runat="server"></asp:Label>
```

进入该页面的代码文件,编写代码如下:

```
SqlConnection sms_conn;
string sms_sqlstr, sms_sqlstr2;
```

编写该文件的 Page_Load 事件的程序,如代码 7-27 所示。

代码 7-27　Page_Load 事件

```
private void Page_Load(object sender, System.EventArgs e)
{
    //在此处放置用户代码以初始化页面
    string sms_connstr=ConfigurationSettings.AppSettings["SMS_dbconn"];
    sms_conn=new SqlConnection(sms_connstr);
    for (int i=2000; i <=2020; i++)
    {
        DropDownList2.Items.Add(new ListItem(i.ToString(), i.ToString()));
    }
    sms_sqlstr2="select * from [class]";
    SqlDataAdapter sms_da2=new SqlDataAdapter(sms_sqlstr2, sms_conn);
    DataSet sms_ds2=new DataSet();
    sms_da2.Fill(sms_ds2, "T");
    for (int i=0; i<sms_ds2.Tables["T"].Rows.Count; i++)
    {
        DropDownList1.Items.Add(new ListItem(sms_ds2.Tables["T"].Rows[i]
        ["classname"].ToString(), sms_ds2.Tables["T"].Rows[i]["classid"].
        ToString()));
    }
    sms_conn.Close();
    sms_ds2.Clear();
    sms_ds2.Dispose();
}
```

双击"添加"按钮,进入该按钮的单击事件的程序,如代码 7-28 所示。

代码 7-28　"添加"按钮的单击事件

```
protected void Button1_Click(object sender, EventArgs e)
{
string sms_sqlstr="insert into student
(studentname,sex,classid,telephone,address,pwd,remark,ru_date,studentid,
birthday,credithour) values ('" + TextBox2.Text + "', '" + RadioButtonList1.
```

```
SelectedItem.Text+"','"+DropDownList1.SelectedValue.ToString()+"','"+
TextBox8.Text+"','"+TextBox10.Text+"','"+TextBox11.Text+"','"+TextBox6.
Text+"','"+DropDownList2.SelectedValue.ToString()+"','"+TextBox1.Text+"',
'"+TextBox5.Text+"','"+TextBox7.Text+"')";
    SqlCommand sms_comm=new SqlCommand(sms_sqlstr, sms_conn);
    sms_comm.Connection.Open();
    try
    {
        sms_comm.ExecuteNonQuery();
        sms_lbl_note.Text="编辑成功";
    }
    catch (SqlException)
    {
        sms_lbl_note.Text="编辑失败";
        sms_lbl_note.Style["color"]="red";
    }
    sms_comm.Connection.Close();
    Response.Redirect("student.aspx");
}
```

6. 系部信息

单击"学生所在院系资料"超链接,将打开显示系部信息页面 Department. aspx,如
图 7-26 所示。

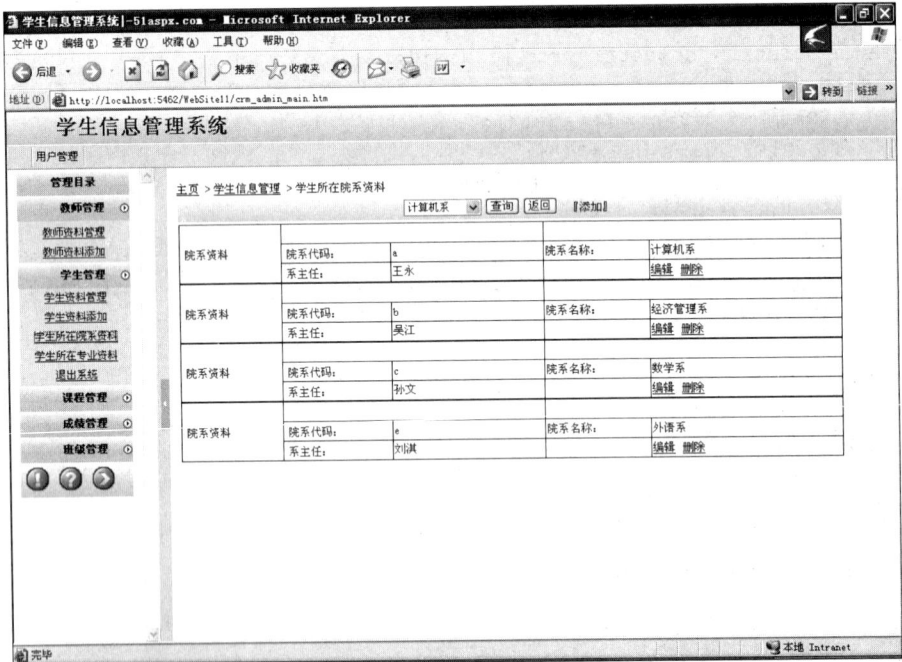

图 7-26　系部信息页面

238

该页面的功能是显示系部信息，设计界面如图 7-27 所示。

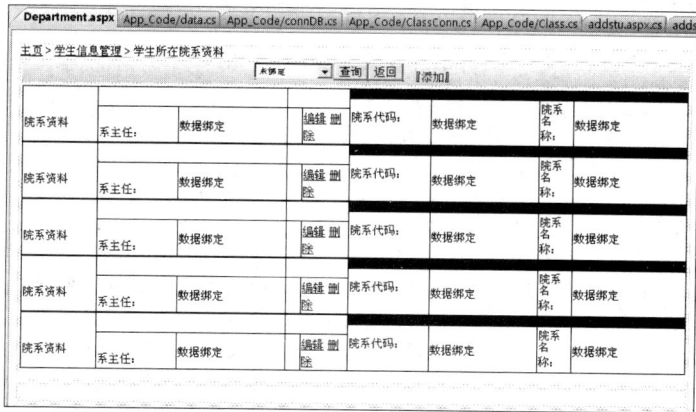

图 7-27　系部信息页面的设计界面

设计步骤：首先做一个合理的布局表格。在上面添加一个 DropDownList 控件和两个 Button 按钮控件。下面添加一个 Repeater 控件。界面设计好之后，主要控件的 HTML 源文件如代码 7-29 所示。

代码 7-29　系部信息界面主要的 HTML 源文件

```
< asp: SiteMapPath  id =" SiteMapPath1"  runat =" server"  SiteMapProvider ="
defaultSiteMap" Font-Size="Small">
    </asp:SiteMapPath>
        <table style="width: 760px; height: 392px">
            <tr>
< td style =" height: 10px; background - image: url (Image/top _ files/Topback.
GIF); width: 763px;" colspan="3" align="center">
<asp:DropDownList ID="DropDownList1" runat="server" Font-Size="X-Small"
Width="89px"></asp:DropDownList>
<asp:Button ID="Button1" runat="server" Height="20px" Text="查询" OnClick=
"Button1_Click" />
<asp:Button ID="Button2" runat="server" Height="20px" Text="返回" OnClick=
"Button2_Click" />
<asp:LinkButton ID="LinkButton1" runat="server" Font-Size="Small" Font-
Underline="False" OnClick="LinkButton1_Click">[添加]</asp:LinkButton></
td>
        </tr>
        <tr>
<td colspan="3" style="height: 260px; width: 763px;" align="left" valign="
top">
< asp: Repeater  ID =" RepeaterD"  runat =" server"  EnableTheming =" True"
OnItemCommand="RepeaterIC">
<ItemTemplate>
  <table bgcolor="#000000" border="0" cellspacing="1" width="760">
<tr>
<td bgcolor="#ffffff" rowspan="6" style="width: 77px">
<asp:Label ID="Label8" runat="server" Font-Size="Small" Text="院系资料"
```

239

```
Width="80px"></asp:Label></td>
<td bgcolor="#ffffff" colspan="2" rowspan="2">
</td>
<td bgcolor="#ffffff" colspan="2" rowspan="2">
</td>
                                </tr>
                                <tr>
                                </tr>
                                <tr>
<td bgcolor="#ffffff" rowspan="2" style="width: 65px">
<asp:Label ID="Label3" runat="server" Font-Size="Small" Height="1px" Text
="院系代码: " Width="86px"></asp:Label></td>
<td bgcolor="#ffffff" rowspan="2" style="width: 125px">
<asp:Label ID="LabDepid" runat="server" Font-Size="Small" Width="120px"
Text='<%#Eval("departmentid") %>'/>
<asp:TextBox ID="TxtDepid" runat="server" Font-Size="Small" Visible="
false" Width="120px" Height="15px" Text='<%#Eval("departmentid") %>'/>
</td>
<td bgcolor="#ffffff" rowspan="2" style="width: 86px">
    <asp:Label ID="Label9" runat="server" Font-Size="Small" Text="院系名称:
    "/>
</td>
<td bgcolor="#ffffff" rowspan="2" style="width: 159px">
<asp:Label ID="LabDepname" runat="server" Font-Size="Small" Width="120px"
Text='<%#Eval("departmentname") %>'/>
<asp:TextBox ID="TxtDepname" runat="server" Font-Size="Small" Visible="
false" Width="120px" Height="15px" Text='<%#Eval("departmentname") %>'/>
</td>
</tr>
<tr>
</tr>
<tr>
<td bgcolor="#ffffff" style="width: 65px; height: 10px">
<asp:Label ID="Label7" runat="server" Font-Size="Small" Text="系主任: "
Width="85px"></asp:Label></td>
<td bgcolor="#ffffff" style="width: 125px; height: 10px">
<asp:Label ID="LabDephead" runat="server" Font-Size="Small" Width="120px"
Text='<%#Eval("departmenthead") %>'/>
<asp:TextBox ID="TxtDephead" runat="server" Font-Size="X-Small" Visible="
false" Width="120px" Height="15px" Text='<%#Eval("departmenthead") %>'/>

</td>
<td bgcolor="#ffffff" style="width: 86px; height: 10px">
</td>
<td bgcolor="#ffffff" style="width: 159px; height: 10px">
<asp:LinkButton ID="LinkButton3" runat="server" Font-Size="Small"
CommandName="edit">编辑</asp:LinkButton>
<asp:LinkButton ID="LinkButton2" runat="server" Font-Size="Small"
CommandName="update" Visible="false">更新</asp:LinkButton>
```

```
< asp: LinkButton  ID =" LinkButton1 "  runat =" server "  Font - Size =" Small "
CommandName="cancel" Visible="false">取消</asp:LinkButton>
< asp: LinkButton  ID =" LinkButton4 "  runat =" server "  Font - Size =" Small "
CommandName="delete">删除</asp:LinkButton>
</td>
</tr>
</table>
</ItemTemplate>
</asp:Repeater>
</td>
</tr>
<tr>
<td colspan="3" style="width: 763px; height: 21px">
</td>
</tr>
</table>
```

进入该页面的代码文件,编写全局变量如下:

```
SqlConnection sms_conn;
string sqlstr;
```

编写该文件的 Page_Load 事件,如代码 7-30 所示。

代码 7-30 Page_Load 事件

```
protected void Page_Load(object sender, EventArgs e)
{
    string sms_connstr=ConfigurationSettings.AppSettings["sms_dbconn"];
    //建立连接
    sms_conn=new SqlConnection(sms_connstr);
    if (!IsPostBack)
    {
        SMS_BindRepeater();
        sqlstr="select * from department";
        SqlDataAdapter cmd=new SqlDataAdapter(sqlstr, sms_conn);
        //创建数据集 DataSet
        DataSet ds=new DataSet();
        cmd.Fill(ds, "T");
        for (int i=0; i<ds.Tables["T"].Rows.Count; i++)
        {
            DropDownList1.Items.Add(new ListItem(ds.Tables["T"].Rows[i]["
            departmentname"]. ToString ( ),  ds. Tables [ " T"]. Rows [i] [ "
            departmentid"].ToString()));
        }
        ds.Clear();
        ds.Dispose();
        sms_conn.Close();
        sms_conn.Dispose();
    }
}
```

241

代码 7-30 调用了 SMS_BindRepeater()方法,编写该方法的程序如代码 7-31 所示。

代码 7-31　SMS_BindRepeater()方法

```
private void SMS_BindRepeater()
{
    sqlstr="select * from department";
    SqlDataAdapter cmd=new SqlDataAdapter(sqlstr,sms_conn);
    //创建数据集 DataSet
    DataSet ds=new DataSet();
    cmd.Fill(ds, "TD1");
    RepeaterD.DataSource=ds.Tables["TD1"];
    RepeaterD.DataBind();
    ds.Clear();
    ds.Dispose();
}
```

编写 Repeater 控件的 ItemCommand 事件,如代码 7-32 所示。

代码 7-32　Repeater 控件的 ItemCommand 事件

```
public void RepeaterIC(object sender,RepeaterCommandEventArgs e)
{
System.Web.UI.WebControls.LinkButton update=
(LinkButton)e.Item.FindControl("LinkButton2");     //找到这个按钮
System.Web.UI.WebControls.LinkButton cancel=
(LinkButton)e.Item.FindControl("LinkButton1");     //找到这个按钮
System.Web.UI.WebControls.LinkButton edit=
(LinkButton)e.Item.FindControl("LinkButton3");
System.Web.UI.WebControls.LinkButton delete=
(LinkButton)e.Item.FindControl("LinkButton4");
System.Web.UI.WebControls.Label LabDepid=
(Label)e.Item.FindControl("LabDepid");
System.Web.UI.WebControls.Label LabDepname=
(Label)e.Item.FindControl("LabDepname");
System.Web.UI.WebControls.Label LabDephead=
(Label)e.Item.FindControl("LabDephead");
System.Web.UI.WebControls.TextBox TetDepid=
(TextBox)e.Item.FindControl("TxtDepid");
System.Web.UI.WebControls.TextBox TetDepname=
(TextBox)e.Item.FindControl("TxtDepname");
System.Web.UI.WebControls.TextBox TetDephead=
(TextBox)e.Item.FindControl("TxtDephead");
    if (e.CommandName=="edit")
    {
        update.Visible=true;
        cancel.Visible=true;
        edit.Visible=false;
        LabDepname.Visible=false;
        LabDephead.Visible=false;
        TetDepname.Visible=true;
```

```
            TetDephead.Visible=true;
        }
        if (e.CommandName=="cancel")
        {
            SMS_BindRepeater();
        }
        if (e.CommandName=="update")
        {
            sqlstr="update Department set departmentname='"+TetDepname.Text+"',
                departmenthead='"+TetDephead.Text+"'where departmentid='"+
                LabDepid.Text+"'";
            SqlCommand sqlcom=new SqlCommand(sqlstr, sms_conn);
            sms_conn.Open();
            sqlcom.ExecuteNonQuery();
            SMS_BindRepeater();
            sms_conn.Close();
        }
        if (e.CommandName=="delete")
        {
            sqlstr="delete Department where departmentid='"+LabDepid.Text+"'";
            SqlCommand sqlcom=new SqlCommand(sqlstr, sms_conn);
            sms_conn.Open();
            sqlcom.ExecuteNonQuery();
            SMS_BindRepeater();
            sms_conn.Close();
        }
    }
```

双击"查询"按钮,编写该按钮的单击事件,如代码 7-33 所示。

代码 7-33　"查询"按钮的单击事件

```
protected void Button1_Click(object sender, EventArgs e)
{
    sqlstr="select * from department where
    departmentid='"+DropDownList1.SelectedValue.ToString()+"'";
    //创建 SqlDataAdapter 对象,并将数据填充至 DataSet 数据集
    SqlDataAdapter cmd=new SqlDataAdapter(sqlstr, sms_conn);
    DataSet ds=new DataSet();
    cmd.Fill(ds, "TD1");
    RepeaterD.DataSource=ds.Tables["TD1"];
    RepeaterD.DataBind();
}
```

7. 显示专业信息页面的设计

单击"学生所在专业资料"超链接,将打开显示专业信息页面 speciality. aspx,如
图 7-28 所示。

该页面的功能是显示专业信息,设计界面如图 7-29 所示。

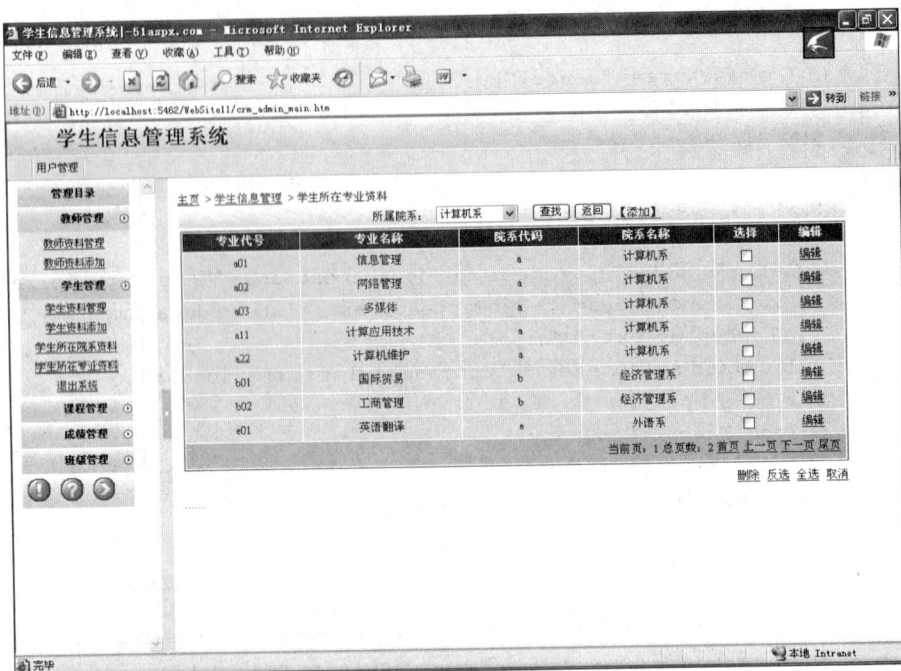

图 7-28　显示专业信息页面

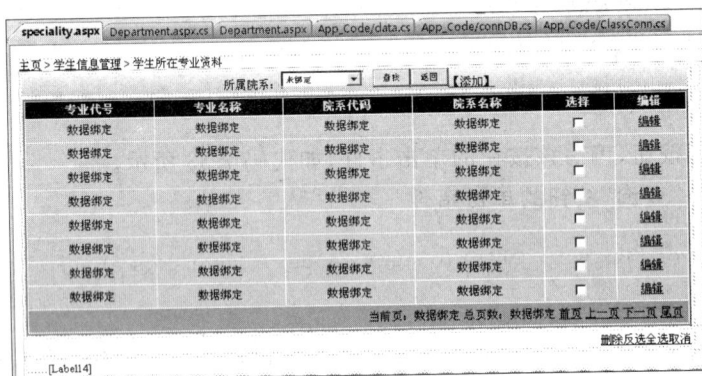

图 7-29　显示专业信息设计界面

设计步骤：首先做一个合理的布局表格。在所在院系位置添加一个 DropDownList 控件，用于绑定系部信息。然后添加两个 Button 按钮控件，在下面添加一个 GridView 控件，用于绑定专业信息。设计好界面后，主要控件的 HTML 源文件如代码 7-34 所示。

代码 7-34　显示专业信息界面的主要 HTML 源文件

```
< asp: SiteMapPath id =" SiteMapPath1" runat =" server" SiteMapProvider ="
defaultSiteMap" Font-Size="Small"></asp:SiteMapPath>
<table style="width: 715px; height: 205px">
<tr>
<td colspan="3" align="center" background="Image/top_files/Topback.GIF"
style="width: 801px; height: 7px">
```

```
<asp:Label ID="Label5" runat="server" Font-Size="Small" Text="所属院系：">
   </asp:Label>
<asp:DropDownList ID="DropDownList2" runat="server" Width="93px" Font-
Size="X-Small">
</asp:DropDownList>
<asp:Button ID="Button1" runat="server" Font-Size="X-Small" OnClick="
Button1_Click"Text="查找" Width="43px" Height="20px" />
<asp:Button ID="Button2" runat="server" OnClick="Button2_Click" Text="返
回" Width="43px" Font-Size="X-Small" Height="20px" />
<asp:LinkButton ID="LinkButton5" runat="server" OnClick="LinkButton5_
Click" Text="添加" Font-Size="Small"></asp:LinkButton></td>
<td align="center" colspan="1" style="font-size: 12pt; width: 143px;
height: 7px">
</td>
</tr>
<tr style="font-size: 12pt">
<td colspan="3" rowspan="1" style="width: 801px; height: 220px">
<asp:GridView ID="sms_grade" runat="server" AllowPaging="True"
AutoGenerateColumns="False" DataKeyNames="specialityid" HorizontalAlign
="Center" OnPageIndexChanging="Data_Page" OnRowCancelingEdit="RowCancel"
OnRowDataBound="RowDataBound" OnRowEditing="RowEditing" OnRowUpdating="
RowUpdata" PageSize="8" Width="760px" BackColor="White"
BorderColor="White" BorderStyle="Ridge" BorderWidth="2px" CellPadding="3"
CellSpacing="1" GridLines="None">
<HeaderStyle BackColor="#4A3C8C" Font-Bold="True" Font-Size="Small"
ForeColor="#E7E7FF" />
<FooterStyle BackColor="#C6C3C6" ForeColor="Black" />
<Columns>
<asp:TemplateField HeaderText="专业代号" SortExpression="specialityid">
<EditItemTemplate>
<asp:Label ID="Label3" runat="server" Text='<%#Eval("specialityid") %>'><
/asp:Label>
</EditItemTemplate>
<ItemTemplate>
<asp:Label ID="Labspeid" runat="server" Text='<%#Eval("specialityid") %>'></
asp:Label>
</ItemTemplate>
</asp:TemplateField>
<asp:TemplateField HeaderText="专业名称">
<EditItemTemplate>
<asp:TextBox ID="TextBox2" runat="server" Text='<%#Eval("specialityname")
%>' Width="91px"></asp:TextBox>
</EditItemTemplate>
<ItemTemplate>
<asp:Label ID="Label2" runat="server" Text='<%#Eval("specialityname") %>'></
asp:Label>
</ItemTemplate>
</asp:TemplateField>
<asp:TemplateField HeaderText="院系代码">
```

```
<EditItemTemplate>
<asp:Label ID="TextBox1" runat="server" Text = '<%#Bind("departmentid")%>'></
asp:Label>
</EditItemTemplate>
<ItemTemplate>
<asp:Label ID="lblsid" runat="server" Text='<%#Bind("departmentid") %>'><
/asp:Label>
</ItemTemplate>
</asp:TemplateField>
<asp:TemplateField HeaderText="院系名称">
<EditItemTemplate>
<asp:Label ID="sname" runat="server" Text='<%#Bind("departmentname") %>'>
</asp:Label>
</EditItemTemplate>
<ItemTemplate>
<asp:Label ID="sname" runat="server" Text='<%#Bind("departmentname") %>'>
</asp:Label>
</ItemTemplate>
</asp:TemplateField>
<asp:TemplateField HeaderText="选择">
<ItemTemplate>
<asp:CheckBox ID="chkSelect" runat="server" />
</ItemTemplate>
</asp:TemplateField>
< asp: CommandField CancelText = "取消" EditText = "编辑" HeaderText = "编辑"
ShowEditButton="True" UpdateText="更新" />
</Columns>
<RowStyle Font-Size="Small" HorizontalAlign="Center" BackColor="#DEDFDE"
ForeColor="Black" />
<SelectedRowStyle BackColor="#9471DE" BorderColor="#C0C0FF" Font-Bold="
True" ForeColor="White" />
<PagerStyle HorizontalAlign="Right" BackColor="#C6C3C6" ForeColor="Black"
/>
<PagerTemplate>
<table>
<tr>
<td>
<asp:Label ID="LabelCurrentPage" runat="server" Font-Size="Small">当前页:
<%#((GridView)Container.NamingContainer).PageIndex+1 %></asp:Label></
td>
<td>
<asp:Label ID="LabelPageCount" runat="server" Font-Size="Small">总页数:
<%#((GridView)Container.NamingContainer).PageCount %></asp:Label></td>
<td>
<asp:LinkButton ID="LinkButtonFirstPage" runat="server" CommandArgument=
"First" CommandName="Page" Enable="<%#((GridView)Container.
NamingContainer).PageIndex !=0 %>" Font-Size="Small">首页
</asp:LinkButton> </td>
<td>
```

```
< asp: LinkButton  ID =" LinkButtonPreviousPage "  runat =" server "  Command-
Argument =" Prev " CommandName =" Page "  Enable =" <% # ((GridView) Container.
NamingContainer). PageIndex ! = 0  %>" Font - Size =" Small " > 上 一 页 </asp:
LinkButton></td>
<td>
<asp:LinkButton ID="LinkButtonNextPage" runat="server" CommandArgument=
" Next "  CommandName =" Page "  Enable =" <% # ((GridView) Container. Naming-
Container).PageIndex != ((GridView)Container.NamingContainer).
PageCount-1 %>" Font-Size="Small">下一页</asp:LinkButton></td>
<td>
<asp:LinkButton ID="LinkButtonLastPage" runat="server" CommandArgument=
" Last "  CommandName =" Page "  Enable =" <% # (( GridView) Container. Naming-
Container).PageIndex != ((GridView)Container.NamingContainer).PageCount-1
%>" Font-Size="Small">尾页</asp:LinkButton></td>
</tr>
</table>
</PagerTemplate>
</asp:GridView>
</td>
<td colspan="1" rowspan="1" style="width: 143px; height: 220px">
                </td>
            </tr>
            <tr style="font-size: 12pt">
                <td align="right" colspan="3" style="width: 801px">
<asp:LinkButton ID="LinkButton3" runat="server" Font-Size="Small" OnClick
="LinkButton3_Click">删除</asp:LinkButton>
<asp:LinkButton ID="LinkButton2" runat="server" Font-Size="Small" OnClick
="LinkButton2_Click">反选</asp:LinkButton>
<asp:LinkButton ID="LinkButton1" runat="server" Font-Size="Small" OnClick
="LinkButton1_Click">全选</asp:LinkButton>
<asp:LinkButton ID="LinkButton4" runat="server" Font-Size="Small" OnClick
="LinkButton4_Click">取消</asp:LinkButton></td>
<td align="right" colspan="1" style="width: 143px">
</td>
</tr>
<tr style="font-size: 12pt">
<td colspan="3" style="width: 801px; height: 10px">
<asp:Label ID="sms_lbl_note" runat="server" Text="......"></asp:Label>
<asp:Label ID="Label14" runat="server" Visible="False" Font-Size="Small"
></asp:Label></td>
<td colspan="1" style="width: 143px; height: 10px">
</td>
</tr>
</table>
```

进入该页面的代码文件,编写全局变量如下:

```
SqlConnection sms_conn;
string sms_sqlstr, sms_sqlstr2, str;
```

编写该文件的 Page_Load 事件,代码如 7-35 所示。

代码 7-35　显示专业信息页面的 Page_Load 事件

```
protected void Page_Load(object sender, EventArgs e)
{
    string sms_connstr=ConfigurationSettings.AppSettings["sms_dbconn"];
    //建立连接
    sms_conn=new SqlConnection(sms_connstr);
    if (!IsPostBack)
        SMS_BindView();
    LinkButton3.Attributes.Add("onclick", "javascript:return confirm('你确认
要删除吗?')");
}
```

这段代码中调用了 SMS_BindView() 方法,编写该方法的程序,如代码 7-36 所示。

代码 7-36　SMS_BindView() 方法

```
public void SMS_BindView()
{
    //sms_conn.Open();
    sms_sqlstr="select * from [speciality],[department] where department.
    departmentid=speciality.departmentid";
    SqlDataAdapter sms_adp=new SqlDataAdapter(sms_sqlstr, sms_conn);
    DataSet sms_ds=new DataSet();
    sms_adp.Fill(sms_ds,"T");
    sms_conn.Close();
    sms_grade.DataSource=sms_ds.Tables["T"];
    sms_grade.DataBind();
    sms_ds.Clear();
    sms_ds.Dispose();
    sms_sqlstr2="select * from [department] ";
    SqlDataAdapter sms_adp2=new SqlDataAdapter(sms_sqlstr2, sms_conn);
    DataSet sms_ds2=new DataSet();
    sms_adp2.Fill(sms_ds2, "T");
    DropDownList2.DataSource=sms_ds2.Tables["T"];
    DropDownList2.DataTextField="departmentname";
    DropDownList2.DataValueField="departmentid";
    DropDownList2.DataBind();
    sms_ds2.Clear();
    sms_ds2.Dispose();
}
```

双击"查找"按钮,编写该按钮的单击事件,如代码 7-37 所示。

代码 7-37　"查找"按钮的单击事件

```
protected void Button1_Click(object sender, EventArgs e)
{
    sms_sqlstr="select * from [speciality],[department] where
        department.departmentid = speciality.departmentid and speciality.
        departmentid='"+ DropDownList2.SelectedValue.ToString()+"'";
    sms_conn.Open();
```

```
SqlDataAdapter sms_da=new SqlDataAdapter(sms_sqlstr, sms_conn);
DataSet sms_ds=new DataSet();
sms_da.Fill(sms_ds);
sms_conn.Close();
sms_grade.DataSource=sms_ds;
sms_grade.DataBind();
}
```

8. 课程管理界面的设计

单击"课程管理"超链接,将展开该部分的管理目录,单击其中的"课程资料管理"超链接,将打开显示课程信息页面 course.aspx,如图 7-30 所示。

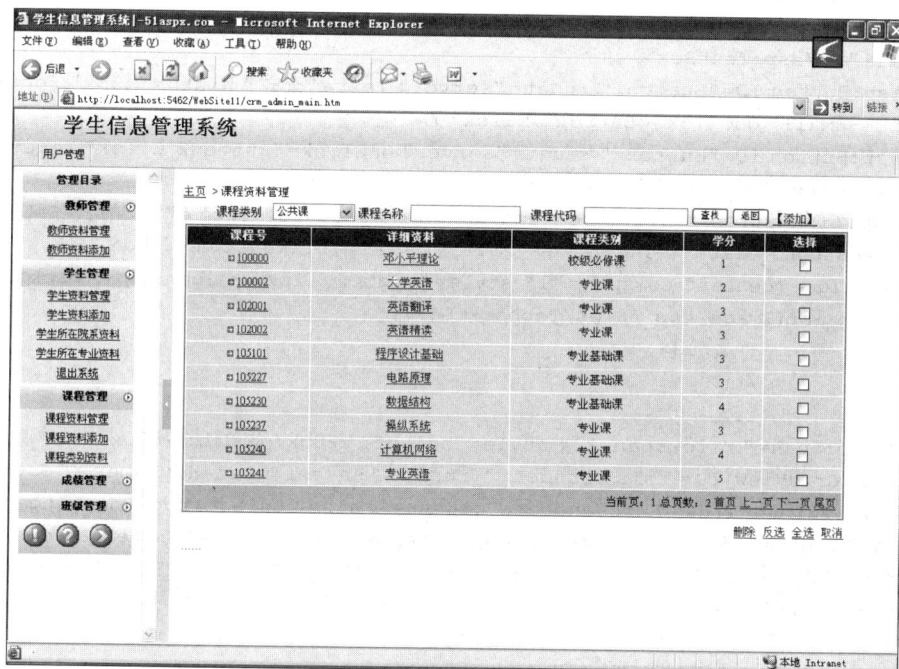

图 7-30　课程管理界面

设计步骤:首先做一个合理的布局表格。在课程类别位置添加一个 DropDownList 控件,在课程名称位置添加一个 TextBox 控件,在课程代码位置添加一个 TextBox 控件,然后添加两个 Button 按钮。在下边位置添加一个 GridView 控件,用于绑定学生信息。界面设计之后主要控件的 HTML 源文件如代码 7-38 所示。

代码 7-38　课程管理界面的主要 HTML 源文件

```
< asp:SiteMapPath ID =" SiteMapPath1" runat =" server" Font - Size =" Small"
SiteMapProvider="defaultSiteMap">
    </asp:SiteMapPath>
     
    <table style="width: 715px; height: 205px">
        <tr>
```

```
<td colspan="3" style="height: 9px; width: 789px; background-image: url
(Image/top_files/Topback.GIF);" align="center">
<asp:Label ID="Label4" runat="server" Text="课程类别" Font-Size="Small"></
asp:Label>
 <asp:DropDownList ID="DropDownList1" runat="server" Font-Size="X-
Small" Width="94px" >
</asp:DropDownList>
<asp:Label ID="Label5" runat="server" Text="课程名称" Font-Size="Small"></
asp:Label>
<asp:TextBox ID="TextBox3" runat="server" Width="120px" Font-Size="X-
Small"></asp:TextBox>
  <asp:Label ID="Label6" runat="server" Font-Size="Small" Text="
课程代码"></asp:Label>
<asp:TextBox ID="TextBox4" runat="server" Width="112px" Font-Size="X-
Small"></asp:TextBox>
<asp:Button ID="Button1" runat="server" Text="查找" Width="43px" Font-Size
="XX-Small" OnClick="Button1_Click" />
<asp:Button ID="Button2" runat="server" OnClick="Button2_Click" Text="返回"
Width="43px" Font-Size="XX-Small" />
<asp:LinkButton runat="server" ID="LinkButton5" Text="【添加】" OnClick="
LinkButton5_Click" Font-Size="Small" ></asp:LinkButton></td>
<td align="center" colspan="1" style="width: 801px; height: 9px; background-
image: url(Image/top_files/Topback.GIF);">
                </td>
        </tr>
        <tr>
<td colspan="3" rowspan="1" style="height: 220px; width: 789px;">
<asp:GridView ID="sms_student" runat="server" DataKeyNames="courseID"
AllowPaging="True" AutoGenerateColumns="False" OnPageIndexChanging="Data_
Page" Width="760px" HorizontalAlign="Center" BackColor="White" BorderColor=
"White" BorderStyle="Ridge" BorderWidth="2px" CellPadding="3" CellSpacing="1"
GridLines="None" >
<HeaderStyle Font-Bold="True" BackColor="#4A3C8C" Font-Size="Small"
    ForeColor="#E7E7FF"></HeaderStyle>
<FooterStyle BackColor="#C6C3C6" ForeColor="Black"></FooterStyle>
    <Columns>
                <asp:TemplateField HeaderText="课程号" SortExpression="
courseid">
                <EditItemTemplate>
<asp:Label ID="Label3" runat="server" Text='<%#Eval("courseid") %>'></asp:
Label>
                </EditItemTemplate>
                <ItemTemplate>
<asp:HyperLink ID="HyperLink1" runat="server" NavigateUrl='<%#Eval("
courseid", "addcourse.aspx?id={0}") %>'ImageUrl="~/Image/e.jpg" Text="编
辑"></asp:HyperLink>
<asp:HyperLink ID="HyperLink2" runat="server" NavigateUrl='<%#Eval("
courseid", "addcourse.aspx?id={0}") %>'Text='<%#Bind("courseid") %>'></
asp:HyperLink>
```

250

```
<asp:Label ID="Label3" runat="server" Text = '<%#Bind("courseid") %>' Visible=
"false" ></asp:Label>
                </ItemTemplate>
            </asp:TemplateField>
            <asp:TemplateField HeaderText="详细资料">
                <ItemTemplate>
< asp: linkbutton  ID =" Linkbutton1 "  runat =" server "  Text = ' <% # Eval ( "
coursename") %>'OnClick="Linkbutton1_Click"></asp:linkbutton>
                </ItemTemplate>
            </asp:TemplateField>
            <asp:TemplateField HeaderText="课程类别">
                <EditItemTemplate>
<asp:TextBox ID="TextBox1" runat="server" Text='<%#Bind("typename")%>'></
asp:TextBox>
                </EditItemTemplate>
                <ItemTemplate>
<asp:Label ID="Label1" runat="server" Text='<%#Bind("typename") %>'></asp:
Label>
                </ItemTemplate>
            </asp:TemplateField>
            <asp:TemplateField HeaderText="学分">
                <EditItemTemplate>
<asp:TextBox ID="TextBox2" runat="server" Text = '<%#Bind("credithour") %>'></
asp:TextBox>
                </EditItemTemplate>
                <ItemTemplate>
<asp:Label ID="Label2" runat="server" Text='<%#Bind("credithour") %>'></
asp:Label>
                </ItemTemplate>
            </asp:TemplateField>
            <asp:TemplateField HeaderText="选择">
                <ItemTemplate>
                    <asp:CheckBox ID="chkSelect" runat="server" />
                </ItemTemplate>
            </asp:TemplateField>
        </Columns>
<RowStyle Font-Size="Small" HorizontalAlign="Center" BackColor="#DEDFDE"
    ForeColor="Black" />
<SelectedRowStyle BackColor="#9471DE" BorderColor="#C0C0FF" Font-Bold="
True ForeColor="White" />
<PagerStyle HorizontalAlign="Right" BackColor="#C6C3C6" ForeColor="Black" />
        <PagerTemplate>
                <table>
                    <tr>
                        <td>
<asp:Label  ID="LabelCurrentPage" runat="server" Font-Size="Small">当前页:
<%#((GridView)Container.NamingContainer).PageIndex+1 %></asp:Label></td>
<td>
<asp:Label ID="LabelPageCount" runat="server" Font-Size="Small">总页数:
```

```
<%#((GridView)Container.NamingContainer).PageCount %></asp:Label></td>
<td>
<asp:LinkButton ID="LinkButtonFirstPage" runat="server" Font-Size="Small"
CommandArgument=" First" CommandName=" Page" Enable="<%#((GridView)
Container.NamingContainer).PageIndex !=0 %>">首页</asp:LinkButton></td>
                        <td>
                <asp:LinkButton ID="LinkButtonPreviousPage" runat="
server" Font-Size="Small" CommandArgument="Prev" CommandName="Page" Enable
="<%#((GridView)Container.NamingContainer).PageIndex !=0 %>">上一页</asp:
LinkButton></td>
<td>
<asp:LinkButton ID="LinkButtonNextPage" runat="server" Font-Size="Small"
CommandArgument="Next" CommandName="Page" Enable="<%#((GridView)
Container.NamingContainer).PageIndex !=((GridView)
Container.NamingContainer).PageCount-1 %>">下一页</asp:LinkButton></td>
<td>
<asp:LinkButton ID="LinkButtonLastPage" runat="server" Font-Size="Small"
CommandArgument="Last" CommandName="Page" Enable="<%#((GridView)
Container.NamingContainer).PageIndex !=((GridView)Container.
NamingContainer).PageCount-1 %>">尾页</asp:LinkButton></td>
   </tr>
</table>
</PagerTemplate>
</asp:GridView>
</td>
<td colspan="1" rowspan="1" style="width: 143px; height: 220px">
<asp:DataList ID="DataList1" runat="server" Width="162px" DataKeyField="
courseid" OnEditCommand=" DataList1 _ EditCommand " OnCancelCommand="
DataList1_ConcelCommand" OnUpdateCommand="DataList1_UpdateCommand" >
                <ItemTemplate>
                    <table>
                        <tr>
<td colspan="3"> <b><%#Eval("coursename") %></b>
                            </td>
                        </tr>
                        <tr>
                            <td colspan="2" style="width: 81px">
<asp:Label ID="Label20" runat="server" Text="课程代码:" Font-Size="Small">
</asp:Label></td>
 <td style="width: 145px; font-size: small;"><%#Eval("courseid") %>
                            </td>
                        </tr>
                        <tr>
                            <td colspan="2" style="width: 81px">
<asp:Label ID="Label19" runat="server" Text="课程类别:" Font-Size="Small">
</asp:Label></td>
 <td style="width: 145px; font-size: small;"><%#Eval("coursetypeid") %>
                            </td>
                        </tr>
```

```
                                <tr>
                                        <td colspan="2" style="width: 81px">
<asp:Label ID="Label21" runat="server" Text="类别名称: " Width="88px" Font-
Size="Small"></asp:Label></td>
<td style="width: 145px; font-size: small;"><%#Eval("typename")%>
                                        </td>
                                </tr>
                                <tr>
                                        <td colspan="2" style="width: 81px">
<asp:Label ID="Label18" runat="server" Text="学分:" Font-Size="Small"></
asp:Label></td>
<td style="width: 145px; font-size: small;"><%#Eval("credithour")%>
                                        </td>
                                </tr>
                                <tr>
                                        <td colspan="2" style="width: 81px">
<asp:Label ID="Label16" runat="server" Text="总学时:" Font-Size="Small"></
asp:Label></td>
<td style="width: 145px; font-size: small;"><%#Eval("totalperiod")%>
                                        </td>
                                </tr>
                                <tr>
                                        <td colspan="2" style="width: 81px">
<asp:Label ID="Label17" runat="server" Text="周学时:" Font-Size="Small"></
asp:Label></td>
<td style="width: 145px; font-size: small;">   <%#Eval("weekperiod")%>
                                        </td>
                                </tr>
                                <tr>
                                        <td colspan="2" style="width: 81px">
<asp:Label ID="Label15" runat="server" Text="备注:" Font-Size="Small"></
asp:Label></td>
<td style="width: 145px; font-size: small;"><%#Eval("remark") %>
                                        </td>
                                </tr>
                        </table>
<asp:LinkButton runat="server" ID="LBE" CommandName="Edit" Text="【编辑】"
Font-Size="Small" ></asp:LinkButton>
                        <p>
                        </p>
                </ItemTemplate>
            <EditItemTemplate>

                    <br>
                    <br>
                    <table>
                        <tr>
                            <td colspan="3"><b><%#Eval("coursename") %></b>
                            </td>
```

```
                </tr>
                <tr>
<td colspan="2" style="width: 9669555px; height: 21px;">
<asp:Label ID="Label20" runat="server" Text="课程代码:" Font-Size="Small">
</asp:Label>
</td>
<td style ="width: 87px; height: 17px; font-size: small;"> <%#Eval("
courseid")%>
                            </td>
                </tr>
                <tr>
<td colspan="2" style="width: 9669555px; height: 17px">
<asp:Label ID="Label19" runat="server" Text="课程类别:" Font-Size="Small">
</asp:Label>
</td>
<td style ="width: 87px; height: 17px; font-size: small;"> <%#Eval("
coursetypeid")%>
</td>
</tr>
    <tr>
<td colspan="2" style="width: 9669555px; height: 17px">
<asp:Label ID="Label21" runat="server" Text="类别名称:" Width="88px" Font-
Size="Small"></asp:Label></td>
<td style ="width: 87px; height: 17px; font-size: small;"> <%#Eval("
typename")%>
</td>
</tr>
<tr>
<td colspan="2" style="width: 9669555px; height: 24px;">
<asp:Label ID="Label18" runat="server" Text="学分:" Font-Size="Small"></
asp:Label></td>
<td style="width: 87px; height: 24px;">
<asp:DropDownList ID="DropDownList3" runat="server" Font-Size="Small">
                            <asp:ListItem>1</asp:ListItem>
                            <asp:ListItem>2</asp:ListItem>
                            <asp:ListItem>3</asp:ListItem>
                            <asp:ListItem>4</asp:ListItem>
                            <asp:ListItem>5</asp:ListItem>
                            <asp:ListItem>6</asp:ListItem>
                    </asp:DropDownList></td>
            </tr>
                <tr>
<td colspan="2" style="width: 9669555px; height: 2px;">
<asp:Label ID="Label16" runat="server" Text="总学时:" Font-Size="Small"></
asp:Label></td>
<td style="height: 2px; width: 87px;" align="left">
<asp:TextBox ID="TextBox5" runat="server" text='<%#Eval("totalperiod")%>'
Height="12px" Width="78px" Font-Size="Small"></asp:TextBox> </td>
                </tr>
```

```
                <tr>
                    <td colspan="2" style="width: 9669555px">
<asp:Label ID="Label17" runat="server" Text="周学时:" Font-Size="Small"></
asp:Label></td>
<td style="width: 87px">
<asp:DropDownList ID="DropDownList4" runat="server" Font-Size="Small" >
                        <asp:ListItem>1</asp:ListItem>
                        <asp:ListItem>2</asp:ListItem>
                        <asp:ListItem>3</asp:ListItem>
                        <asp:ListItem>4</asp:ListItem>
                        <asp:ListItem>5</asp:ListItem>
                        <asp:ListItem>6</asp:ListItem>
                        <asp:ListItem>7</asp:ListItem>
                        <asp:ListItem>8</asp:ListItem>
                    </asp:DropDownList></td>
                </tr>
                <tr>
<td colspan="2" style="width: 9669555px; height: 24px">
<asp:Label ID="Label15" runat="server" Text="备注:" Font-Size="Small"></
asp:Label>
                    </td>
                    <td style="width: 87px; height: 24px">
<asp:TextBox ID="TextBox8" runat="server"   Text='<%#Eval("remark") %>'
Height="41px" TextMode="MultiLine" Width="137px" Font-Size="Small"></asp:
TextBox></td>
                </tr>
                <tr>
                    <td colspan="3" style="height: 15px">
<asp:LinkButton runat="server" ID="LBU" CommandName="update" Text="【更新】"
Font-Size="Small"></asp:LinkButton><asp:LinkButton runat="server" ID="
LBC" CommandName="cancel" Text="【取消】" Font-Size="Small"></asp:LinkButton></
td>
                </tr>
            </table>
            </EditItemTemplate>
    </asp:DataList></td>
        </tr>
        <tr>
            <td align="right" colspan="3" style="width: 789px">
 <asp:LinkButton ID="LinkButton3" runat="server" Font-Size="Small"
OnClick="LinkButton3_Click">删除</asp:LinkButton>
<asp:LinkButton ID="LinkButton2" runat="server" OnClick="LinkButton2_
Click" Font-Size="Small">反选</asp:LinkButton>
<asp:LinkButton ID="LinkButton1" runat="server" OnClick="LinkButton1_
Click" Font-Size="Small">全选</asp:LinkButton>
<asp:LinkButton ID="LinkButton4" runat="server" Font-Size="Small" OnClick
="LinkButton4_Click">取消</asp:LinkButton></td>
<td align="right" colspan="1" style="width: 143px">
            </td>
```

```
          </tr>
          <tr>
              <td colspan="3" style="height: 10px; width: 789px;">
    <asp:Label ID="sms_lbl_note" runat="server" Text="......"></asp:
Label>
<asp:Label ID="Label14" runat="server"  Visible="false"></asp:Label></
td>
              <td colspan="1" style="width: 143px; height: 10px">
              </td>
          </tr>
      </table>
```

进入该页面的代码文件,首先编写全局变量:

```
SqlConnection sms_conn;
string sms_sqlstr, sms_sqlstr2,str;
```

编写该页面的 Page_Load 事件,如代码 7-39 所示。

代码 7-39　Page_ Load 事件

```
protected void Page_Load(object sender, EventArgs e)
{
    string sms_connstr=ConfigurationSettings.AppSettings["sms_dbconn"];
    //建立连接
    sms_conn=new SqlConnection(sms_connstr);
    if (!IsPostBack)
        SMS_BindGrid();
}
```

代码 7-39 调用了 SMS_BindGrid()方法,用于绑定 GridView 控件,编写该方法的程序如代码 7-40 所示。

代码 7-40　SMS_BindGrid()方法

```
public void SMS_BindGrid()
{
    sms_conn.Open();
    string sms_sqlstr="select * from [course],[coursetype] where course.
    coursetypeid=coursetype.coursetypeid";
    SqlDataAdapter sms_adp=new SqlDataAdapter(sms_sqlstr, sms_conn);
    DataSet sms_ds=new DataSet();
    sms_adp.Fill(sms_ds);
    sms_conn.Close();
    sms_student.DataSource=sms_ds;
    sms_student.DataBind();
    sms_ds.Clear();
    sms_ds.Dispose();
    sms_conn.Open();
    sms_sqlstr2="select * from coursetype";
    SqlDataAdapter sms_da2=new SqlDataAdapter(sms_sqlstr2, sms_conn);
    DataSet sms_ds2=new DataSet();
```

```
sms_da2.Fill(sms_ds2, "T");
sms_conn.Close();
DropDownList1.DataSource=sms_ds2.Tables["T"];
DropDownList1.DataTextField="typename";
DropDownList1.DataValueField="typename";
DropDownList1.DataBind();
sms_ds2.Clear();
sms_ds2.Dispose();
}
```

9. 添加课程信息页面的设计

单击"课程资料添加"超链接，将打开添加课程信息页面 addcourse.aspx，如图 7-31 所示。

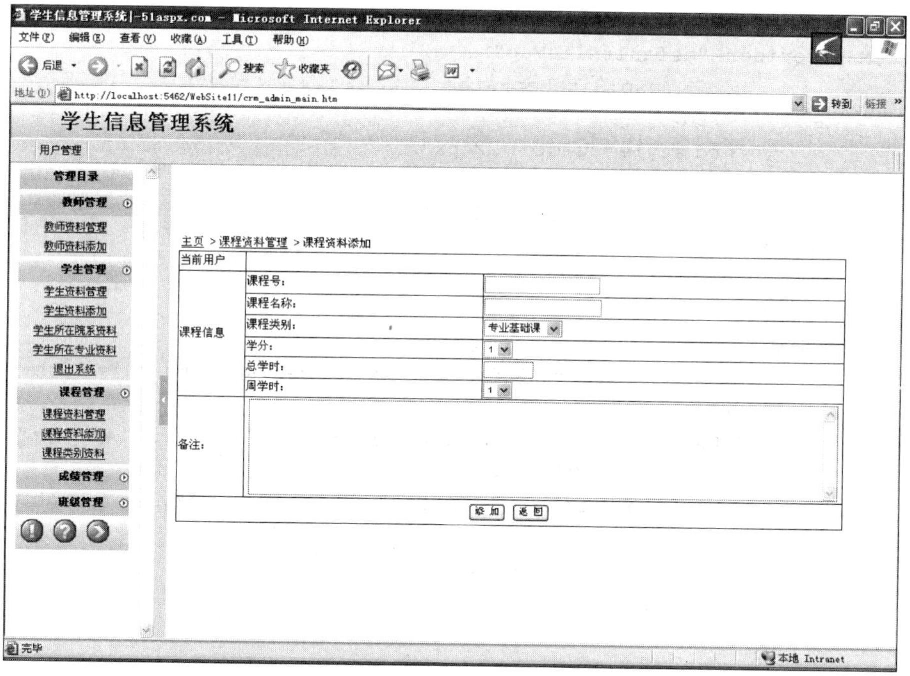

图 7-31　添加课程信息页面

设计步骤：首先做一个合理的布局表格。在表格中对应的位置依次添加 TextBox 控件和 DropDownList 控件，最后添加两个 Button 按钮控件。设计好之后页面主要控件的 HTML 源文件如代码 7-41 所示。

代码 7-41　添加课程信息页面的主要 HTML 源文件

```
<table border="0" cellspacing="1" width="100%">
        <tr>
            <td style="width: 222px; height: 1px">
                 </td>
            <td style="width: 224px; height: 1px">
```

```
                            </td>
            <td style="width: 305px; height: 1px">
                 </td>
        </tr>
        <tr>
            <td style="width: 222px; height: 35px">
                 
            </td>
            <td style="width: 224px; height: 35px">
                 </td>
            <td style="width: 305px; height: 35px">
            </td>
        </tr>
        <tr>
            <td style="width: 222px">
<asp: SiteMapPath ID =" SiteMapPath1" runat =" server" Font - Size =" Small"
SiteMapProvider="defaultSiteMap">
                    </asp:SiteMapPath>
            </td>
            <td style="width: 224px">
            </td>
            <td style="width: 305px">
            </td>
        </tr>
    </table>
    <div>
        <table bgcolor="#000000" border="0" cellspacing="1" width="760">
            <tr>
<td bgcolor="#ffffff" style="height: 17px; font-size: small;" width="9%">
                    当前用户</td>
                <td bgcolor="#ffffff" colspan="4" style="height: 17px"
width="91%">
                              
                </td>
            </tr>
            <tr>
                <td bgcolor="#ffffff" rowspan="6">
<asp:Label ID="Label8" runat="server" Text="课程信息" Font-Size="Small"></
asp:Label></td>
                <td bgcolor="#ffffff" style="width: 17px; height: 22px">
<asp:Label ID="Label1" runat="server" Text="课程号: " Width="90px" Font-Size
="Small"></asp:Label></td>
                <td bgcolor="#ffffff" colspan="3" style="height: 22px">
<asp:TextBox ID="TextBox1" runat="server" CssClass="text" Width="125px"
Font-Size="X-Small"></asp:TextBox></td>
            </tr>
            <tr>
                <td bgcolor="#ffffff" style="width: 17px; height: 20px">
<asp:Label ID="Label3" runat="server" Text="课程名称: " Width="86px" Font-
```

258

```
Size="Small"></asp:Label></td>
                <td bgcolor="#ffffff" colspan="3" style="height: 20px">
<asp:TextBox ID="TextBox8" runat="server" CssClass="text" Width="127px"
Font-Size="X-Small"></asp:TextBox>
                     
                </td>
            </tr>
            <tr>
                <td bgcolor="#ffffff" style="width: 17px; height: 22px">
<asp:Label ID="Label4" runat="server" Text="课程类别: " Width="84px" Font-
Size="Small"></asp:Label></td>
                <td bgcolor="#ffffff" colspan="3" style="height: 22px">
<asp:DropDownList ID="DropDownList2" runat="server" CssClass="text" Width=
"89px" Font-Size="X-Small">
                    <asp:ListItem Value="002">专业基础课</asp:ListItem>
                    <asp:ListItem Value="001">公共课</asp:ListItem>
                    <asp:ListItem Value="003">专业课</asp:ListItem>
                    <asp:ListItem Value="004">专业选修课</asp:ListItem>
                    <asp:ListItem Value="005">校级必修课</asp:ListItem>
                </asp:DropDownList></td>
            </tr>
            <tr>
                <td bgcolor="#ffffff" style="width: 17px; height: 18px">
<asp:Label ID="Label10" runat="server" Text="学分: " Width="53px" Font-Size
="Small"></asp:Label></td>
                <td bgcolor="#ffffff" style="height: 18px" colspan="3">
<asp:DropDownList ID="DropDownList3" runat="server" Font-Size="X-Small">
                    <asp:ListItem>1</asp:ListItem>
                    <asp:ListItem>2</asp:ListItem>
                    <asp:ListItem>3</asp:ListItem>
                    <asp:ListItem>4</asp:ListItem>
                    <asp:ListItem>5</asp:ListItem>
                    <asp:ListItem>6</asp:ListItem>
                </asp:DropDownList></td>
            </tr>
            <tr>
                <td bgcolor="#ffffff" style="width: 17px; height: 17px">
<asp:Label ID="Label7" runat="server" Text="总学时: " Width="68px" Font-Size=
"Small"></asp:Label></td>
                <td bgcolor="#ffffff" colspan="3" style="height: 17px">
<asp:TextBox ID="TextBox2" runat="server" CssClass="text" Width="51px" Font-
Size="X-Small"></asp:TextBox></td>
            </tr>
            <tr>
                <td bgcolor="#ffffff" style="width: 17px; height: 17px">
<asp:Label ID="Label2" runat="server" Text="周学时: " Width="73px" Font-Size=
"Small"></asp:Label></td>
                <td bgcolor="#ffffff" colspan="3" style="height: 17px">
<asp:DropDownList ID="DropDownList1" runat="server" Font-Size="X-Small">
```

```
                            <asp:ListItem>1</asp:ListItem>
                            <asp:ListItem>2</asp:ListItem>
                            <asp:ListItem>3</asp:ListItem>
                            <asp:ListItem>4</asp:ListItem>
                            <asp:ListItem>5</asp:ListItem>
                            <asp:ListItem>6</asp:ListItem>
                        </asp:DropDownList></td>
                    </tr>
                    <tr>
                        <td bgcolor="#ffffff" style="height: 69px">
<asp:Label ID="Label5" runat="server" Text="备注: " Width="73px" Font-Size="
Small"></asp:Label></td>
                        <td bgcolor="#ffffff" colspan="4" style="height: 69px">
<span style="width: 3px; height: 21px"> <asp:TextBox ID="TextBox6"
runat="server"CssClass="text" Height="102px" TextMode="MultiLine" Width="
669px" Font-Size="Small"></asp:TextBox> </span></td>
                    </tr>
                    <tr>
                        <td align="center" bgcolor="#ffffff" colspan="5" style="
height: 26px">
<asp:Button ID="Button1" runat="server" OnClick="Button1_Click" Text="添 加"
Font-Size="XX-Small" /> 
<asp:Button ID="Button3" runat="server" OnClick="Button3_Click" Text="返 回"
Font-Size="XX-Small" />
                        </td>
                    </tr>
                </table>
```

进入该页面的代码文件,首先定义两个全局变量:

```
SqlConnection sms_conn;
string sms_sqlstr;
```

编写该页面的 Page_Load 事件,如代码 7-42 所示。

代码 7-42   Page_Load 事件

```
private void Page_Load(object sender, System.EventArgs e)
{
    //在此处放置用户代码以初始化页面
    string sms_connstr=ConfigurationSettings.AppSettings["SMS_dbconn"];
    sms_conn=new SqlConnection(sms_connstr);
}
```

双击"添加"按钮,进入该按钮的单击事件,编写的程序如代码 7-43 所示。

代码 7-43   "添加"按钮的单击事件

```
protected void Button1_Click(object sender, EventArgs e)
{
    string sms_sqlstr="insert into course
(courseid, coursename, coursetypeid, credithour, totalperiod, weekperiod,
```

```
remark) values('"+
TextBox1.Text+"', '"+TextBox8.Text+"', '"+DropDownList2.SelectedValue.
ToString()+"','"+
DropDownList3.SelectedValue.ToString()+"','"+TextBox2.Text+"','"+
DropDownList1.SelectedValue.ToString()+"','"+TextBox6.Text+"')";
    SqlCommand sms_comm=new SqlCommand(sms_sqlstr, sms_conn);
    sms_comm.Connection.Open();
    try
    {
        sms_comm.ExecuteNonQuery();
        Response.Redirect("course.aspx");
    }
    catch (SqlException)
    {
        sms_lbl_note.Text="添加失败";
        sms_lbl_note.Style["color"]="red";
    }
    sms_comm.Connection.Close();
}
```

10. 课程类别页面的设计

单击"课程类别管理"超链接,将打开显示课程类别页面 coursetype. aspx,如图 7-32 所示。

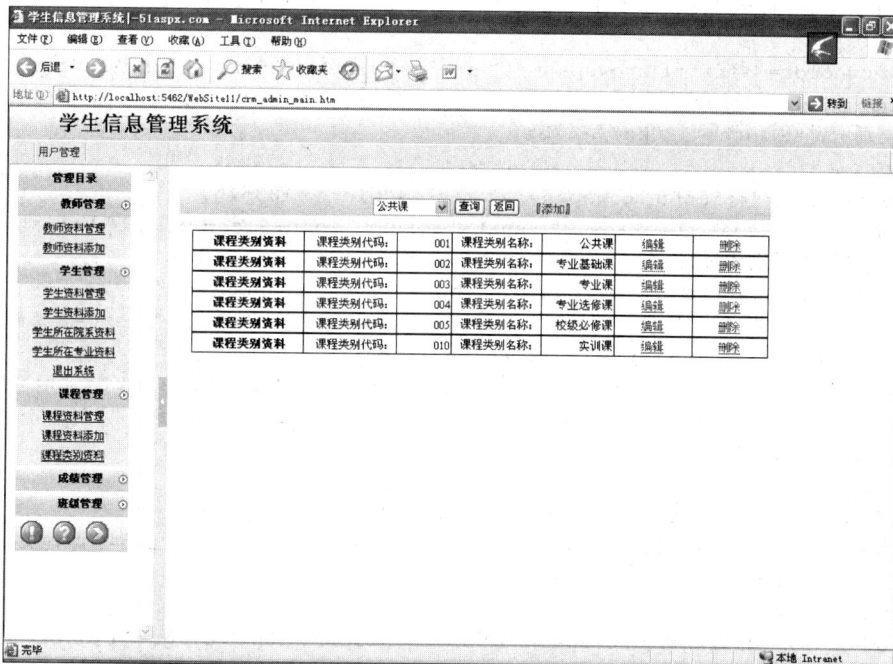

图 7-32　课程类别页面

设计步骤：首先做一个合理的布局表格。在对应的位置添加一个 DropDownList 控件，添加两个 Button 按钮，在下面添加一个 Repeater 控件，用于绑定课程信息。界面设计好之后主要控件的 HTML 源文件如代码 7-44 所示。

代码 7-44　课程类别页面的主要 HTML 源文件

```
<table style="width: 680px; height: 392px">
<tr>
<td height="1" colspan="3" align="center" background="Image/top_files/
Topback.GIF" >
<asp:DropDownList ID="DropDownList1" runat="server" Font-Size="X-Small"
Width="89px">
</asp:DropDownList>
<asp:Button ID="Button1" runat="server" Font-Size="X-Small" Height="20px"
OnClick="Button1_Click" Text="查询" />
<asp:Button ID="Button2" runat="server" Font-Size="X-Small" Height="20px"
OnClick="Button2_Click" Text="返回" />
<asp:LinkButton ID="LinkButtonADD" runat="server" Font-Size="Small" Font-
Underline="False"OnClick="LinkButtonADD_Click">【添加】</asp:LinkButton></
td>
</tr>
<td align="right"colspan="3" style="height: 127px" valign="top">
< asp: Repeater  ID =" RepeaterD "  runat =" server "  EnableTheming =" True "
OnItemCommand="RepeaterIC">
<ItemTemplate>
<table bgcolor="#000000" border="0" cellspacing="1" width="660">
<tr>
<td bgcolor="#ffffff" rowspan="0" style="width: 120px" align="center">
 <b><asp:Label ID="Label8" runat="server" Font-Size="Small" Text="课
程类别资料" Width="120px"/></b>
</b></td>
<td bgcolor="#ffffff" rowspan="2" style="width: 100px">
 <asp:Label ID="Label3" runat="server" Font-Size="Small" Height="1px"
Text="课程类别代码: "Width="100px"></asp:Label></td>
<td bgcolor="#ffffff" rowspan="2" style="width: 60px">
<asp:Label ID="LabDepid" runat="server" Font-Size="Small" Text='<%#Eval("
coursetypeid") %>' Width="60px"></asp:Label>
<asp:TextBox ID="TxtDepid" runat="server" Font-Size="Small" Height="15px"
Text='<%#Eval("coursetypeid") %>' Visible="false" Width="60px"></asp:
TextBox>
</td>
<td bgcolor="#ffffff" rowspan="2" style="width: 100px">
<asp:Label ID="Label9" runat="server" Font-Size="Small" Text="课程类别名称:
"></asp:Label>
</td>
<td bgcolor="#ffffff" rowspan="2" style="width: 80px" align="right">
<asp:Label ID="LabDepname" runat="server" Font-Size="Small" Text='<%#Eval
("typename") %>Width="80px"></asp:Label>
<asp:TextBox ID="TxtDepname" runat="server" Font-Size="Small" Height="
15px" Text='<%#Eval("typename") %>' Visible="false" Width="70px"></asp:
```

```
TextBox>
</td>
<td bgcolor="#ffffff" rowspan="2" align="center">
<asp:LinkButton ID="LinkButton3" runat="server" CommandName="edit" Font-
Size="Small">编辑</asp:LinkButton>
<asp:LinkButton ID="LinkButton2" runat="server" CommandName="update" Font-
Size="Small"Visible="false">更新</asp:LinkButton>
<asp:LinkButton ID="LinkButton1" runat="server" CommandName="cancel" Font-
Size="Small" Visible="false">取消</asp:LinkButton>
</td>
<td bgcolor="#ffffff" rowspan="2" align="center">
<asp:LinkButton ID="LinkButton4" runat="server" CommandName="delete" Font-
Size="Small">删除</asp:LinkButton>
</td>
</tr>
</table>
</ItemTemplate>
</asp:Repeater>
</td>
</tr>
<tr style="font-size: 12pt">
<td colspan="3" align="right">
</td>
</tr>
</table>
```

进入该页面的代码文件，首先定义全局变量：

```
SqlConnection sms_conn;
string sqlstr;
```

编写该页面的 Page_Load 事件，如代码 7-45 所示。

代码 7-45　Page_Load 事件

```
protected void Page_Load(object sender, EventArgs e)
{
    string sms_connstr=ConfigurationSettings.AppSettings["sms_dbconn"];
    //建立连接
    sms_conn=new SqlConnection(sms_connstr);
    if (!IsPostBack)
    {
        SMS_BindRepeater();
        sqlstr="select * from coursetype";
        SqlDataAdapter cmd=new SqlDataAdapter(sqlstr, sms_conn);
        //创建数据集 DataSet
        DataSet ds=new DataSet();
        cmd.Fill(ds, "T");
        for (int i=0; i<ds.Tables["T"].Rows.Count; i++)
        {
DropDownList1.Items.Add(new ListItem(ds.Tables["T"].Rows[i]["typename"].
```

```
ToString(), ds.Tables["T"].Rows[i]["coursetypeid"].ToString()));
            }
        ds.Clear();
        ds.Dispose();
        sms_conn.Close();
        sms_conn.Dispose();
    }
}
```

代码 7-45 调用了 SMS_BindRepeater()方法,编写该方法的程序如代码 7-46 所示。

代码 7-46   SMS_BindRepeater( )方法

```
private void SMS_BindRepeater()
{
    sqlstr="select * from coursetype";
    SqlDataAdapter cmd=new SqlDataAdapter(sqlstr,sms_conn);
    //创建数据集 DataSet
    DataSet ds=new DataSet();
    cmd.Fill(ds, "TD1");
    RepeaterD.DataSource=ds.Tables["TD1"];
    RepeaterD.DataBind();
    ds.Clear();
    ds.Dispose();
}
```

编写 Repeater 控件的 ItemCommand 事件,如代码 7-47 所示。

代码 7-47   ItemCommand 事件

```
public void RepeaterIC(object sender,RepeaterCommandEventArgs e)
{
System.Web.UI.WebControls.LinkButton  update=
(LinkButton)e.Item.FindControl("LinkButton2");    //找到这个按钮
System.Web.UI.WebControls.LinkButton  cancel=
(LinkButton)e.Item.FindControl("LinkButton1");    //找到这个按钮
System.Web.UI.WebControls.LinkButton edit=
(LinkButton)e.Item.FindControl("LinkButton3");
System.Web.UI.WebControls.LinkButton delete=
(LinkButton)e.Item.FindControl("LinkButton4");
System.Web.UI.WebControls.Label LabDepid=
(Label)e.Item.FindControl("LabDepid");
System.Web.UI.WebControls.Label LabDepname=
(Label)e.Item.FindControl("LabDepname");
System.Web.UI.WebControls.TextBox TetDepid=
(TextBox)e.Item.FindControl("TxtDepid");
System.Web.UI.WebControls.TextBox TetDepname=
(TextBox)e.Item.FindControl("TxtDepname");
    if (e.CommandName=="edit")
    {
        update.Visible=true;
        cancel.Visible=true;
```

```
            edit.Visible=false;
            LabDepname.Visible=false;
            TetDepname.Visible=true;
          }
    if (e.CommandName=="cancel")
    {
        SMS_BindRepeater();
    }
    if (e.CommandName=="update")
    {
        sqlstr="update coursetype set typename='"+TetDepname.Text+"'where
          coursetypeid='"+ LabDepid.Text+"'";
        SqlCommand sqlcom=new SqlCommand(sqlstr, sms_conn);
        sms_conn.Open();
        sqlcom.ExecuteNonQuery();
        SMS_BindRepeater();
        sms_conn.Close();
    }
    if (e.CommandName=="delete")
    {
        sqlstr="delete coursetype where coursetypeid='"+LabDepid.Text+"'";
        SqlCommand sqlcom=new SqlCommand(sqlstr, sms_conn);
        sms_conn.Open();
        sqlcom.ExecuteNonQuery();
        SMS_BindRepeater();
        sms_conn.Close();
    }
}
```

双击"查询"按钮,进入该按钮的单击事件,编写程序如代码 7-48 所示。

代码 7-48　"查询"按钮的单击事件

```
protected void Button1_Click(object sender, EventArgs e)
{
    sqlstr="select * from coursetype where
      coursetypeid='"+DropDownList1.SelectedValue.ToString()+"'";
    //创建 SqlDataAdapter 对象,并将数据填充至 DataSet 数据集
    SqlDataAdapter cmd=new SqlDataAdapter(sqlstr, sms_conn);
    DataSet ds=new DataSet();
    cmd.Fill(ds, "TD1");
    RepeaterD.DataSource=ds.Tables["TD1"];
    RepeaterD.DataBind();
}
```

11. 学生成绩信息界面的设计

单击"成绩管理",将展开该部分的管理目录,单击其中的"学生成绩查询"超链接,将
打开显示学生成绩信息页面 grade.aspx,如图 7-33 所示。

设计步骤:首先做一个合理的布局表格。在上面依次添加一个 DropDownList 控件

265

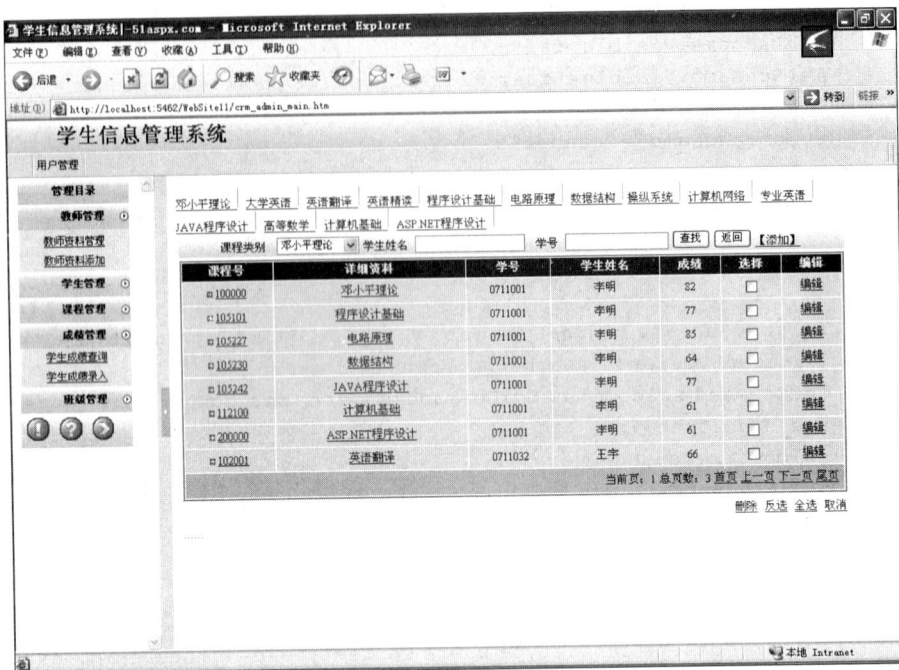

图 7-33　学生成绩信息

用于显示绑定课程的类型,一个 TextBox 控件用于输入学生姓名,另一个 TextBox 控件用于输入学号。其次添加两个 Button 按钮控件。在下面添加一个 GridView 控件用于绑定成绩信息。界面设计好之后,主要控件的 HTML 源文件如代码 7-49 所示。

代码 7-49　学生成绩信息界面主要的 HTML 源文件

```
<asp:DataList ID="RepeaterC" runat="server" Width="760px" RepeatColumns="
10" RepeatDirection="Horizontal" RepeatLayout="Flow">
<ItemTemplate>
<td>
<asp:HyperLink ID="HyperLink2" runat="server" NavigateUrl='<%#Eval("
courseid", "grade.aspx?id={0}") %>' Text='<%#Bind("coursename") %>' Font-
Size="Small"></asp:HyperLink>
<img src="Image/top_files/splitline_01.gif"/>
</td>
</ItemTemplate>
    </asp:DataList>
        <table bordercolor="#FFCC00" style="width: 760px; height:
205px">
            <tr>
<td align="center" colspan="3" style="width: 801px; height: 9px; background-
image: url(Image/top_files/Topback.GIF);">
<asp:Label ID="Label4" runat="server" Font-Size="Small" Text="课程类别"></
asp:Label>
 <asp:DropDownList ID="DropDownList1" runat="server" Font-Size="X-
```

266

```
Small" Width="94px" ToolTip="请选择要查询的课程名称!">
</asp:DropDownList>
<asp:Label ID="Label5" runat="server" Font-Size="Small" Text="学生姓名"></
asp:Label>
<asp:TextBox ID="TextBox3" runat="server" Font-Size="X-Small" Width="
120px" EnableViewState="false" ToolTip="请输入要查询的学生姓名,并单击"查询"按
钮!"></asp:TextBox>
 
<asp:Label ID="Label6" runat="server" Font-Size="Small" Text="学号"></asp:
Label>
<asp:TextBox ID="TextBox4" runat="server" Width="112px" Font-Size="X-
Small" ToolTip="请输入要查询的学生学号,并单击"查询"按钮!"></asp:TextBox>
<asp:Button ID="Button1" runat="server" Font-Size="X-Small" OnClick="
Button1_Click"Text="查找" Width="43px" />
<asp:Button ID="Button2" runat="server" OnClick="Button2_Click" Text="返回"
Width="43px" Font-Size="X-Small" />
<asp:LinkButton ID="LinkButton5" runat="server" OnClick="LinkButton5_
Click" Text="【添加】" Font-Size="Small"></asp:LinkButton></td>
<td align="center" colspan="1" style="font-size: 12pt; width: 143px; height:
9px">
</td>
</tr>
<tr style="font-size: 12pt">
<td colspan="3" rowspan="1" style="width: 801px; height: 220px">
<asp:GridView ID="sms_grade" runat="server" AllowPaging="True"
AutoGenerateColumns="False" OnRowEditing="RowEditing" OnRowCancelingEdit="
RowCancel" OnRowUpdating="RowUpdata" DataKeyNames="courseID" Horizontal-
Align="Center" OnPageIndexChanging="Data_Page" Width="760px" OnRowData-
Bound="RowDataBound" PageSize="8" BackColor="White" BorderColor="White"
BorderStyle="Ridge" BorderWidth="2px" CellPadding="3" CellSpacing="1"
GridLines="None">
<HeaderStyle BackColor="#4A3C8C" Font-Bold="True" Font-Size="Small"
ForeColor="#E7E7FF" />
  <FooterStyle BackColor="#C6C3C6" ForeColor="Black" />
<Columns>
<asp:TemplateField HeaderText="课程号" SortExpression="courseid">
<EditItemTemplate>
<asp:Label ID="Label3" runat="server" Text='<%#Eval("courseid") %>'></asp:
Label>
</EditItemTemplate>
<ItemTemplate>
<asp:HyperLink ID="HyperLink1" runat="server" ImageUrl="~/Image/e.jpg"
NavigateUrl='<%#Eval("courseid", "addcourse.aspx?id={0}") %>'Text="编辑"><
/asp:HyperLink>
<asp:HyperLink ID="HyperLink2" runat="server" NavigateUrl='<%#Eval("
courseid", "addcourse.aspx?id={0}") %>'Text='<%#Bind("courseid") %>'></
```

```
asp:HyperLink>
<asp:Label ID="Label3" runat="server" Text='<%#Bind("courseid") %>' Visible=
"false"></asp:Label>
</ItemTemplate>
</asp:TemplateField>
<asp:TemplateField HeaderText="详细资料">
<ItemTemplate>
<asp:LinkButton ID="Linkbutton1" runat="server" OnClick="Linkbutton1_
Click" Text='<%#Eval("coursename") %>'></asp:LinkButton>
</ItemTemplate>
</asp:TemplateField>
<asp:TemplateField HeaderText="学号">
<EditItemTemplate>
<asp:label ID="TextBox1" runat="server" Text='<%#Bind("studentid")%>'/>
</EditItemTemplate>
<ItemTemplate>
<asp:Label ID="lblsid" runat="server" Text='<%#Bind("studentid") %>'></
asp:Label>
</ItemTemplate>
</asp:TemplateField>
<asp:TemplateField HeaderText="学生姓名">
<EditItemTemplate>
<asp:label ID="sname" runat="server" Text='<%#Bind("studentname") %>'/>
</EditItemTemplate>
<ItemTemplate>
<asp:Label ID="sname" runat="server" Text='<%#Bind("studentname") %>'></
asp:Label>
</ItemTemplate>
</asp:TemplateField>
<asp:TemplateField HeaderText="成绩">
<EditItemTemplate>
<asp:TextBox ID="gradeTexBox" runat="server" Text='<%#Bind("grade") %>'
Width="41px"></asp:TextBox>
</EditItemTemplate>
<ItemTemplate>
<asp:Label ID="grade" runat="server" Text='<%#Bind("grade") %>'></asp:
Label>
</ItemTemplate>
</asp:TemplateField>
<asp:TemplateField HeaderText="选择">
<ItemTemplate>
<asp:CheckBox ID="chkSelect" runat="server" />
</ItemTemplate>
</asp:TemplateField>
<asp:CommandField HeaderText="编辑" ShowEditButton="True" CancelText="取消"
EditText="编辑" UpdateText="更新" />
```

```
</Columns>
<RowStyle Font-Size="Small" HorizontalAlign="Center" BackColor="#DEDFDE"
ForeColor="Black" />
<SelectedRowStyle BackColor="#9471DE" BorderColor="#C0C0FF" Font-Bold="
True"  ForeColor="White" />
<PagerStyle HorizontalAlign="Right" BackColor="#C6C3C6" ForeColor="Black" />
                    <PagerTemplate>
                        <table>
                            <tr>

                                <td>
<asp:Label ID="LabelCurrentPage" runat="server" Font-Size="Small">当前页：
<%#((GridView)Container.NamingContainer).PageIndex+1 %></asp:Label></td>
<td>
<asp:Label ID="LabelPageCount" runat="server" Font-Size="Small">总页数：<%
#((GridView)Container.NamingContainer).PageCount %></asp:Label></td>
<td>
<asp:LinkButton ID="LinkButtonFirstPage" runat="server" CommandArgument=
"First" CommandName="Page" Enable="<%#((GridView)Container.
NamingContainer).PageIndex !=0 %>" Font-Size="Small">首页</asp:LinkButton>
</td>

                                <td>
<asp:LinkButton ID="LinkButtonPreviousPage" runat="server" CommandArgument
="Prev" CommandName="Page" Enable="<%#((GridView)Container.
NamingContainer).PageIndex !=0 %>" Font-Size="Small">上一页</asp:LinkButton></
td>

                                <td>
<asp:LinkButton ID="LinkButtonNextPage" runat="server" CommandArgument="
Next" CommandName="Page"Enable="<%#((GridView)Container.NamingContainer).
PageIndex != ((GridView)Container.NamingContainer).PageCount-1 %>" Font-
Size="Small">下一页</asp:LinkButton></td>
                                <td>
<asp:LinkButton ID="LinkButtonLastPage" runat="server" CommandArgument="
Last" CommandName="Page" Enable="<%#((GridView)Container.NamingContainer).
PageIndex != ((GridView)Container.NamingContainer).PageCount-1 %>"Font-Size
="Small">尾页</asp:LinkButton></td>
                            </tr>
                        </table>
                    </PagerTemplate>
                </asp:GridView>
            </td>
            <td colspan="1" rowspan="1" style="width: 143px; height:
                220px">
            </td>
        </tr>
        <tr style="font-size: 12pt">
```

```
<td align="right" colspan="3" style="width: 801px">
 <asp:LinkButton ID="LinkButton3" runat="server" Font-Size="Small"
OnClick="LinkButton3_Click">删除</asp:LinkButton>
<asp:LinkButton ID="LinkButton2" runat="server" Font-Size="Small" OnClick=
"LinkButton2_Click">反选</asp:LinkButton>
<asp:LinkButton ID="LinkButton1" runat="server" Font-Size="Small" OnClick=
"LinkButton1_Click">全选</asp:LinkButton>
<asp:LinkButton ID="LinkButton4" runat="server" Font-Size="Small" OnClick=
"LinkButton4_Click">取消</asp:LinkButton></td>
<td align="right" colspan="1" style="width: 143px">
                </td>
            </tr>
            <tr style="font-size: 12pt">
<td colspan="3" style="width: 801px; height: 10px">
<asp:Label ID="sms_lbl_note" runat="server" Text="......"></asp:Label>
<asp:Label ID="Label14" runat="server" Visible="False" Font-Size="Small">
</asp:Label>
<asp:TextBox ID="TextBox2" runat="server" Visible="False"></asp:TextBox>
</td>
<td colspan="1" style="width: 143px; height: 10px">
                </td>
            </tr>
        </table>
```

进入该页面的代码文件,首先定义全局变量:

```
SqlConnection sms_conn;
string sms_sqlstr, sms_sqlstr2, str;
```

编写该页面的 Page_Load 事件,代码如 7-50 所示。

代码 7-50 Page_Load 事件

```
protected void Page_Load(object sender, EventArgs e)
{
    string sms_connstr=ConfigurationSettings.AppSettings["sms_dbconn"];
    //建立连接
    sms_conn=new SqlConnection(sms_connstr);
    if (!IsPostBack)
        SMS_BindGrid();
    LinkButton3.Attributes.Add("onclick", "javascript:return confirm('你确认
要删除吗?')");
}
```

代码 7-50 调用了 SMS_BindGrid()方法,编写该方法的程序如代码 7-51 所示。

代码 7-51 SMS_BindGrid()方法

```
public void SMS_BindGrid()
{
```

```
    //sms_conn.Open();
    TextBox2.Text=Request.QueryString["id"];
    string sms_sqlstr="select * from [grade],[course],[student] where
        grade.courseid=course.courseid and grade.studentid=student.studentid";
    if (TextBox2.Text !="")
    {
    sms_sqlstr="select * from [grade],[course],[student] where
grade.courseid= course. courseid and grade. studentid= student. studentid and
grade.courseid='"+ TextBox2.Text+"'";
        TextBox2.Text="";
    }
    SqlDataAdapter sms_adp=new SqlDataAdapter(sms_sqlstr, sms_conn);
    DataSet sms_ds=new DataSet();
    sms_adp.Fill(sms_ds);
    sms_conn.Close();
    sms_grade.DataSource=sms_ds;
    sms_grade.DataBind();
    sms_ds.Clear();
    sms_ds.Dispose();
    sms_conn.Open();
    sms_sqlstr2="select coursename,courseid from course";
    SqlDataAdapter sms_da2=new SqlDataAdapter(sms_sqlstr2, sms_conn);
    DataSet sms_ds2=new DataSet();
    sms_da2.Fill(sms_ds2, "T");
    sms_conn.Close();
    DropDownList1.DataSource=sms_ds2.Tables["T"];
    DropDownList1.DataTextField="coursename";
    DropDownList1.DataValueField="coursename";
    DropDownList1.DataBind();
    RepeaterC.DataSource=sms_ds2.Tables["T"];
    RepeaterC.DataBind();
    sms_ds2.Clear();
    sms_ds2.Dispose();
}
```

双击"查找"按钮,进入该按钮的单击事件,编写程序如代码 7-52 所示。
代码 7-52　"查找"按钮的单击事件

```
protected void Button1_Click(object sender, EventArgs e)
{
    if (TextBox3.Text=="" && TextBox4.Text !="")
    {
    sms_sqlstr="select * from [student],[grade],[course] where grade.
        studentid=student.studentid and grade.courseid=course.courseid and
        (student.studentid='"+TextBox4.Text+"')";
    }
    else if (TextBox4.Text=="" && (TextBox3.Text !=""))
    {
        sms_sqlstr="select * from [student],[grade],[course] where
            grade. studentid = student. studentid and grade. courseid = course.
```

```
                    courseid and (student.studentname='"+TextBox3.Text+"')";
    }
    else if ((TextBox3.Text=="") && (TextBox4.Text==""))
    {
    sms_sqlstr="select * from [student],[grade],[course] where grade.
        studentid=student.studentid and grade.courseid=course.courseid and
            (student.studentname='"+TextBox3.Text+"' or student.studentid='"
        + TextBox4. Text +" ' or course. coursename = ' " + DropDownList1.
        SelectedItem.Text+"')";
    }
    else
    {
    sms_sqlstr="select * from [student],[grade],[course] where grade.
        studentid=student.studentid and grade.courseid=course.courseid and
            (studentstudentname='"+TextBox3.Text+"' or student.studentid='"
        + TextBox4. Text +" ' or course. coursename = ' " + DropDownList1.
        SelectedItem.Text+"')";
    }
    sms_conn.Open();
    SqlDataAdapter sms_da=new SqlDataAdapter(sms_sqlstr, sms_conn);
    DataSet sms_ds=new DataSet();
    sms_da.Fill(sms_ds);
    sms_conn.Close();
    sms_grade.DataSource=sms_ds;
    sms_grade.DataBind();
    TextBox3.Text="";
    TextBox4.EnableViewState=false;
}
protected void Button2_Click(object sender, EventArgs e)
{
    Response.Redirect("grade.aspx");
    //SMS_BindGrid();
}
```

编写 GridView 控件的 RowDataBound 事件,如代码 7-53 所示。

代码 7-53　RowDataBound 事件

```
protected void RowDataBound(object sender, GridViewRowEventArgs e)
{
    if (e.Row.RowType==DataControlRowType.DataRow)
    {
        //鼠标指针经过时,行背景色发生变化
        e.Row.Attributes.Add("onmouseover", "this.style.backgroundColor='#
        E6F5FA'");
        //鼠标指针移出时,行背景色发生变化
        e.Row.Attributes.Add("onmouseout", "this.style.backgroundColor='#
        FFFFFF'");
        //绑定数据行时执行下面的操作
    }
}
```

272

编写 GridView 控件的 PageIndexChanging 事件，如代码 7-54 所示。

代码 7-54　PageIndexChanging 事件

```
public void Data_Page(object sender, GridViewPageEventArgs e)
{
    try
    {
        sms_grade.PageIndex=e.NewPageIndex;
        SMS_BindGrid();
    }
    catch { }
}
```

编写 GridView 控件的 RowCancelingEdit 事件，如代码 7-55 所示。

代码 7-55　RowCancelingEdit 事件

```
protected void RowCancel(object sender, GridViewCancelEditEventArgs e)
{
    sms_grade.EditIndex=-1;
    SMS_BindGrid();
}
```

编写 GridView 控件的 RowEditing 事件，如代码 7-56 所示。

代码 7-56　RowEditing 事件

```
protected void RowEditing(object sender, GridViewEditEventArgs e)
{
    sms_grade.EditIndex=e.NewEditIndex;
    SMS_BindGrid();
}
```

编写 GridView 控件的 RowUpdating 事件，如代码 7-57 所示。

代码 7-57　RowUpdating 事件

```
protected void RowUpdata(object sender, GridViewUpdateEventArgs e)
{
string sqlstr="update grade set grade='"+ ((TextBox)(sms_grade.Rows[e.
RowIndex].Cells[4].Controls[1])).Text.ToString().Trim()+"' where studentid
='"+ ((Label)(sms_grade.Rows[e.RowIndex].Cells[2].Controls[1])).Text.
ToString().Trim()+ "'and courseid='"+ ((Label)(sms_grade.Rows[e.RowIndex].
Cells[0].Controls[1])).Text.ToString().Trim()+"'";
    SqlCommand sqlcom=new SqlCommand(sqlstr, sms_conn);
    sms_conn.Open();
    sqlcom.ExecuteNonQuery();
    sms_grade.EditIndex=-1;
    SMS_BindGrid();
    sms_conn.Close();
}
```

273

项 目 小 结

　　本项目设计制作了一个学生信息管理系统,从系统总体需求分析、功能设计到数据库设计以及基础类文件代码编写,到各功能模块的详细设计实现,介绍了一个完整的系统的实现方法。本项目中代码采用了分层,即基础类放在类文件中,常见功能模块使用时,只需要调用基础类文件即可,实现了同样功能的代码共享,提高了编码效率和使用率。

项 目 拓 展

　　在此项目基础上,增添一个功能:"毕业生用人单位"对毕业生信息的查询功能。要求系统给"毕业生用人单位"分配用户名和密码。用人单位根据分配的用户名和密码登录后,可以查询毕业生的信息,并且只能根据学生姓名和学生证号进行查询。

项目 8　设计制作新闻发布系统

本项目学习目标

- 掌握新闻发布系统的结构设计方法。
- 掌握常见数据库操作的实现方法。

任务 8.1　系统总体设计

　　网站新闻发布系统，又称为信息发布系统，是将网页上的某些需要经常变动的信息，类似新闻、新产品发布和业界动态等更新信息集中管理，并通过信息的某些共性进行分类，最后系统化、标准化地发布到网站上的一种网站应用程序。网站信息通过一个操作简单的界面加入数据库，然后通过已有的网页模板格式与审核流程发布到网站上。

　　新闻发布系统的出现大大减轻了网站更新维护的工作量，通过网络数据库的引用，将网站的更新维护工作简化到只需录入文字和上传图片，从而使网站的更新速度大大缩短，在某些专门的网上新闻站点，如新浪的新闻中心，新闻的更新速度已经缩短到 5 分钟更新一次，从而大大加快了信息的传播速度，也吸引了更多的长期用户群，同时也能保持网站的活动力和影响力。

　　新闻发布系统最重要的功能是信息管理，信息管理功能实现网站内容的更新与维护，提供在后台输入、查询、修改、删除各新闻类别和专题中的具体信息的功能，并选择本信息是否出现在栏目的首页、网站的首页等一系列完善的信息管理功能。

　　本项目设计制作一个新闻发布系统，将实现新闻发布系统的基本功能，包括前台显示新闻功能模块和后台发布新闻功能模块。

　　前台显示功能模块：包括在首页中显示各栏目最新新闻标题列表，分栏目显示新闻列表，以及显示新闻详细内容。

　　后台发布新闻功能模块：包括管理员登录、发布新闻、删除新闻、编辑新闻、管理用户、管理超链接等功能。

任务 8.2　数据库设计

本系统采用的数据库管理系统为 SQL Server 2008,下面给出系统数据库的结构设计。

本系统的数据库名称为 db_news,其中包含三个数据表,即 tbUser 数据表用于存放用户数据信息;tbNews 数据表用于存放新闻信息;tbLink 数据表用于存放超链接数据信息。

tbUser 数据表的设计界面如图 8-1 所示。

图 8-1　tbUser 数据表的设计界面

tbUser 数据表各个字段的设计如表 8-1 所示。

表 8-1　tbUser 数据表各个字段的设计

字段名	数据类型	字段名	数据类型
ID	int	PassWord	varchar
Name	varchar	addDate	datetime

新闻数据表的设计界面如图 8-2 所示。

新闻数据表各字段的设计如表 8-2 所示。

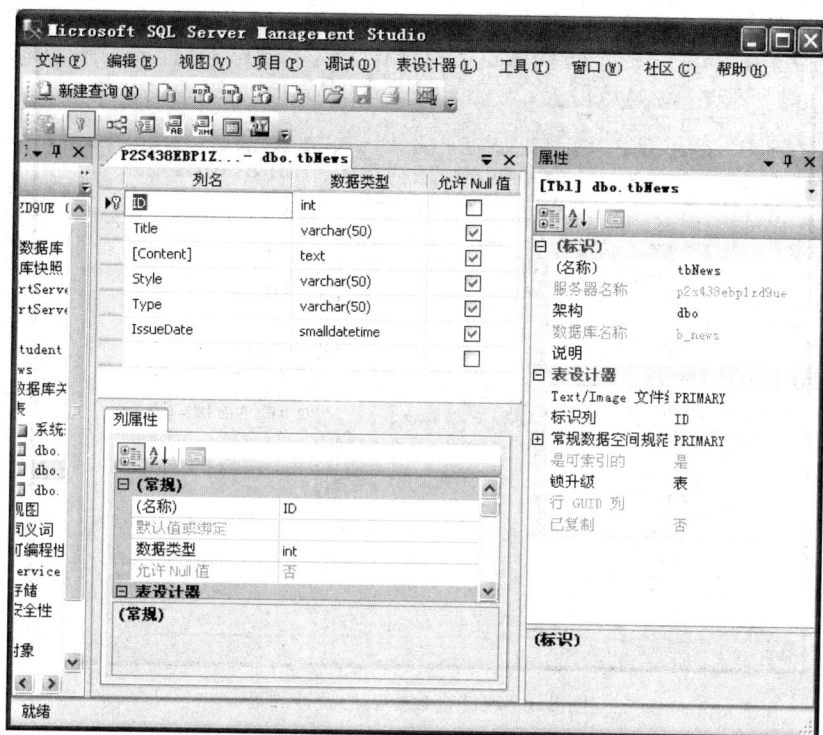

图 8-2 新闻数据表的设计界面

表 8-2 新闻数据表各字段的设计

字段名	数 据 类 型	字段名	数 据 类 型
ID	int	Style	varchar
Title	varchar	Type	varchar
Content	text	IssueDate	smalldatetime

超链接数据表的设计界面如图 8-3 所示。

超链接数据表各字段的设计如表 8-3 所示。

表 8-3 超链接数据表各字段的设计

字段名	数据类型	字段名	数据类型
ID	int	linkAddress	varchar
picPath	varchar	addDate	datetime
linkName	varchar		

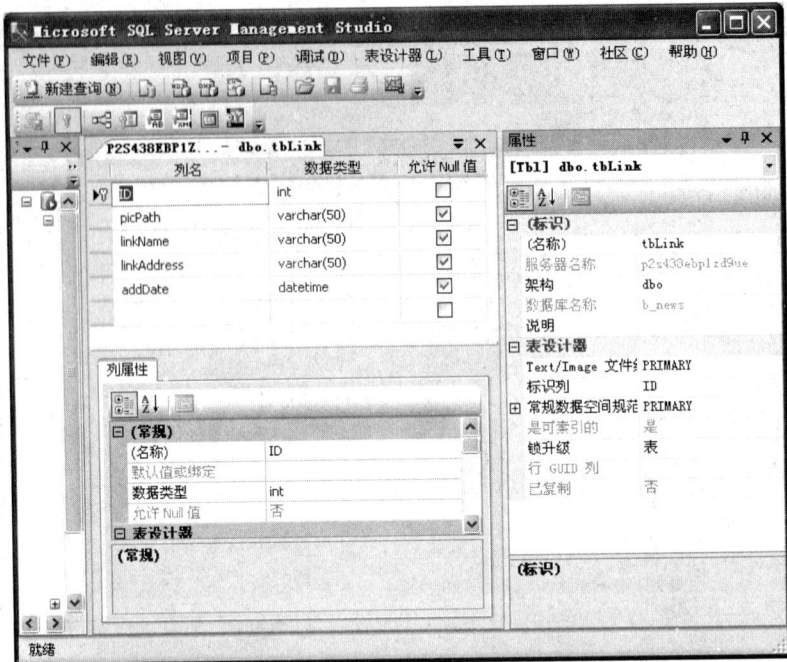

图 8-3　超链接数据表的设计界面

任务 8.3　项目工程文件一览

该项目的工程文件列表如图 8-4 所示。

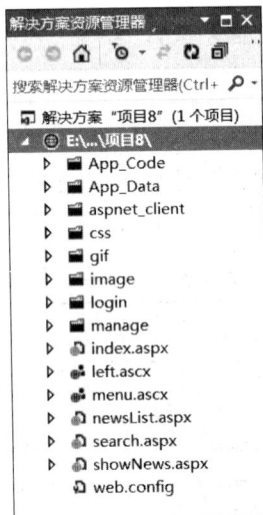

图 8-4　项目的工程文件列表

任务 8.4　新闻发布系统详细设计及代码编写

8.4.1　编写基础类文件代码

在编写各功能页面之前,首先在 App_Code 文件夹中添加三个 .cs 文件类,分别是 BaseClass.cs 基本类、checkCode.cs 验证码类、randomCode.cs 随机码类。

BaseClass.cs 类文件的代码如 8-1 所示。

代码 8-1　BaseClass.cs 类文件的代码

```
public BaseClass()
{
    //
    //TODO: 在此处添加构造函数逻辑
    //
}
    //<summary>
    //说明: MessageBox 用来在客户端弹出对话框
    //参数: TxtMessage 对话框中显示的内容
    //</summary>
    public string MessageBox(string TxtMessage)
    {
        string str;
        str="<script language=javascript>alert('"+TxtMessage+"')</script>";
        return str;
    }
    //<summary>
    //说明: ExecSQL 用来执行 SQL 语句
    //返回值: 确认操作是否成功(True\False)
    //参数: sQueryString SQL 字符串
    //</summary>
    public Boolean ExecSQL(string sQueryString)
    {
    SqlConnection con=new SqlConnection(ConfigurationManager.
        AppSettings["conStr"]);
    con.Open();
    SqlCommand dbCommand=new SqlCommand(sQueryString, con);
    try
    {
        dbCommand.ExecuteNonQuery();
        con.Close();
    }
    catch
    {
        con.Close();
        return false;
```

279

```
        }
        return true;
    }
//<summary>
//说明：GetDataSet 数据集,返回数据源的数据集
//返回值：数据集 DataSet
//参数：sQueryString SQL 字符串,TableName 数据表名称
//</summary>
    public System.Data.DataSet GetDataSet (string sQueryString, string
TableName)
    {
        SqlConnection con=new SqlConnection(ConfigurationManager.
            AppSettings["conStr"]);
        con.Open();
        SqlDataAdapter dbAdapter=new SqlDataAdapter(sQueryString, con);
        DataSet dataset=new DataSet();
        dbAdapter.Fill(dataset, TableName);
        con.Close();
        return dataset;
    }
//<summary>
//说明：SubStr 用来将字符串保留到指定长度,将超出部分用"..."代替
//返回值：处理后的字符串
//参数：sString 为原字符串,nLeng 表示字符串的长度
//</summary>
public string SubStr(string sString, int nLeng)
    {
        if (sString.Length <=nLeng)
        {
            return sString;
        }
        int nStrLeng=nLeng-3;
        string sNewStr=sString.Substring(0, nStrLeng);
        sNewStr=sNewStr+"...";
        return sNewStr;
    }
//<summary>
//说明:过滤危险字符
//返回值：处理后的字符串
//参数：str 为原字符串
//</summary>
public string HtmlEncode(string str)
    {
        str=str.Replace("&", "&amp;");
        str=str.Replace("<", "&lt;");
        str=str.Replace(">", "&gt");
        str=str.Replace("'", "'!'");
        str=str.Replace(" * ", "");
        str=str.Replace("\n", "<br/>");
```

```
            str=str.Replace("\r\n", "<br/>");
            //str=str.Replace("?","");
            str=str.Replace("select", "");
            str=str.Replace("insert", "");
            str=str.Replace("update", "");
            str=str.Replace("delete", "");
            str=str.Replace("create", "");
            str=str.Replace("drop", "");
            str=str.Replace("delcare", "");
            if (str.Trim().ToString()=="") { str="无"; }
            return str.Trim();
        }
        //<summary>
        //</summary>
        //<param name="loginName">用户登录名称</param>
        //<param name="loginPwd">用户登录密码</param>
        public int checkLogin(string loginName,string loginPwd)
        {
            SqlConnection con=new SqlConnection(ConfigurationManager.
                AppSettings["conStr"]);
            SqlCommand myCommand=new SqlCommand("select count(*) from tbuser
                where Name=@loginName and PassWord=@loginPwd", con);
            myCommand.Parameters.Add(new SqlParameter("@loginName", SqlDbType.
                NVarChar, 20));
            myCommand.Parameters["@loginName"].Value=loginName;
            myCommand.Parameters.Add(new SqlParameter("@loginPwd", SqlDbType.
                NVarChar, 20));
            myCommand.Parameters["@loginPwd"].Value=loginPwd;
            myCommand.Connection.Open();
            int i=(int)myCommand.ExecuteScalar();
            myCommand.Connection.Close();
            return i;
        }
}
```

checkCode.cs 类文件的程序如代码 8-2 所示。

代码 8-2　checkCode.cs 类文件代码

```
public checkCode()
{
    //
    //TODO: 在此处添加构造函数逻辑
    //
}
public static void DrawImage()
{
    checkCode img=new checkCode();
    HttpContext.Current.Session["CheckCode"]=img.RndNum(4);
    img.checkCodes(HttpContext.Current.Session["CheckCode"].ToString());
}
//<summary>
```

```
//生成验证图片
//</summary>
//<param name="checkCode">验证字符</param>
private void checkCodes(string checkCode)
{
    int iwidth=(int)(checkCode.Length * 13);
    System.Drawing.Bitmap image=new System.Drawing.Bitmap(iwidth, 23);
    Graphics g=Graphics.FromImage(image);
    g.Clear(Color.White);
    //定义颜色
    Color[] c={ Color.Black, Color.Red, Color.DarkBlue, Color.Green, Color.
Orange, Color.Brown, Color.DarkCyan, Color.Purple };
    //定义字体
    string[] font={ "Verdana", "Microsoft Sans Serif", "Comic Sans MS", "
Arial", "宋体" };
    Random rand=new Random();
    //随机输出噪点
    for (int i=0; i<50; i++)
    {
        int x=rand.Next(image.Width);
        int y=rand.Next(image.Height);
        g.DrawRectangle(new Pen(Color.LightGray, 0), x, y, 1, 1);
    }
    //输出不同字体和颜色的验证码字符
    for (int i=0; i<checkCode.Length; i++)
    {
        int cindex=rand.Next(7);
        int findex=rand.Next(5);
        Font f = new System.Drawing.Font(font[findex], 10, System.Drawing.
        FontStyle.Bold);
        Brush b=new System.Drawing.SolidBrush(c[cindex]);
        int ii=4;
        if ((i+1)%2==0)
        {
            ii=2;
        }
        g.DrawString(checkCode.Substring(i, 1), f, b, 3+(i * 12), ii);
    }
    //画一个边框
    g.DrawRectangle(new Pen(Color.Black, 0), 0, 0, image.Width-1, image.
        Height-1);
    //输出到浏览器
    System.IO.MemoryStream ms=new System.IO.MemoryStream();
    image.Save(ms, System.Drawing.Imaging.ImageFormat.Jpeg);
    HttpContext.Current.Response.ClearContent();
    //Response.ClearContent();
    HttpContext.Current.Response.ContentType="image/Jpeg";
    HttpContext.Current.Response.BinaryWrite(ms.ToArray());
    g.Dispose();
```

```
        image.Dispose();
    }
    //<summary>
    //生成随机的字母
    //</summary>
    //<param name="VcodeNum">生成字母的个数</param>
    //<returns>string</returns>
    private string RndNum(int VcodeNum)
    {
        string Vchar="0,1,2,3,4,5,6,7,8,9";
        string[] VcArray=Vchar.Split(',');
        string VNum="";        //由于字符串很短,不必用 StringBuilder
        int temp=-1;           //记录上次的随机数值,尽量避免产生几个一样的随机数
                               //采用一种简单的算法以保证生成不同的随机数
        Random rand=new Random();
        for (int i=1; i<VcodeNum+1; i++)
        {
            if (temp !=-1)
            {
                rand=new Random(i * temp * unchecked((int)DateTime.Now.Ticks));
            }
            int t=rand.Next(VcArray.Length);
            if (temp !=-1   && temp==t)
            {
                return RndNum(VcodeNum);
            }
            temp=t;
            VNum+=VcArray[t];
        }
        return VNum;
    }
}
```

randomCode.cs 类文件的代码如下:

代码 8-3   randomCode.cs 类文件代码

```
public randomCode()
{
    //
    //TODO:在此处添加构造函数逻辑
    //
}
public string RandomNum(int n)
{
    string strchar= "0,1,2,3,4,5,6,7,8,9,A,B,C,D,E,F,G,H,I,J,K,L,M,N,O,P,Q,
        R,S,T,U,V,W,X,Y,Z,a,b,c,d,e,f,g,h,i,j,k,l,m,n,o,p,q,r,s,t,u,v,w,x,y,
        z";
    string[] VcArray=strchar.Split(',');
    string VNum="";
    int temp=-1;           //记录上次的随机数值,尽量避免产生几个一样的随机数
    //采用一种简单的算法以保证生成不同的随机数
```

```
Random rand=new Random();
for (int i=1; i<n+1; i++)
{
    if (temp !=-1)
    {
        rand=new Random(i * temp * unchecked((int)DateTime.Now.Ticks));
    }
    int t=rand.Next(61);
    if (temp !=-1  && temp==t)
    {
        return RandomNum(n);
    }
    temp=t;
    VNum+=VcArray[t];
}
return VNum;//返回生成的随机数
}
```

8.4.2 各页面的详细设计

1. 首页的设计

首页 index.aspx 的设计界面如图 8-5 所示。

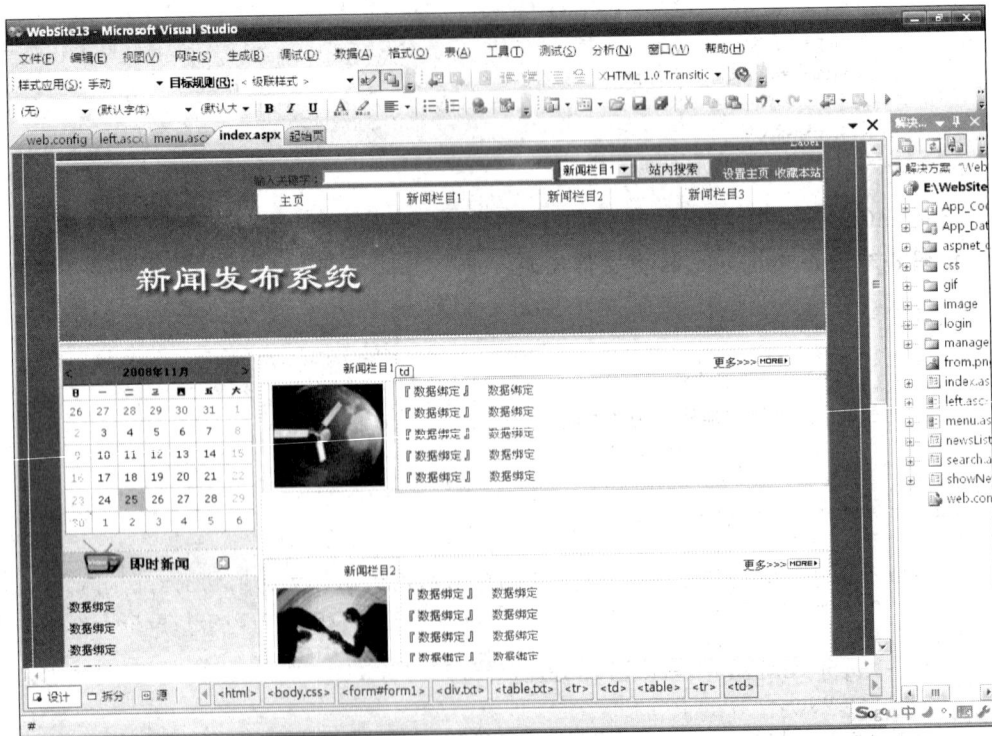

图 8-5 首页 index.aspx 的设计界面

　　该界面的设计步骤：在 index. aspx 页面中首先做一个合理的布局表格。该页面的上面是一个用户自定义控件 menu. ascx，该用户自定义控件的设计界面如图 8-6 所示。

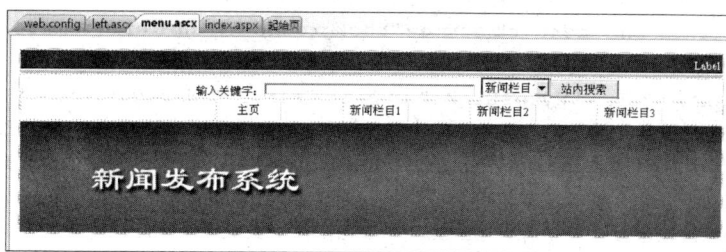

图 8-6　menu. ascx 控件的设计界面

　　menu. ascx 的设计步骤：首先做一个合理的布局表格。在最上面添加一个 Label 控件，用于显示日期和时间。在表格上面添加一个 TextBox 控件，然后添加一个 DropDownList 下拉菜单控件用于显示新闻的各栏目，再添加一个 Button 按钮。这一部分为站内搜索功能。

　　在下面一行表格中依次输入主页和各新闻栏目，并给每个栏目添加超链接。

　　menu. ascx 控件设计好之后的 HTML 源文件如代码 8-4 所示。

代码 8-4　menu. ascx 控件的主要 HTML 源文件

```
<table style="width: 801px; height: 158px; font-size: 10pt; color: #000099;
margin-top: 0px; padding-top: 0px;" class="css" border="0" cellspacing="0">
    <tr>
<td align="right" colspan="10" style="background-image: url(image/1.gif);
height: 28px">
<asp:Label ID="Label1" runat="server" Text="Label" Width="200px" ForeColor
="White"></asp:Label> </td>
    </tr>
    <tr>
        <td align="right" colspan="10"  class="txt">
        输入关键字: <asp:TextBox ID="TextBox1" runat="server" Width="240px"
Height="14px"></asp:TextBox> 
<asp:DropDownList ID="DropDownList1" runat="server" Width="78px" CssClass=
"txt" Height="12px">
                <asp:ListItem>新闻栏目 1</asp:ListItem>
                <asp:ListItem>新闻栏目 2</asp:ListItem>
                <asp:ListItem>新闻栏目 3</asp:ListItem>
            </asp:DropDownList>
<asp: Button  ID =" cmdSearch"  runat =" server"  Text =" 站内搜索"  OnClick ="
cmdSearch_Click" Height="20px" />
<a href="#" onclick="this.style.behavior='url(#default#homepage)';
this.sethomepage('hppt://www.mingrisoft.com')"><font color="white">设置主
页</font></a>
<a href="#" onclick="window.external.addFavorite('http://mrzyt/index.aspx
','新闻网站');"><font color="white">收藏本站</font></a></td>
    </tr>
```

```
<tr>
    <td align="center" rowspan="1" class="style1" >
    </td>
    <td align="center" style="background-image: url('image/302.gif'); "
        class="style2">
<asp:HyperLink ID="HyperLink1" runat="server" NavigateUrl="~/index.aspx"
Font-Underline="False" ForeColor="#333333">主页</asp:HyperLink></td>
<td align="center" style="background-image: url('image/302.gif'); "  class
="style2">
<asp:HyperLink ID="HyperLink2" runat="server" NavigateUrl="~/newsList.
aspx?id=1" Font-Underline="False" ForeColor="#333333">新闻栏目 1</asp:
HyperLink></td>
    <td align="center" style="background-image: url('image/302.gif'); "
        class="style2">
<asp:HyperLink ID="HyperLink3" runat="server" NavigateUrl="~/newsList.
aspx?id=2" Font-Underline="False" ForeColor="#333333">新闻栏目 2</asp:
HyperLink></td>
    <td align="center" style="background-image: url('image/302.gif'); "
        class="style2">
<asp:HyperLink ID="HyperLink4" runat="server" NavigateUrl="~/newsList.
aspx?id=3" Font-Underline="False" ForeColor="#333333">新闻栏目 3</asp:
HyperLink></td>
  </tr>
    <tr>
<td align="center" colspan="10" style="background-image: url(image/4.gif);
height: 127px">
        </td>
    </tr>
</table>
```

进入该页面的代码文件,编写事件代码。首先编写该页面的 Page_Load 事件,程序如代码 8-5 所示。

代码 8-5　Page_Load 事件

```
protected void Page_Load(object sender, EventArgs e)
{
Label1.Text=System.DateTime.Now.ToString("yyyy 年 MM 月 dd 日")+"
"+System.DateTime.Now.DayOfWeek.ToString();
}
```

在页面中双击"站内搜索"按钮,进入该按钮的单击事件,编写代码如下:

```
protected void cmdSearch_Click(object sender, EventArgs e)
{
    Session["tool"]="站内查询("+DropDownList1.Text+")----输入关键字为"+
     TextBox1.Text+" ";
    Session["search"]="select * from tbnews where style='"+DropDownList1.
     Text+"' and content like '%"+ TextBox1.Text +"%' and issueDate='"+
```

```
DateTime.Today.ToString()+"'";
    Response.Redirect("search.aspx");
}
```

2. 左边页面的设计

图 8-7　左侧为自定义控件

接下来返回到 index. aspx 页面中。页面的左边部分是一个用户自定义控件的页面 left. ascx。界面如图 8-7 所示。

left. ascx 用户自定义控件页面的设计步骤：首先做一个合理的布局表格，在上面添加一个 Calendar 控件，用于显示日历表。在下面依次输入文本"即时新闻"和"友情链接"，在"即时新闻"下面添加一个 DataList 控件，用于绑定即时新闻数据。在"友情链接"下面添加一个 DataList 控件，用于绑定友情链接内容。

left. ascx 用户自定义控件设计好之后的 HTML 源文件如代码 8-6 所示。

代码 8-6　左侧自定义控件主要 HTML 源文件

```
<table style="width: 210px; height: 398px; background-color: #ffffff;" border
="0" cellspacing="0">
    <tr>
<td colspan="3" style="width: 148px; height: 4px; background-image: url
(image/rili.gif); padding-left: 3px; margin-left: 3px;">
<asp:Calendar ID="Calendar1" runat="server" BackColor="White" BorderColor=
"#999999" CellPadding="0" DayNameFormat="Shortest" Font-Names="Verdana"
Font-Size="8pt" ForeColor="Black" Height="180px" Width="200px" CssClass="
css" OnSelectionChanged="Calendar1_SelectionChanged" ShowGridLines="
True">
<SelectedDayStyle BackColor="#666666" Font-Bold="True" ForeColor="White" />
            <TodayDayStyle BackColor="LightSkyBlue" ForeColor="Black" />
            <SelectorStyle BackColor="#CCCCCC" />
            <WeekendDayStyle BackColor="White" ForeColor="#FF8000" />
            <OtherMonthDayStyle ForeColor="Blue" />
            <NextPrevStyle VerticalAlign="Middle" />
<DayHeaderStyle BackColor="WhiteSmoke" Font-Bold="True" Font-Size="7pt" />
<TitleStyle BackColor="#0B66B6" BorderColor="Black" Font-Bold="True" />
</asp:Calendar>
        </td>
    </tr>
    <tr>
<td colspan="3" style="width: 148px; height: 62px; background-image: url
(image/8.gif);">
        </td>
    </tr>
    <tr>
<td colspan="3" style="width: 148px; height: 12px; background-image: url
```

287

```
(image/beijingtiao.gif);">
<asp:DataList ID="dljs" runat="server" Height="1px" OnItemCommand="dljs_
ItemCommand"
                Width="1px" ForeColor="White">
            <ItemTemplate>
                <table border="0" cellspacing="0" class="txt" style="
width: 185px; height: 20px">
                    <tr>
                        <td colspan="3" style="height: 20px; color: #
000099;">
<asp:LinkButton ID="LinkButton3" runat="server" CommandName="select"
ForeColor="Black"><%#DataBinder.Eval(Container.DataItem,"title") %></asp:
LinkButton>
                        </td>
                    </tr>
                </table>
            </ItemTemplate>
<HeaderStyle Font-Bold="False" Font-Italic="False" Font-Overline="False"
Font-Strikeout="False"    Font-Underline="False"  ForeColor="Blue"
HorizontalAlign="Center" />
</asp:DataList></td>
    </tr>
    <tr>
<td colspan="3" style="background-image: url(image/友情链接.gif); width:
148px; height: 49px">
        </td>
    </tr>
    <tr>
<td colspan="3" style="width: 148px; height: 19px; background-image: url
(image/beijingtiao.gif);"><asp:DataList ID="DataList1" runat="server"
Height="1px" Width="1px" OnItemCommand="DataList1_ItemCommand">
            <ItemTemplate>
<table border="0" cellspacing="0" class="txt" style="width: 185px; height:
20px">
                <tr>
                    <td colspan="3" style="height: 20px" align="center">
<asp:Image ID="Image1" runat="server" Height="35px" Width="120px"  ImageUrl=
<%#DataBinder.Eval(Container.DataItem,"picPath") %>/> 
                    </td>
                </tr>
                <tr>
                    <td align="center" colspan="3" style="height: 20px">
<asp:LinkButton ID="LinkButton3" runat="server" CommandName="select"
ForeColor="Black" Width="172px"><%#DataBinder.Eval(Container.DataItem,
"linkName") %></asp:LinkButton></td>
                </tr>
            </table>
        </ItemTemplate>
<HeaderStyle Font-Bold="False" Font-Italic="False" Font-Overline="False"
```

```
Font - Strikeout =" False " Font - Underline =" False " ForeColor =" Blue "
HorizontalAlign="Center" />
</asp:DataList></td>
</tr>
</table>
```

进入 left. ascx 页面的代码文件，首先定义全局变量如下：

```
BaseClass bc=new BaseClass();
```

编写该页面的 Page_Load 事件，如代码 8-7 所示。

代码 8-7　Page_Load 事件

```
protected void Page_Load(object sender, EventArgs e)
{
    //即时新闻
    dljs.DataSource=bc.GetDataSet("SELECT TOP 30 ID, Style, Title FROM tbNews
    where issueDate='"+DateTime.Today.ToString()+"'", "tbNews");
    dljs.DataKeyField="id";
    dljs.DataBind();
    //友情链接
    DataList1.DataSource=bc.GetDataSet("SELECT TOP 5 * FROM tbLink order by
      addDate desc", "tbLink");
    DataList1.DataKeyField="id";
    DataList1.DataBind();
}
```

编写绑定即时新闻内容的 DataList 控件的 ItemCommand 事件，如代码 8-8 所示。

代码 8-8　ItemCommand 事件(1)

```
protected void dljs_ItemCommand(object source, DataListCommandEventArgs e)
{
    string id=dljs.DataKeys[e.Item.ItemIndex].ToString();
    Response.Write("<script language=javascript>window.open('showNews.
      aspx?id="+id+"','','width=520,height=260')</script>");
}
```

编写绑定友情超链接内容的 DataList 控件的 ItemCommand 事件，如代码 8-9 所示。

代码 8-9　ItemCommand 事件(2)

```
protected void DataList1_ItemCommand(object source, DataListCommandEventArgs e)
{
    string strLink="";
    string id=DataList1.DataKeys[e.Item.ItemIndex].ToString();
    DataSet ds=bc.GetDataSet("select * from tbLink where id='"+id+"'"
      ,"tbLink");
    DataRow[] row=ds.Tables[0].Select();
    foreach(DataRow rs in row)
    {
        strLink=rs["linkAddress"].ToString();
```

```
    }
    Response.Write("<script language=javascript>window.open('http://"+
    strLink+"')</script>");
}
```

编写 Calendar 日历表控件的 SelectionChanged 事件,如代码 8-10 所示。

代码 8-10 SelectionChanged 事件

```
protected void Calendar1_SelectionChanged(object sender, EventArgs e)
{
    Session["changeDate"]=Calendar1.SelectedDate.ToString("yyyy-MM-dd");
    Response.Redirect("index.aspx");
}
```

3. 右侧页面的设计

仍然返回到 index.aspx 页面中,在右下侧部分,是新闻各个栏目的标题列表显示和更多超链接的显示。设计界面如图 8-8 所示。

图 8-8 设计界面

这部分的设计步骤:首先做一个合理的布局表格。在第一行中输入"新闻栏目 1"以及"更多>>>"文本,并给"更多>>>"文本添加超链接。然后依次添加一个 Image 控件和一个 DataList 控件。下面的"新闻栏目 2"和"新闻栏目 3"的设计步骤相同。

这部分设计好之后的 HTML 源文件如代码 8-11 所示。

代码 8-11 显示新闻部分主要 HTML 源文件

```
<table style="width: 590px; height: 139px" border="0" cellspacing="0">
<tr>
<td colspan="2"  align="right">新闻栏目 1</td>
<td  align="right">更多 &gt; &gt; &gt; < asp: ImageButton ID = " ImageButton1"
runat="server" ImageUrl="~/image/14.gif" PostBackUrl="~/newsList.aspx?id=
1" />
```


                                </td>
                            </tr><tr>
<td style="margin-top: 0px; background-image: url(image/news1.gif); width:
141px; padding-top: 0px; height: 17px" align="center">
<asp:Image ID="Image1" runat="server" Height="105px" ImageUrl="~/image/
szyw.jpg" Width="116px" /></td>
                                    <td colspan="2" style="height: 17px">
< asp: DataList ID =" dlSZ " runat =" server " Height =" 1px " Width =" 1px "
OnItemCommand="dlSZ_ItemCommand" BackColor="White"><ItemTemplate>
<table border="0" style="width: 419px; height: 20px" cellspacing="0" class="
txt">
<tr>
<td style="width: 90px; height: 20px;">
「<%#DataBinder.Eval(Container.DataItem,"type")%>」</td>
                                        <td colspan="2" style="height: 20px">
< asp: LinkButton ID =" LinkButton3 " runat =" server " CommandName =" select "
CausesValidation="False">
<%#DataBinder.Eval(Container.DataItem,"title") %></asp:LinkButton>
                                        </td>
                                    </tr>
                                </table>
</ItemTemplate>
<HeaderStyle ForeColor="Blue" Font-Bold="False" Font-Italic="False" Font-
Overline =" False " Font - Strikeout =" False " Font - Underline =" False "
HorizontalAlign="Center" />
                                </asp:DataList></td>
                            </tr>
                        </table>
                    </td>
                </tr>
                <tr>
<td style="height: 65px; background-color: #ffffff; width: 593px;" valign="
top">
<table style="width: 590px; height: 139px" border="0" cellspacing="0">
<tr>
<td colspan="2" align="right">
 新闻栏目 2 </td>
<td align="right">更多 > > >< asp: ImageButton ID =" ImageButton2"
runat="server" ImageUrl="~/image/14.gif" PostBackUrl="~/newsList.aspx?id=
2" />
                                    </td>
                            </tr>
                            <tr>
<td style="margin-top: 0px; background-image: url(image/news1.gif); width:
141px; padding-top: 0px; height: 17px" align="center">
<asp:Image ID="Image2" runat="server" Height="105px" ImageUrl="~/image/
jjdx.jpg" Width="116px" /></td>
<td colspan="2" style="height: 17px">

291

```
< asp: DataList  ID =" dlJJ "  runat =" server "  Height =" 1px "  Width =" 11px "
OnItemCommand="dlJJ_ItemCommand">
                    <ItemTemplate>
<table border="0" style="width: 419px; height: 20px" cellspacing="0" class="
txt">
                            <tr>
<td style="width: 90px; height: 20px;">
【<%#DataBinder.Eval(Container.DataItem,"type")%>】</td>
<td colspan="2" style="height: 20px">
 <asp:LinkButton ID="LinkButton1" runat="server" CommandName="select"><%#
DataBinder.Eval(Container.DataItem,"title") %></asp:LinkButton>
                                </td>
                        </tr>
                    </table>
                </ItemTemplate>
                <HeaderStyle ForeColor="Blue" />
            </asp:DataList></td>
                    </tr>
                </table>
            </td>
        </tr>
        <tr>
<td style="height: 65px; background-color: #ffffff; width: 593px;" valign="
top">
                    < table style ="width: 590px; height: 139px" border =" 0"
cellspacing="0">
                    <tr>
<td colspan="2"  align="right">新闻栏目 3</td>
<td  align ="right">更多 &gt; &gt; &gt; < asp: ImageButton ID =" ImageButton3"
runat="server" ImageUrl="~/image/14.gif" PostBackUrl="~/newsList.aspx?id=
3" />
    </td>
                    </tr>
                    <tr>
<td style="margin-top: 0px; background-image: url(image/news1.gif); width:
141px; padding-top: 0px; height: 17px" align="center">
<asp:Image ID="Image3" runat="server" Height="105px" ImageUrl=" ~/image/
sjjs.jpg" Width="116px" /></td>
<td colspan="2" style="height: 17px">
< asp: DataList  ID =" dlJS "  runat =" server "  Height =" 1px "  Width =" 5px "
OnItemCommand="dlJS_ItemCommand">
< ItemTemplate > < table  border =" 0"  style =" width: 420px;  height: 20px"
cellspacing="0" class="txt">
<tr>
<td style="width: 90px; height: 18px;" align="center">【<%#DataBinder.Eval
(Container.DataItem,"type")%>】</td>
                            <td style="height: 18px">
<asp:LinkButton ID="LinkButton2" runat="server" CommandName="select"><%#
DataBinder.Eval(Container.DataItem,"title") %></asp:LinkButton></td>
```

```
                         </tr>
                     </table>
                 </ItemTemplate>
<HeaderStyle ForeColor="Blue" Font-Bold="False" Font-Italic="False" Font-
Overline=" False "  Font - Strikeout =" False "  Font - Underline =" False "
HorizontalAlign="Center" />
                             </asp:DataList></td>
                     </tr>
                 </table>
             </td>
         </tr>
         <tr>
<td style="height: 65px; background-color: #ffffff; width: 593px;" valign=
"top">
                      </td>
         </tr>
         <tr>
<td style="height: 10px; background-image: url(image/top2.gif);" colspan="2">
             </td>
         </tr>
     </table>
```

进入 index. aspx 页面的代码文件，编写代码。首先定义一个全局变量，并定义
BaseClass 类的对象：

```
BaseClass bc=new BaseClass();
```

编写该页面的 Page_Load 事件，如代码 8-12 所示。

代码 8-12   Page_Load 事件

```
protected void Page_Load(object sender, EventArgs e)
{
    //新闻栏目 1
    dlSZ.DataSource=bc.GetDataSet("SELECT TOP 5 * FROM tbNews WHERE (Style=
        '新闻栏目 1' and issueDate = '" + DateTime. Today. ToString () +"')", "
    tbNews");
    dlSZ.DataKeyField="id";
    dlSZ.DataBind();
    //新闻栏目 2
    dlJJ.DataSource=bc.GetDataSet("SELECT TOP 5 * FROM tbNews WHERE (Style=
        '新闻栏目 2' and issueDate = '" + DateTime. Today. ToString () +"')", "
    tbNews");
    dlJJ.DataKeyField="id";
    dlJJ.DataBind();
    //新闻栏目 3
    dlJS.DataSource=bc.GetDataSet("SELECT TOP 5 * FROM tbNews WHERE (Style=
        '新闻栏目 3' and issueDate = '" + DateTime. Today. ToString () +"')", "
    tbNews");
    dlJS.DataKeyField="id";
```

```
    dlJS.DataBind();
}
```

依次编写三个 DataList 控件的 ItemCommand 事件,如代码 8-13 所示。

代码 8-13　ItemCommand 事件

```
protected void dlJJ_ItemCommand(object source, DataListCommandEventArgs e)
{
    string id=dlJJ.DataKeys[e.Item.ItemIndex].ToString();
    Response.Write("<script language=javascript>window.open('showNews.
      aspx?id="+id+"','','width=520,height=260')</script>");
}
protected void dlJS_ItemCommand(object source, DataListCommandEventArgs e)
{
    string id=dlJS.DataKeys[e.Item.ItemIndex].ToString();
    Response.Write("<script language=javascript>window.open('showNews.
      aspx?id="+id+"','','width=520,height=260')</script>");
}
protected void dlJY_ItemCommand(object source, DataListCommandEventArgs e)
{
    string id=dlJY.DataKeys[e.Item.ItemIndex].ToString();
    Response.Write("<script language=javascript>window.open('showNews.
      aspx?id="+id+"','','width=520,height=260')</script>");
}
```

4. 新闻列表显示页面的设计

在首页 index.aspx 中单击"新闻栏目 1",将打开 newsList.aspx 新闻列表显示页面。新闻列表显示页面的设计界面如图 8-9 所示。

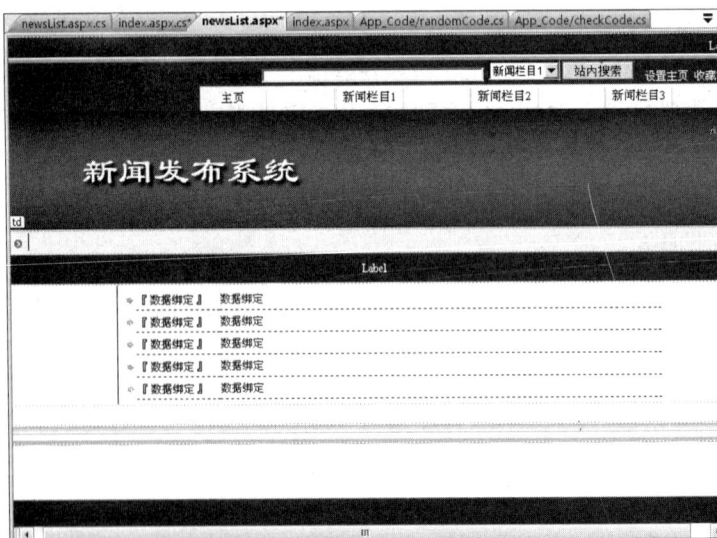

图 8-9　新闻列表显示的设计界面

新闻列表显示页面的设计步骤如下：首先做一个合理的布局表格。在上面插入用户自定义控件 menu.ascx。在下面添加一个 Label 标签控件，在对应的位置输入文本"新闻栏目"，在下面添加一个 DataList 控件用于显示新闻列表。

进入该页面的代码文件，首先定义全局变量如下：

```
BaseClass bc=new BaseClass();
string strStyle;
```

编写该页面的 Page_Load 事件，如代码 8-14 所示。

代码 8-14 Page_Load 事件

```
protected void Page_Load(object sender, EventArgs e)
{
    int n=Convert.ToInt16(Request.QueryString["id"]);
    switch (n)
    {
        case 1: strStyle="新闻栏目 1";
            Label1.Text="新闻栏目 1";
            break;
        case 2: strStyle="新闻栏目 2";
            Label1.Text="新闻栏目 2";
            break;
        case 3: strStyle="新闻栏目 3";
            Label1.Text="新闻栏目 3";
            break;
    }
    DataList1.DataSource=bc.GetDataSet("select * from tbNews where style='"
+strStyle+"'and issueDate='"
        +DateTime.Today.ToString()+"'", "tbNews");
    DataList1.DataKeyField="id";
    DataList1.DataBind();
}
```

编写 DataList 控件的 ItemCommand 事件，如代码 8-15 所示。

代码 8-15 ItemCommand 事件

```
protected void DataList1_ItemCommand(object source, DataListCommandEventArgs e)
{
    string id=DataList1.DataKeys[e.Item.ItemIndex].ToString();
    Response.Write("<script language=javascript>window.open('showNews.
        aspx?id="+id+"','','width=520,height=260')</script>");
}
```

单击"新闻标题"超链接，将打开新闻详细内容 showNews.aspx 页面，该页面的设计界面如图 8-10 所示。

显示新闻详细内容页面的设计步骤：首先做一个合理的布局表格。在上面添加一个 Label 控件，在下面添加一个 TextBox 控件，最后添加一个 Button 按钮控件。设计好界

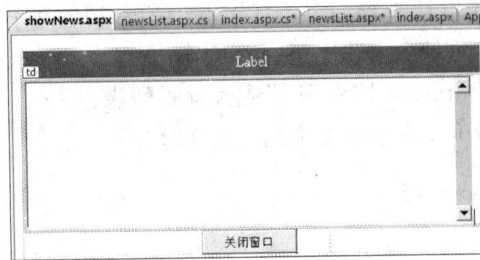

图 8-10　打开新闻详细内容页面

面之后的 HTML 源文件如代码 8-16 所示。

代码 8-16　打开新闻界面的主要 HTML 源文件

```
<table style="width: 500px; height: 200px">
        <tr>
<td align="center" colspan="3" style="height: 30px; background-color:Gray " >
<asp:Label ID="Label1" runat="server" CssClass="title" ForeColor="Yellow"
Text="Label" Width="373px"></asp:Label></td>
        </tr>
        <tr>
            <td colspan="3">
<asp:TextBox ID="TextBox1" runat="server" CssClass="txt" Height="159px"
TextMode="MultiLine" Width="486px"></asp:TextBox></td>
        </tr>
        <tr>
            <td style="width: 144px; height: 19px">
            </td>
            <td align="center" style="width: 12px; height: 19px">
<asp:Button ID="Button1" runat="server" OnClick="Button1_Click" Text="关闭
窗口" Width="103px" /></td>
            <td style="width: 127px; height: 19px">
            </td>
        </tr>
    </table>
```

进入该页面的代码文件,首先定义全局变量:

```
BaseClass bc=new BaseClass();
```

编写该页面的 Page_Load 事件,如代码 8-17 所示。

代码 8-17　Page_Load 事件

```
protected void Page_Load(object sender, EventArgs e)
{
    DataSet ds=bc.GetDataSet("select * from tbNews", "news");
        DataRow [] row=ds.Tables[0].Select("id="+Request.QueryString["
        id"]);
    foreach (DataRow rs in row)
    {
```

```
this.Page.Title=rs["title"].ToString();
Label1.Text=rs["title"].ToString();
TextBox1.Text="    "+rs["content"].ToString();
    }
}
```

双击"关闭窗口"按钮,进入该按钮的单击事件,如代码 8-18 所示。

代码 8-18　"关闭窗口"按钮的单击事件

```
protected void Button1_Click(object sender, EventArgs e)
{
    Response.Write("<script language=javascript>window.close()</
        script>");
}
```

5. 用户登录页面的设计

打开 Login. aspx 页面,该页面是用户登录界面,是管理员进入后台管理前的用户验证页面。该页面的设计界面如图 8-11 所示。

该页面的设计步骤:首先做一个合理的布局表格,然后依次输入相应的文本。依次添加三个 TextBox 控件作为用户名、密码和验证码输入框。其次添加一个 Label 控件用于显示验证码。最后添加一个 Button 按钮。设计好之后的 HTML 源文件如代码 8-19 所示。

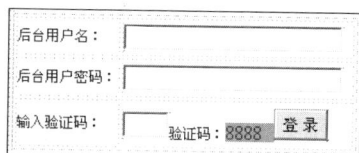

图 8-11　用户登录页面的设计界面

代码 8-19　登录界面主要的 HTML 源文件

```
<table style="width: 564px; height: 338px; margin-top: 100px;
class="txt" align="center" border="0">
        <tr>
            <td style="width: 71px; height: 7px;">
                </td>
            <td style="width: 192px; height: 7px;">
                </td>
        </tr>
        <tr>
            <td style="width: 71px">
                </td>
            <td style="width: 192px">
                <table class="css" style="width: 292px; height: 112px">
                    <tr>
                        <td style="width: 88px">
            后台用户名: </td>
<td style="width: 197px">
<asp:TextBox ID="TextBox1" runat="server" Width="188px"></asp:TextBox></td>
                    </tr>
                    <tr>
```

```
                    <td style="width: 88px">
            后台用户密码: </td>
<td style="width: 197px">
<asp: TextBox ID=" TextBox2 " runat=" server " Width=" 188px " TextMode=
"Password"></asp:TextBox></td>
                        </tr>
                        <tr>
                    <td style="width: 88px">
            输入验证码: </td>
<td style="width: 197px">
<asp:TextBox ID="TextBox3" runat="server" Width="40px"></asp:TextBox>验证码: <
    asp:Label ID="Label1" runat="server" Font-Size="Medium" ForeColor=" #
    0000C0" Text="8888" Width="42px" BackColor="Silver" Font-Names="幼圆"><
    /asp:Label>
<asp:Button ID="Button1" runat="server" Text="登 录" OnClick="Button1_Click"
/></td>
                        </tr>
                    </table>
                </td>
            </tr>
            <tr>
                <td style="width: 71px">
                    </td>
                <td style="width: 192px">
                     </td>
            </tr>
        </table>
```

进入该文件的代码文件,首先定义一个全局变量:

```
BaseClass bc=new BaseClass();
```

编写该页面的 Page_Load 事件,如代码 8-20 所示。

代码 8-20　Page_Load 事件

```
protected void Page_Load(object sender, EventArgs e)
{
    if (!IsPostBack)
    {
        Label1.Text=new randomCode().RandomNum(4);    //产生验证码
    }
    //checkCode.DrawImage();
}
```

双击"登录"按钮,进入该按钮的单击事件,编写程序如代码 8-21 所示。

代码 8-21　"登录"按钮的单击事件

```
protected void Button1_Click(object sender, EventArgs e)
{
    TextBox1.Text=TextBox1.Text;
```

```
TextBox2.Text=TextBox2.Text;
if (TextBox3.Text=="" || TextBox3.Text !=Label1.Text)
{
    Response.Write(bc.MessageBox("验证码不正确!"));
    return;
}
if (bc.checkLogin(TextBox1.Text, TextBox2.Text)>0)
{
    //登录成功
        Response.Write("<script language=javascript>location.href='../
        manage/default.aspx'</script>");
        Session["loginName"]=TextBox1.Text;
}
else
{
    Response.Write(bc.MessageBox("用户名或密码错误!"));
}
}
```

6. 主管理界面的设计

如果用户名和密码以及验证码都正确,则进入主管理界面 manage/default. aspx,主管理界面的设计界面如图 8-12 所示。

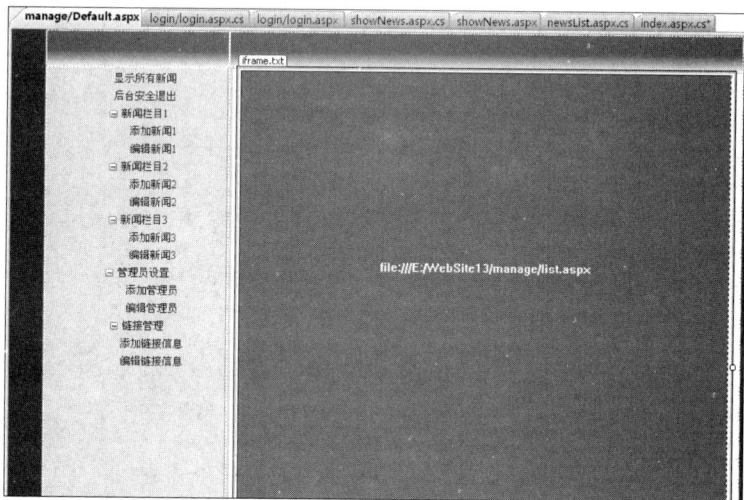

图 8-12　主管理界面的设计界面

主管理界面 manage/default. aspx 的设计步骤:首先做一个合理的布局表格。在左侧是添加一个 TreeView 控件,用于显示管理目录,在右侧做一个软框架<iframe></iframe>用于显示各管理功能页面。设计好之后的 HTML 源文件如代码 8-22 所示。

代码 8-22　主管理界面的主要 HTML 源文件

```
<table style="width: 800px; height: 212px; margin-top: 0px; padding-top: 0px;
```

299

```
background-color: #0b66b6;" align="center" class="txt" border="0" cellpadding=
"0" cellspacing="0">
            <tr>
<td style="background- image: url (../image/manager/images/11.jpg); width:
211px;
height: 41px">
</td>
<td align="center" style="background- image: url (../image/manager/images/
11.jpg);
height: 41px">
</td>
        </tr>
        <tr>
<td valign=top style="height: 21px; width: 211px; background-image:
url(../image/manager/images/12.gif);" align="center">
<asp:TreeView ID="TreeView1" runat="server" Height="263px" Width="139px"
Target="main" OnSelectedNodeChanged="TreeView1_SelectedNodeChanged">
<Nodes>
<asp:TreeNode Text="显示所有新闻" Value="显示所有新闻"></asp:TreeNode>
<asp:TreeNode Text="后台安全退出" Value="安全退出"></asp:TreeNode>
<asp:TreeNode Text="新闻栏目 1" Value="新闻栏目 1">
<asp:TreeNode Text="添加新闻 1" Value="添加新闻 1"
NavigateUrl="~/manage/govAdd.aspx"Target="main"></asp:TreeNode>
<asp:TreeNode Text="编辑新闻 1" Value="编辑新闻 1"
NavigateUrl="~/manage/list.aspx?id=1"></asp:TreeNode>
</asp:TreeNode>
<asp:TreeNode Text="新闻栏目 2" Value="新闻栏目 2">
<asp:TreeNode Text="添加新闻 2" Value="添加新闻 2"
NavigateUrl="~/manage/jjAdd.aspx"></asp:TreeNode>
<asp:TreeNode Text="编辑新闻 2" Value="编辑新闻 2"
NavigateUrl="~/manage/list.aspx?id=2"></asp:TreeNode>
</asp:TreeNode>
<asp:TreeNode Text="新闻栏目 3" Value="新闻栏目 3">
<asp:TreeNode Text="添加新闻 3" Value="添加新闻 3"
NavigateUrl="~/manage/army.aspx"></asp:TreeNode>
<asp:TreeNode Text="编辑新闻 3" Value="编辑新闻 3"
NavigateUrl="~/manage/list.aspx?id=3"></asp:TreeNode>
</asp:TreeNode>
<asp:TreeNode Text="管理员设置" Value="管理员设置">
<asp:TreeNode Text="添加管理员" Value="添加管理员"
NavigateUrl="~/login/sysUser/userAdd.aspx"></asp:TreeNode>
<asp:TreeNode Text="编辑管理员" Value="编辑管理员"
NavigateUrl="~/login/sysUser/userDel.aspx"></asp:TreeNode>
</asp:TreeNode>
<asp:TreeNode Text="超链接管理" Value="超链接管理">
<asp:TreeNode Text="添加超链接信息" Value="添加超链接信息"
NavigateUrl="~/manage/link/linkAdd.aspx"></asp:TreeNode>
<asp:TreeNode Text="编辑超链接信息" Value="编辑超链接信息"
NavigateUrl="~/manage/link/linkEdit.aspx"></asp:TreeNode>
```

```
</asp:TreeNode>
                            </Nodes>
                    </asp:TreeView>
                </td>
<td style="height: 21px; background-image: url(../image/manager/images/13.
gif); margin-top: 0px; padding-left: 0px; margin-left: 0px; padding-top:
0px;" align="center">
<iframe style="width: 559px; height: 656px; background-color: #ffccff;" src=
"list.aspx" name="main" frameborder="0" scrolling="auto" class="txt"></
iframe>
</td>
</tr>
</table>
```

进入该页面的代码文件,编写全局变量:

```
BaseClass bc=new BaseClass();
```

编写该页面的 Page_Load 事件,如代码 8-23 所示。

代码 8-23　Page_Load 事件

```
protected void Page_Load(object sender, EventArgs e)
{
    if (Convert.ToString(Session["loginName"])=="")
    {
        Response.Redirect("../login/login.aspx");    //非法登录
    }
}
```

编写 TreeView 控件的 SelectedNodeChanged 事件,如代码 8-24 所示。

代码 8-24　SelectedNodeChanged 事件

```
protected void TreeView1_SelectedNodeChanged(object sender, EventArgs e)
{
    if (TreeView1.SelectedValue=="安全退出")
    {
        Session["loginName"]="";
        Response.Redirect("../index.aspx");
    }
}
```

7. 显示所有新闻页面的设计

在管理页面中单击"显示所有新闻"超链接,将在右边打开显示所有新闻页面的 list.
aspx。该页面的设计界面如图 8-13 所示。

显示所有新闻页面的设计步骤:首先做一个合理的布局表格。在上面添加一个
TextBox 控件和一个 DropDownList 控件,分别用于输入搜索关键词和选择新闻栏目,然
后再添加一个 Button 按钮。在下面添加一个 GridView 控件用于显示新闻内容。设计好

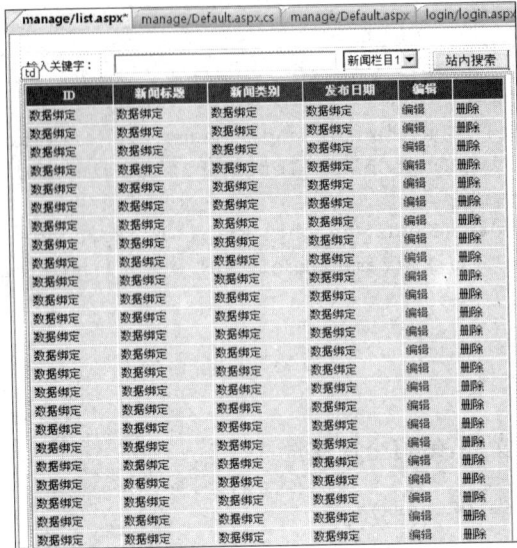

图 8-13　显示所有新闻页面的设计界面

之后的 HTML 源文件如代码 8-25 所示。

代码 8-25　显示所有新闻界面的主要 HTML 源文件

```html
<table style="width: 511px" class="css">
        <tr>
            <td style="width: 305px" align="center">
                输入关键字: </td>
            <td style="width: 403px" align="center">
<asp:TextBox ID="TextBox1" runat="server" CssClass="css" Width="232px"></
asp:TextBox>
<asp:DropDownList ID="DropDownList1" runat="server" CssClass="css" Width="
78px">
<asp:ListItem>新闻栏目 1</asp:ListItem>
<asp:ListItem>新闻栏目 2</asp:ListItem>
<asp:ListItem>新闻栏目 3</asp:ListItem>
</asp:DropDownList></td>
<td style="width: 4px">
<asp:Button ID="cmdSearch" runat="server" Height="20px" OnClick="cmdSearch_
Click" Text="站内搜索" /></td>
        </tr>
        <tr>
<td colspan="3">
< asp: GridView  ID =" GridView1 "  runat =" server "  AllowPaging =" True "
AutoGenerateColumns=" False" CellSpacing =" 1" Height =" 1px" PageSize =" 26"
Width =" 500px "  CssClass =" txt "  OnPageIndexChanging =" GridView1 _
PageIndexChanging" OnRowDeleting="GridView1_RowDeleting" OnRowDataBound="
GridView1_RowDataBound" BackColor="White" BorderColor="White" BorderStyle=
"Ridge" BorderWidth="2px" CellPadding="3" GridLines="None">
```

302

```
<FooterStyle BackColor="#C6C3C6" ForeColor="Black" />
<RowStyle BackColor="#DEDFDE" ForeColor="Black" />
<Columns>
<asp:BoundField DataField="ID" HeaderText="ID" />
<asp:BoundField DataField="title" HeaderText="新闻标题" />
<asp:BoundField DataField="Type" HeaderText="新闻类别" />
<asp:BoundField DataField="IssueDate" HeaderText="发布日期" />
<asp:HyperLinkField HeaderText="编辑" Text="编辑" DataNavigateUrlFields="
id" DataNavigateUrlFormatString="Edit.aspx?id={0}" Target="main" />
<asp:CommandField ShowDeleteButton="True" />
</Columns>
<PagerStyle BackColor="#C6C3C6" ForeColor="Black" HorizontalAlign="Right" />
<SelectedRowStyle BackColor="#9471DE" Font-Bold="True" ForeColor="White" />
<HeaderStyle BackColor="#4A3C8C" Font-Bold="True" ForeColor="#E7E7FF" />
</asp:GridView>
</td>
</tr>
</table>
```

进入该页面的代码文件，编写全局变量如下：

```
BaseClass bc=new BaseClass();
static string strStyle;
static int pagecount=0;
```

编写 Page_Load 事件，如代码 8-26 所示。

代码 8-26　Page_Load 事件

```
protected void Page_Load(object sender, EventArgs e)
{
    int n=Convert.ToInt16(Request.QueryString["id"]);
    switch (n)
    {
        case 1: strStyle="style='新闻栏目 1'";
            break;
        case 2: strStyle="style='新闻栏目 2'";
            break;
        case 3: strStyle="style='新闻栏目 3'";
            break;
        default: strStyle="style like '%%'";
            break;
    }
    GridView1.DataSource=bc.GetDataSet("select * from tbNews where "+
        strStyle+"order by id", "tbNews");
    GridView1.DataKeyNames=new string[] { "id" };
    GridView1.DataBind();
}
```

编写 GridView 控件的 PageIndexChanging 事件，如代码 8-27 所示。

代码 8-27   PageIndexChanging 事件

```
protected void GridView1_PageIndexChanging(object sender, GridViewPageEventArgs
e)
{
    GridView1.PageIndex=e.NewPageIndex;
    GridView1.DataBind();
}
```

编写 GridView 控件的 RowDataBound 事件,如代码 8-28 所示。

代码 8-28   RowDataBound 事件

```
protected void GridView1_RowDataBound(object sender, GridViewRowEventArgs e)
{
    if (e.Row.RowType==DataControlRowType.DataRow)
    {
        e.Row.Cells[3].Text=Convert.ToDateTime(e.Row.Cells[3].Text).
        ToShortDateString();
    }
}
```

编写 GridView 控件的 RowDeleting 事件,如代码 8-29 所示。

代码 8-29   RowDeleting 事件

```
protected void GridView1_RowDeleting(object sender, GridViewDeleteEventArgs e)
{
    bc.ExecSQL("delete  from tbNews where id='"+
    this.GridView1.DataKeys[e.RowIndex].Value.ToString()+"'");
    GridView1.DataSource=bc.GetDataSet("select * from tbNews where "+
        strStyle, "tbNews");
    GridView1.DataBind();
}
```

双击"站内搜索"按钮,进入该按钮的单击事件,编写程序如代码 8-30 所示。

代码 8-30   "站内搜索"按钮的单击事件

```
protected void cmdSearch_Click(object sender, EventArgs e)
{
    string strSql="select * from tbnews where style='"+DropDownList1.Text+"
    ' and content like '%"+TextBox1.Text+"%'";
    GridView1.DataSource=bc.GetDataSet(strSql, "tbNews");
    GridView1.DataKeyNames=new string[] { "id" };
    GridView1.DataBind();
}
```

在 List.aspx 页面中,单击"编辑"超链接,将打开对应新闻的编辑页面 Edit.aspx。该页面的设计界面如图 8-14 所示。

该页面的设计步骤:首先做一个合理的布局表格,依次添加一个 Label 标签控件和一个 DropDownList 控件;其次再添加一个 TextBox 控件和一个多行 TextBox 控件;最后添加两个 Button 控件。设计好之后页面的 HTML 源文件如代码 8-31 所示。

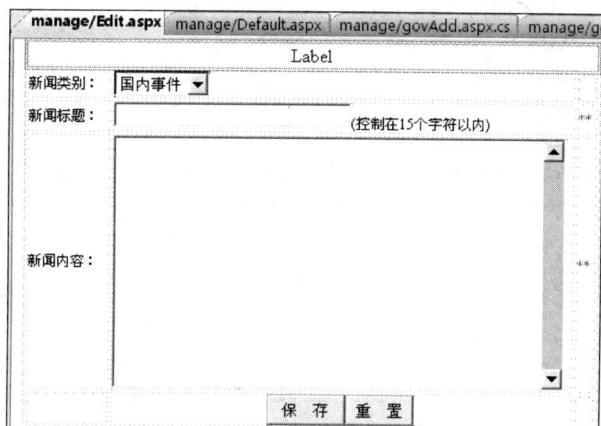

图 8-14 编辑新闻的界面

代码 8-31 编辑新闻界面的主要 HTML 源文件

```
<table class="txt" style="width: 483px; height: 303px">
    <tr>
        <td align="center" class="title" colspan="3">
<asp:Label ID="Label1" runat="server" Text="Label" Width="251px"></asp:
Label></td>
        </tr>
        <tr>
            <td style="width: 1585px">
                新闻类别: </td>
            <td style="width: 614px">
<asp:DropDownList ID="dlGov" runat="server" Width="80px" Visible="False">
                    <asp:ListItem>国内事件</asp:ListItem>
                    <asp:ListItem>国际事件</asp:ListItem>
                </asp:DropDownList>
            </td>
            <td style="width: 85px">
            </td>
        </tr>
        <tr>
            <td style="width: 1585px">
                新闻标题: </td>
            <td style="width: 614px">
<asp:TextBox ID="TextBox1" runat="server" CssClass="txt" MaxLength="15"
Width="200px"></asp:TextBox>(控制在 15 个字符以内)</td>
            <td style="width: 85px">
<asp:RequiredFieldValidator ID="RequiredFieldValidator1" runat="server"
ControlToValidate="TextBox1" ErrorMessage="* * "></asp:RequiredField-
Validator></td>
        </tr>
        <tr>
            <td style="width: 1585px">
```

新闻内容：</td>
```
                <td style="width: 614px">
< asp: TextBox  ID =" TextBox2"  runat =" server"  Height =" 211px"  TextMode ="
MultiLine" Width="380px"></asp:TextBox></td>
                <td style="width: 85px">
< asp: RequiredFieldValidator  ID =" RequiredFieldValidator2"  runat =" server"
ControlToValidate =" TextBox2" ErrorMessage =" * * " > </asp: RequiredField
Validator></td>
            </tr>
            <tr>
                <td style="width: 1585px">
                </td>
                <td align="center" style="width: 614px">
<asp:Button ID="Button1" runat="server" OnClick="Button1_Click" Text="保
存" Width="66px" />
<asp:Button ID="Button2" runat="server" CausesValidation=
"False" OnClick="Button2_Click" Text="重置" /></td>
                <td style="width: 85px">
                </td>
            </tr>
</table>
```

进入该页面的代码文件，首先定义全局变量如下：

```
BaseClass bc=new BaseClass();
static string strStyle;
static string strType;
```

编写该页面的 Page_Load 事件，如代码 8-32 所示。

代码 8-32   Page_Load 事件

```
protected void Page_Load(object sender, EventArgs e)
{
    if (!IsPostBack)
    {
        DataSet ds=bc.GetDataSet("select * from tbNews where id='"+Request.
          QueryString["id"]+"'", "tbNews");
        DataRow[] row=ds.Tables[0].Select();
        foreach (DataRow rs in row)
        {

            TextBox1.Text=rs["title"].ToString();
            TextBox2.Text=rs["content"].ToString();
            strStyle=rs["Style"].ToString();
            strType=rs["type"].ToString();
        }
        switch (strStyle)
        {
            case "新闻栏目 1":
                dlGov.Text=strType;
```

```
                dlGov.Visible=true;
                Label1.Text="新闻栏目1";
                break;
            case "新闻栏目2":
                dlJj.Text=strType;
                dlJj.Visible=true;
                Label1.Text="新闻栏目2";
                break;
            case "新闻栏目3":
                dlArmy.Text=strType;
                dlArmy.Visible=true;
                Label1.Text="新闻栏目3";
                break;
        }
    }
}
```

双击"保存"按钮,进入该按钮的单击事件,编写程序如代码8-33所示。

代码 8-33　"保存"按钮的单击事件

```
protected void Button1_Click(object sender, EventArgs e)
{
    bc.ExecSQL("UPDATE tbNews SET Title='"+TextBox1.Text+"', Content='"+
        TextBox2.Text+"', Style='"+strStyle+"', Type='"+strType+"' WHERE (ID='"
        +Request.QueryString["id"]+"')");
    Response.Write(bc.MessageBox("数据修改成功!"));
    Response.Write("<script>location='list.aspx'</script>");
}
```

8. 添加新闻页面的设计

单击左侧的"新闻栏目1"下的"添加新闻"超链接,将打开添加新闻的 govAdd.aspx 页面。该页面的设计界面如图8-15所示。

图 8-15　添加新闻的界面

该页面的设计步骤:首先做一个合理的布局表格。在表格中依次输入相应的文本。首先添加一个 DropDownList 控件,用于显示新闻类别;再添加一个 TextBox 控件,用于输入新闻标题;再添加一个多行文本控件,用于输入新闻内容;最后添加两个 Button 按钮,分别用作"添加"和"重置"按钮。设计好之后的 HTML 源文件如代码 8-34 所示。

代码 8-34　添加新闻界面的主要 HTML 源文件

```
<table class="txt" style="width: 483px; height: 303px">
    <tr>
        <td align="center" class="title" colspan="3">
            新闻添加【新闻栏目 1】</td>
    </tr>
    <tr>
        <td style="width: 66px">
            新闻类别: </td>
        <td style="width: 324px">
<asp:DropDownList ID="DropDownList1" runat="server" Width="116px">
            <asp:ListItem>国内事件</asp:ListItem>
            <asp:ListItem>国际事件</asp:ListItem>
            </asp:DropDownList></td>
        <td style="width: 85px">
        </td>
    </tr>
    <tr>
        <td style="width: 66px">
            新闻标题: </td>
        <td style="width: 324px">
<asp:TextBox ID="TextBox1" runat="server" Width="200px" CssClass="txt"
MaxLength="15"></asp:TextBox>(控制在 15 个字符以内)</td>
        <td style="width: 85px">
<asp:RequiredFieldValidator ID="RequiredFieldValidator1" runat="server"
ControlToValidate="TextBox1" ErrorMessage=" * * "></asp:RequiredField-
Validator></td>
    </tr>
    <tr>
        <td style="width: 66px">
            新闻内容: </td>
        <td style="width: 324px">
<asp:TextBox ID="TextBox2" runat="server" Height="211px" TextMode="
MultiLine" Width="322px"></asp:TextBox></td>
        <td style="width: 85px">
<asp:RequiredFieldValidator ID="RequiredFieldValidator2" runat="server"
ControlToValidate="TextBox2" ErrorMessage=" * * "></asp:RequiredField-
Validator></td>
    </tr>
    <tr>
        <td style="width: 66px">
        </td>
        <td style="width: 324px" align="center">
```

```
<asp:Button ID="Button1" runat="server" Text="添加" Width="66px" OnClick=
"Button1_Click" />
<asp:Button ID="Button2" runat="server" CausesValidation="False" Text="重
置" OnClick="Button2_Click" /></td>
                <td style="width: 85px">
                </td>
        </tr>
</table>
```

进入该页面的代码文件，首先定义全局变量如下：

```
BaseClass bc=new BaseClass();
```

双击"添加"按钮，进入该按钮的单击事件，编写程序如代码 8-35 所示。

代码 8-35 "添加"按钮的单击事件

```
protected void Button1_Click(object sender, EventArgs e)
{
    bc.ExecSQL("INSERT INTO tbNews ( Title, Content, Style, Type, IssueDate)
        VALUES ('"+TextBox1.Text+"', '"+TextBox2.Text+"', '时政要闻', '"+
        DropDownList1.Text+"', '"+DateTime.Now.ToString("yyyy-MM-dd")+"
        ')");
    Response.Write(bc.MessageBox("添加成功!"));
}
```

双击"重置"按钮，进入该按钮的单击事件，编写程序如代码 8-36 所示。

代码 8-36 "重置"按钮的单击事件

```
protected void Button2_Click(object sender, EventArgs e)
{
    TextBox1.Text="";
    TextBox2.Text="";
}
```

9. 添加管理员界面

单击管理目录中的"添加管理员"，将打开 userAdd. aspx 页面，该页面的设计界面如图 8-16 所示。

图 8-16 添加管理员页面的界面设计

该页面的设计步骤：首先做一个合理的布局表格。在对应位置依次添加三个

309

TextBox 控件;其次添加一个验证控件。最后添加两个 Button 按钮控件。设计好界面之后的 HTML 源文件如代码 8-37 所示。

代码 8-37 添加管理员界面的主要 HTML 源文件

```html
<table class="txt" style="width: 383px; height: 44px">
    <tr>
        <td style="width: 62px; height: 17px">
        </td>
        <td style="width: 159px; height: 17px">
        </td>
        <td style="height: 17px">
        </td>
    </tr>
    <tr>
        <td style="width: 62px">
            用户名称: </td>
        <td style="width: 159px">
<asp:TextBox ID="TextBox1" runat="server" Width="180px"></asp:TextBox></td>
<td>
<asp:RequiredFieldValidator ID="RequiredFieldValidator1" runat="server"
ControlToValidate=" TextBox1" ErrorMessage=" * * "> </asp: RequiredField-
Validator></td>
    </tr>
    <tr>
        <td style="width: 62px">
            用户密码: </td>
        <td style="width: 159px">
<asp:TextBox ID="TextBox2" runat="server" TextMode="Password"
Width="180px"></asp:TextBox></td>
        <td>
        </td>
    </tr>
    <tr>
        <td style="width: 62px">
            确认密码: </td>
        <td style="width: 159px">
<asp:TextBox ID="TextBox3" runat="server" TextMode="Password"
Width="180px"></asp:TextBox></td>
        <td>
        </td>
    </tr>
    <tr>
        <td style="width: 62px">
        </td>
        <td align="center" style="width: 159px">
<asp:Button ID="Button1" runat="server" OnClick="Button1_Click" Text="添加"
/>
<asp:Button ID="Button2" runat="server" CausesValidation="False"
OnClick="Button2_Click" Text="重置" /></td>
```

```
            <td>
            </td>
        </tr>
    </table>
```

进入该页面的代码文件,首先定义一个全局变量:

```
BaseClass bc=new BaseClass();
```

双击"添加"按钮,进入该按钮的单击事件,编写程序如代码 8-38 所示。

代码 8-38　"添加"按钮的单击事件

```
protected void Button1_Click(object sender, EventArgs e)
{
    if (TextBox2.Text==TextBox3.Text)
    {
        bc.ExecSQL("INSERT INTO tbUser(Name, PassWord, addDate)VALUES ('"+
          TextBox1.Text+"', '"+TextBox2.Text+"', '"+DateTime.Now.ToString()
          +" ')");
        Response.Write(bc.MessageBox("操作员添加成功!"));
        TextBox3.Text="";
        TextBox2.Text="";
        TextBox1.Text="";
    }
    else
    {
        Response.Write(bc.MessageBox("两次输入的密码不一致!"));
    }
}
```

双击"重置"按钮,进入该按钮的单击事件,编写程序如代码 8-39 所示。

代码 8-39　"重置"按钮的单击事件

```
protected void Button2_Click(object sender, EventArgs e)
{
    TextBox3.Text="";
    TextBox2.Text="";
    TextBox1.Text="";
}
```

项 目 小 结

本项目设计制作了一个新闻发布系统。从新闻发布系统的需求分析、功能设计到数据库设计以及各模块的详细功能设计和代码编写都进行了介绍,展示了一个完整系统的实现方法和编写流程。

项 目 拓 展

在本项目基础上，增添新闻的"栏目管理"功能。本项目的新闻发布系统的新闻栏目是固定的，要求增加栏目管理功能，包括增添新的新闻栏目、删除新闻栏目、修改新闻栏目。在新的新闻栏目下，可以添加新闻，并将添加的新闻在首页中和对应栏目中显示出来。